机器视觉智能组态软件
XAVIS及应用

韩九强 著

内容简介

《机器视觉智能组态软件XAVIS及应用》是一本结合XAVIS组态软件介绍机器视觉智能组态编程方法和实际应用开发案例的实用教材。本书将图像采集、图像处理、模式识别、目标跟踪、图像融合、机器学习等数理算法和分类控制概括封装为机器视觉智能组态软件XAVIS的基本概念函数,结合XAVIS软件的实践教学,可大大减少或省略从数学算法理解机器视觉的基本概念和内容,避免实际应用中从基础数学算法编程研发的复杂模式,从而大大节约学习成本和项目研发成本。本书讲述了XAVIS软件入门操作、可视化智能组态编程方法、基于图像处理与模式识别的功能函数、基于C/C++的库函数扩充方法、以及基于智能相机的工业应用案例、群视觉机器人柔性智动化系统教学实验案例、图灵工业机器人的工件装配案例。

本书的布局、结构由浅入深、由简单到复杂,由图像处理概念案例到模式识别实际应用案例,由函数组态编程到C/C++程序扩展,由教学实验平台创新案例到智能相机工业应用案例,直至基于XAVIS的视觉机器人研发和群机器人智动化系统教学实验案例,使得学习XAVIS具有从学习机器视觉技术到基于XAVIS工业应用的渐进过渡效果,也能深入理解机器视觉在现代工业应用中的现实意义和在智能时代的长远意义。本书既适合初学机器视觉的大专生、本科生理论联系实际的案例学习,也适合研究生、博士生进行模式识别与机器学习理论研究的方法验证,更适合从事机器视觉、模式识别、视觉智能设备、群机器人智动化系统和工业机器人离线编程软件研究开发的工程技术人员参考。

图书在版编目(CIP)数据

机器视觉智能组态软件XAVIS及应用/韩九强著.—西安:西安交通大学出版社,2017.12(2018.11重印)
ISBN 978-7-5605-7131-7

Ⅰ.①机… Ⅱ.①韩… Ⅲ.①计算机视觉- Ⅳ.①TP302.7

中国版本图书馆CIP数据核字(2018)第001085号

书 名	机器视觉智能组态软件XAVIS及应用
著 者	韩九强
责任编辑	杨 璠 李 佳
出版发行	西安交通大学出版社 (西安市兴庆南路10号 邮政编码710049)
网 址	http://www.xjtupress.com
电 话	(029)82668357 82667874(发行中心) (029)82668315(总编办)
传 真	(029)82668280
印 刷	西安日报社印务中心
开 本	787mm×1092mm 1/16 印张 21 字数 510千字
版次印次	2018年4月第1版 2018年11月第4次印刷
书 号	ISBN 978-7-5605-7131-7
定 价	49.00元

读者购书、书店添货,如发现印装质量问题,请与本社发行中心联系、调换。
订购热线:(029)82665248 (029)82665249
投稿热线:(029)82665379
读者信箱:lg_book@163.com

版权所有 侵权必究

前 言

随着工业革命的一次次推进,机器先后经历由蒸汽机技术推动的动力机器,由加工技术推动的做工机器(机床)、由 PLC 程控技术推动的程控机器(数控机床)、由信息物理系统技术推动的网络机器,逐步具备了类人的"体力、手工、耳朵、嘴巴"等重要器官肌能的仿人作业能力。随着机器智能化的快速发展,类人眼睛肌能的机器视觉技术将成为机器智能化不可或缺的的关键技术,因此工业对机器视觉技术乃至人工智能应用需求开始井喷式地涌现,机器视觉和机器学习技术与视觉智能机器的市场潜力越来越大。

机器视觉技术应用对象各异,特别是涉及对不同对象的识别理解,每一种对象个性化视觉信息的处理都涉及繁杂的数学计算,这给机器视觉技术在工程中的应用中造成极大的困难。基于这一原因,历时十几年的努力,自主研制开发成功了自有知识产权的机器视觉智能组态软件 XAVIS。在此基础上,随着视觉机器与智能化机器与智动化系统应用需求的快速增长,结合机器视觉智能组态软件 XAVIS、基于智能相机的机器视觉教学实验平台、视觉机器人教学实验系统平台以及群视觉机器人智动化系统教学实验平台等,编著了《机器视觉智能组态软件 XAVIA 及应用》,这为降低机器视觉技术方法学习难度、缩短学习时间、简化教学环节、提高学习效率创造了条件,为加快基于机器视觉的智动化系统设备开发奠定了一定基础。

《机器视觉智能组态软件 XAVIS 及应用》共分 17 章:第 1 章和第 2 章分别简述了机器视觉技术的发展和机器视觉智能组态软件 XAVIS;第 3 到 6 章重点讲解了 XAVIS 软件涉及的全部库函数,包括基础操作函数、图像处理、模式识别、对象测量、目标跟踪以及机器学习等库函数的功能和调用方式;第 7 章到第 12 章主要介绍了如何利用 XAVIS 软件开发实现一个视觉机器设备或系统的组态编程应用案例,包括图像处理、图像测量、目标检测、模式识别和目标跟踪等典型案例;第 12 章主要介绍了基于 C/C++ 语言的 XAVIS 库函数扩充方法,主要是为研究模式识别、机器学习等理论算法工作者便于使用 XAVIS 组态编程;第 14 章介绍了基于智能相机的 XAVIS 在工业中的应用案例;第 15 章介绍了基于 XAVIS 的视觉机器人教学实验案例、群视觉机器人智动化系统教学实验平台以及群视觉机器人智动化系统教学实验案例;第 16 章简要介绍了机器学习的基本概念和方法,重点讲述了基于智能组态软件 XAVIS 组态编程实现的群视觉机器人智动化系统教学实验案例,包括群视觉机器人工件拆装系统实验案例、二视觉机器人象棋对决协同系统实验案例、四视觉机器人麻将博弈系统实验案例;第 17 章简要介绍了如何将机器视觉智能组态软件 XAVIS 应用于工业机器人视觉智能化的方法步骤,结合图灵工业机器人和 XAVIS 组态编程,实现了工业机器人智能装配实验案例取得成功。

《机器视觉智能组态软件 XAVIS 及应用》是在作者《机器视觉技术及应用》一书第 3 章内容基础上的扩充,是在作者《数字图像处理》一书理论基础上的实践,因此,建议学习《机器视觉智能组态软件 XAVIS 及应用》应结合《机器视觉技术及应用》、《数字图像处理》和机器视觉智能组态软件 XAVIS,会受到事半功倍的效果,有条件的结合基于智能相机的视觉教学实验平台,或群视觉机器人柔性智动化系统教学实验平台会更好。

  本书是在研制开发机器视觉智能组态软件 XAVIS、基于智能相机的视觉教学实验设备、群视觉机器人智动化系统教学实验平台基础上著成。全书由韩九强教授主笔,刘俊、吕红强、张苏香、常振兴、罗娟等参加了编写,上海交通大学田作华教授主审。在编写过程中,参考了作者数十名研究生的学位论文,得到课题组全体老师、研究生和自动控制与检测技术研究所、陕西省智能测控工程研究中心其他老师的关心和支持,在此一并表示衷心感谢!

  由于本人水平有限,书中难免存在疏漏,殷切希望广大读者批评指正。

作　者
2017 年 11 月

目 录

第1章 绪论 ·· (1)
  1.1 机器视觉技术的发展与应用 ·· (1)
  1.2 机器视觉智能组态软件 Xavis ·· (2)

第2章 XAVIS 入门 ·· (3)
  2.1 软件简介 ·· (3)
  2.2 组态编程 ·· (10)

第3章 基础操作函数 ·· (17)
  3.1 文件操作 ·· (17)
  3.2 变量操作 ·· (20)
  3.3 程序控制 ·· (25)
  3.4 标示输出 ·· (26)

第4章 图像处理函数 ·· (32)
  4.1 图像滤波 ·· (32)
  4.2 图像变换 ·· (36)
  4.3 图像融合 ·· (46)
  4.4 阈值分割 ·· (48)
  4.5 直方图处理 ·· (52)
  4.6 连通域处理 ·· (53)
  4.7 形态学处理 ·· (54)
  4.8 仿射变换 ·· (58)
  4.9 参数计算 ·· (60)

第5章 对象测量函数 ·· (64)
  5.1 对象测量 ·· (64)
  5.2 边缘检测 ·· (68)
  5.3 特征检测 ·· (71)

第6章 模式识别函数 ·· (77)
  6.1 目标匹配 ·· (77)

6.2 目标识别 ··· (82)
6.3 目标跟踪 ··· (88)
6.4 机器学习 ··· (90)

第 7 章 硬件操作函数 ·· (92)
7.1 工业相机 ··· (92)
7.2 智能相机 ··· (93)
7.3 教学机器人 ·· (96)
7.4 工业机器人 ·· (99)

第 8 章 图像处理实例 ·· (103)
8.1 特征提取 ··· (103)
8.2 图像增强 ··· (105)
8.3 图像分割 ··· (107)
8.4 图形拟合 ··· (110)

第 9 章 图像测量实例 ·· (114)
9.1 线段测量 ··· (114)
9.2 面积测量 ··· (121)
9.3 角度测量 ··· (126)

第 10 章 目标检测实例 ·· (129)
10.1 图像特征检测 ·· (129)
10.2 缺陷检测 ·· (135)

第 11 章 模式识别实例 ·· (146)
11.1 图形识别 ·· (146)
11.2 字符识别 ·· (158)

第 12 章 目标跟踪实例 ·· (182)
12.1 实时图像采集 ·· (182)
12.2 目标跟踪 ·· (183)
12.3 三维重构 ·· (188)

第 13 章 基于 C/C++的 XAVIS 库函数扩充 ·· (191)
13.1 自定义库函数接口 ·· (191)
13.2 自定义库函数算法 ·· (192)
13.3 自定义库函数导入 ·· (198)
13.4 自定义灰度变换库函数 ·· (202)

13.5 自定义图像细化库函数 (206)
13.6 自定义灰度均值测量库函数 (208)

第 14 章 基于智能相机的实验系统及工业应用 (212)
14.1 智能相机实验系统简介 (212)
14.2 工件尺寸测量实验案例 (214)
14.3 形状识别分类实验案例 (216)
14.4 药品分装缺陷检测工业应用案例 (217)
14.5 集装箱字符识别工业应用案例 (220)
14.6 磁环缺陷检测工业应用案例 (222)

第 15 章 群机器人物联网智动化系统教学实验平台 (226)
15.1 群机器人物联网智动化系统教学实验平台简介 (226)
15.2 视觉机器人教学实验平台简介 (229)
15.3 多工件单工位智能转移实验案例 (250)
15.4 机器人自主智能装配实验案例 (260)
15.5 群机器人虚拟制造实验案例 (272)
15.6 双机器人协同智能装配实验案例 (280)

第 16 章 机器学习 (288)
16.1 机器学习简介 (288)
16.2 神经元 (289)
16.3 机器人象棋对决协同实验案例 (294)
16.4 机器人麻将博弈实验案例 (308)

第 17 章 工业机器人及应用 (316)
17.1 工业机器人 (316)
17.2 工业机器人自主装配实验案例 (318)

参考文献 (327)

第1章 绪 论

机器视觉是指用机器代替人眼进行目标对象的识别、判断和测量,主要研究用计算机来模拟人的视觉功能。机器视觉技术是一项综合技术,主要包括视觉传感器技术、光源照明与成像技术、图像处理技术、计算机软硬件技术和自动控制技术等。机器视觉技术不仅能模拟人眼功能,更重要的是它能完成人眼所不能胜任的某些工作,特别是机器智能化、工业智慧化的人工智能的研究与应用。作为当今最新人工智能技术之一,机器视觉技术在电子学、光学和计算机技术不断成熟和发展的基础上得到了迅速发展,并且已成为现代加工制造业不可或缺的核心技术,广泛应用于食品、制药、化工、建材、电子制造和产品包装的行业,对提升传统制造装备的智能化生产竞争力与企业现代化生产管理水平发挥着越来越重要的作用。

1.1 机器视觉技术的发展与应用

20世纪80年代以来,机器视觉技术一直是非常活跃的研究领域,并经历了从理论研究到实际应用,从简单的二值图像处理到高分辨率多灰度以至于彩色图像处理,从二维信息处理到三维视觉模型处理的发展阶段。

目前,发展最快、使用最多的机器视觉技术主要集中在欧美、日本等发达国家和地区。中国在机器视觉软硬件研发方面虽然取得了一些成果,但是与国外先进的机器视觉技术与设备相比还有较大的差距。一方面,机器视觉的算法仍采用经典的数字图像处理算法和通用软件编程开发,组态集成开发能力较弱;另一方面,具有自主知识产权的机器视觉技术与系统产品较少,不利于批量生产和广泛推广。

机器视觉技术的主要应用包括以下几个方面:

(1)在工业检测中的应用

工业检测是在工业生产中运用一定的测试技术和手段对生产环境、产品等进行测试和检验。机器视觉技术不仅在微尺寸、大尺寸、复杂结构尺寸等定量检测中具有突出优势,在定性检测(如印刷电路板检查,缺陷探测、钢板探伤等)中也有很广泛的应用。

(2)在智能交通中的应用

机器视觉技术在智能交通中可以完成自动导航和交通状况检测等任务。自动导航装置可以把图像和运动信息组合起来,与周围环境进行自主交互,可应用于无人飞机、无人汽车等。

(3)在医学诊断中的应用

机器视觉技术在医学图像诊断中有两方面应用:一是对图像进行增强、标记、染色等,帮助医生诊断疾病并协助医生对感兴趣的区域进行测量和比较;二是利用专家知识系统对图像进行分析和解释,给出建议诊断结果。

1.2　机器视觉智能组态软件 XAVIS

作为机器视觉系统的重要组成部分,机器视觉软件主要通过对图像的分析和处理,实现对待测目标的检测和识别。目前机器视觉软件正朝着通用、可视化智能组态方向发展。组态软件可以实现算法的通用性,并允许用户进行二次组态开发,快速实现多种工业测量、检测和识别功能。

国内对于机器视觉组态软件的开发起步较晚,市场上难以见到成熟的机器视觉组态软件产品。西安交通大学自动控制研究所在机器视觉组态软件开发方面进行了大量的研究开发工作,成功研发了具有自主知识产权的机器视觉智能组态软件 XAVIS,并逐步从 XAVIS1.0 升级为 XAVIS7.0。

XAVIS 是一种通用机器视觉组态集成软件,它最大特点就在于其双模式、组态化、开放式结构。此软件包括组态与运行两大模式,组态模式中可完成图像处理算法与操作视图的组态;运行模式则直接运行最新工程。用户既可利用软件中庞大的机器视觉算法进行二次开发,并利用一键生成功能实现组态界面独立化与最小配置的定制化运行软件,也可以自行向软件库中添加自定义算法进行相关算法研究。目前,XAVIS 可实现任意工件尺寸、圆弧半径、电子插件群组、多边形等有形物体的尺寸测量,数字字符如人民币字符识别,多信息图像融合,条码识别,运动目标跟踪,缺陷检测等功能,可广泛用于包装印刷、半导体、电子插件、制造业、现代制药等许多检测领域,也可以用于教学视觉机器人编程实验和工业机器人测控分拣系统编程。

第 2 章 XAVIS 入门

XAVIS 是创建图像分析程序的交互式工具。用户可以使用 XAVIS 通过交互式的组态编程，轻松快捷地开发完整的应用程序，方便地设计和实现针对特定问题的机器视觉测控系统。本章以工件尺寸测量为例来讲解 XAVIS 组态软件的使用方法，重点介绍其组态编程。

2.1 软件简介

XAVIS 包含一个成熟的图像处理库，提供基础操作、图像处理、图像检测与测量、目标识别四大类库函数，共计 300 多个函数，适用于工厂自动化、质量监测与控制、医学图像分析等应用领域。

XAVIS 还提供了良好的系统组态编程界面，可快速实现机器视觉检测系统的组态编程。利用 XAVIS 中集成的帮助学习功能，用户可以方便地查看函数功能。XAVIS 还具有一键生成功能，生成的文件夹可以脱离 XAVIS 单独使用，使组态图像界面脱离编辑界面，便于多台电脑同时使用。此外用户还可以利用 XAVIS 的开放式结构进行图像处理、图像信息融合、机器学习、3D 形状恢复等高级算法和功能的扩充。

XAVIS 可以极大地提高用户开发应用程序的效率，主要表现在以下几个方面：

①在 XAVIS 的图形用户界面下，可以直接选择、分析和设置函数参数。

②XAVIS 函数库采用结构化的函数列表，可以帮助用户迅速找到合适的函数。

③XAVIS 包含带有编辑和调试功能的程序编译器。它支持循环、条件等标准编程特性，并可以执行单步调试、断点调试，方便用户开发。

④XAVIS 可以即时显示程序执行结果，可以立即看到使用不同函数或参数的影响。

⑤XAVIS 带有自动回收功能的变量管理图像对象和控制参数。

⑥XAVIS 结合 ZM-VS1300 机器视觉硬件平台，搭载表 2-1 所示任一款相机，可实现产品宽度、厚度、长度、圆度等在线高速实时检测判定和分拣。

表 2-1 XAVIS 搭载相机

序号	相机名称	相机型号
1	大恒图像数字摄像机	DH1351
2	维视数字图像工业相机	MV-VDF130SC
3	台湾显微科技智能相机	Sun Way130D
4	PointGrey 工业相机	50A2M-CS
5	智敏智能相机	ZM-VS1300

1. 主窗口结构

XAVIS 主窗口的窗体头主要包括标题栏、菜单栏以及工具栏,如图 2-1 所示。窗体结构主要由窗体头下方左侧的工程框,右侧的工作区以及最下方的消息框构成。

图 2-1　XAVIS 主界面

(1) 标题栏

显示软件名称 XAVIS,以及 XAVIS 软件是否处于激活状态。当打开具体的工程例子后,会在标题栏中显示当前例子的名称。

(2) 菜单栏

工程级命令菜单,包括工程、查看、环境、帮助以及 XAVIS 使用手册五大项。

"工程"菜单项:其下拉菜单中包括基本的新建、打开、保存工程等子菜单项,其功能与 Windows 资源管理器中所使用的多数命令作用相同,此处不再一一介绍。这里需要特别介绍的是"选项"子菜单项。通过"选项"子菜单项,可以设置 XAVIS 能够调用的函数库,以及选择 XAVIS 搭载的相应相机的 dll 库文件,如图 2-2 所示。

图 2-2　XAVIS"选项"子菜单

"查看"菜单项:设定当前界面中需要显示的栏目;

"环境"菜单项:其下拉子菜单包括打开/关闭算法组态的编辑面板、添加/删除界面组态的绘图面板以及清空消息框消息的功能项;

"帮助"菜单项:用于查看当前使用的 XAVIS 版本;

"XAVIS 使用手册"菜单项:XAVIS 中集成了帮助学习功能,可以在查看函数的同时方便地查看函数功能。XAVIS 主界面的主菜单栏上有一个"XAVIS 使用手册"菜单,鼠标单击之后弹出一个软件相关的 CHM 帮助文档,如图 2-3 所示,可以查看相关的软件简介、XAVIS

操作以及算法库的扩展等内容。这是 XAVIS 软件中附带的一个帮助文档，用于及时辅助用户对于该软件的使用。开始学习使用 XAVIS 的用户，可以通过浏览该文档，方便快捷地获得相应的帮助。

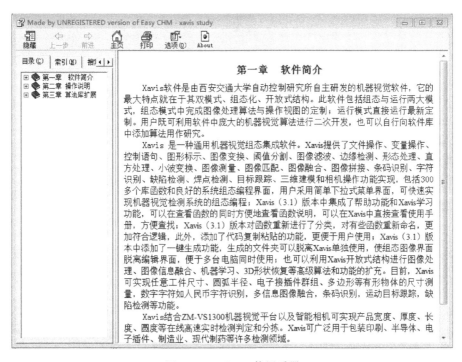

图 2-3　XAVIS 使用手册

（3）工具栏

工程级工具菜单，包括新建工程、打开工程、保存工程、清空消息框、添加视图面板、预览视图、工程检错、运行、帮助和机械臂调试软件。其新建、打开、保存工程的基本功能与菜单栏中"工程"菜单项的基本功能相同，清空消息和添加面板与菜单栏"环境"菜单项的功能相同，此处不再赘述。

"预览"工具项 ：在界面组态的过程中，提前查看并循环修改组态的界面，直到达到要求为止，预览支持视图控件的所有功能操作；关于视图控件将在"绘图面板的结构"中进行介绍。

"检错"工具项 ：在界面组态的过程中或界面组态结束后，精确检查视图与先前组态的图像处理算法之间数据关联的合法性与准确性，即各个控件所关联数据的正确性。如果不满足条件，则给出警告或错误信息，方便用户修改；

"运行"工具项 ：检错无误后方可执行运行功能，通过真实运行效果检查确认组态算法与组态界面是否达标；

"关于"工具项 ：查看当前使用的 XAVIS 版本。

"机械臂调试软件"工具项 ：在线调试 Dobot 机械臂。

（4）工程框

显示工程的结构组成信息，包括编辑面板、绘图面板和 *.xav 文件，支持弹出快捷菜单操作。如图 2-4 所示。

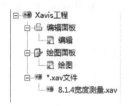

图 2-4　XAVIS 工程框

(5)工作区

算法组态与界面组态的工作空间。

(6)消息框

用户相关操作的提示以及非法操作的警告和报错信息。

2. 编辑面板结构

XAVIS 编辑面板主界面主要包括标题栏、菜单栏、工具栏以及 4 个附属子窗口：图像区、值显区、参数区和代码区。如图 2-5 所示。面板可内嵌于工作区中，也可最大化。进行 3D 操作时会显示 3D 区，进行实时图像采集会自动弹出摄像区。

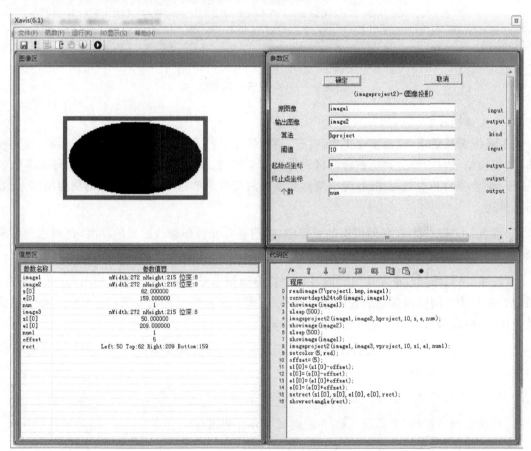

图 2-5　算法组态编辑面板

(1) 编辑面板标题栏

显示软件名称 XAVIS 以及编辑面板是否处于激活状态。

(2) 编辑面板菜单栏

算法组态级命令菜单,包括文件、函数、运行、3D 显示和帮助五大项。

"文件"菜单项:只有一个下拉子菜单"导入 hmt",用于导入 hmt 文件。

"函数"菜单项:包含算法组态需要的的所有函数,组态编程的时候,可以选择需要的函数。

"运行"菜单项:停止/复位/保存程序,以及单步执行/全局执行程序。

"3D 显示"菜单项:设置 3D 工程显示的背景颜色,选择点状/线状/面状的显示模式。

"帮助"菜单项:查看当前使用的 XAVIS 版本。此外还有一个"函数搜索"子菜单项,用于查找搜索需要的函数帮助。

(3) 编辑面板工具栏

算法组态级工具菜单,包括算法保存、算法运行、算法单步运行、算法复位、算法停止运行、关于一键生成。这里关于算法组态的基本操作,如:算法保存、单步执行、程序复位等基本功能与菜单栏中"运行"菜单项的基本功能相同,此处不再赘述。这里只特别介绍一下 XAVIS 的"一键生成"功能。

"一键生成"工具项:每次编好一个例程之后,可对其进行相应的一键生成操作。单击一键生成图标,便会在 XAVIS 文件夹中自动生成一个"xavis 一键生成"子文件夹,里面保存了 XAVIS 运行所需要的动态链接库、配置文件、组态 exe 以及一些必备的 pic 和 samples。进行"一键生成"以后,可以把生成的文件夹单独拷到别的机器上使用,即可以把组态的图像处理机器视觉工程拷贝到别的机器上使用,从而摆脱 XAVIS 编程软件的限制,真正地使 XAVIS 成为一个应用的工具,使组态图像界面单独独立出来。

(4) 图像区

显示程序运行过程中要求显示的二维结果图像,可根据图像大小自动调整窗体大小,也可成比例显示。

(5) 参数区

显示或配置代码区内对应函数的参数及提示信息。

(6) 值显区

显示组态算法运行过程中相关变量的信息。对于过长数组(长度大于 200),优先显示前 20 项,区分数据类型,如 5 与 5.000000。

(7) 代码区

以函数组合的方式完成算法组态,包括代码注释、代码上移、代码下移、代码删除、代码撤销、代码恢复、代码复制、代码粘贴、断点设置九种操作,可自动提示单步调试运行时的当前所在行。

(8) 3D 区

显示三维结果图像,窗体默认为隐藏,可根据用户操作自动显隐窗体。除可用鼠标调整三维图像显示效果外,还支持四个方向键和 W、S、A、D 键操作,以达到理想的三维显示效果,如图 2-6 所示。

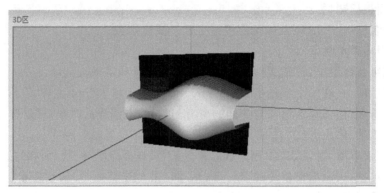

图 2-6　3D 区

(9) 摄像区

实时显示工业相机采集的图像信息,像素与窗体大小均可设置;同时实时显示时间,如图 2-7 所示。

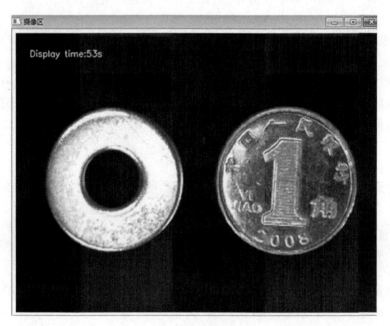

图 2-7　摄像区

3. 绘图面板结构

XAVIS 绘图面板主要包括绘图区域、绘图标尺和绘图控件箱,如图 2-8 所示。用户可通过控件的选择、拖拉和属性设置等可视化操作,方便地组态操作视图。

绘图面板内嵌于工作区中,与 XAVIS 的主界面共享标题栏、菜单栏以及工具栏。其中,标题栏和工具栏保持不变,菜单栏新增了"编辑"菜单项和"命令"菜单项。

"编辑"菜单项:设置/擦除面板颜色、尺寸;

"命令"菜单项:下拉子菜单中包含工具栏中"预览"、"检错"和"运行"三个命令项。

(1) 绘图区域

绘图区域是视图组态的操作空间,承载用户对控件的拖放、属性设置、复制、粘贴、删除、数

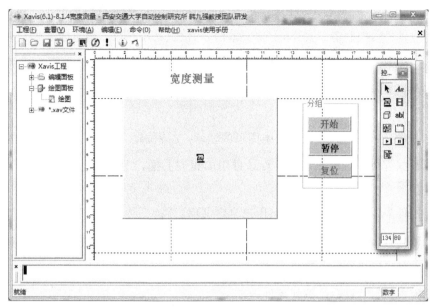

图 2-8 视图组态编辑面板

据关联等操作,支持面板背景色与面板大小的设置。

(2)绘图标尺

绘图标尺有横与纵两个方向,单位毫米,方便视图组态时对布局和控件大小的把握。

(3)绘图控制箱

可装载自定义控件,供用户选择不同的控件进行后续操作。此版本中共有两个坐标控件和 11 类视图控件。如图 2-9 所示。坐标控件位于控件箱底端,可实时显示绘图面板上当前鼠标的位置,包括横向与纵向坐标,单位为毫米。

图 2-9 绘图控制箱

视图控件分别如下:

①选择控件 :最基础控件,支持最基本的操作,如控件的选择、拖放等。选择其余控件

执行完操作后自动跳转到选择控件,使其处于待选择状态,以便完成后续的用户操作;

②文本控件 ![Aa]:控制静态文本,支持文本内容、位置大小、字体、背景色属性设置;

③静态图像显示控件 ![图]:控制二维图像显示,支持位置大小、字体、背景色属性设置;

④动态图像显示控件 ![图]:摄像头采集图像信息的实时显示,支持位置大小、字体、背景色属性设置;

⑤三维图像显示控件 ![图]:控制三维图象的显示,支持位置大小、字体背景属性设置;

⑥结果数据控件 ![ab]:动态显示运行过程中的相关数据,支持位置大小、字体、背景色以及数据关联属性设置;

⑦图标控件 ![图]:显示自定义图标(用户自定义保留);

⑧分组框控件 ![xyz]:标题组合框控件,支持标题内容、位置大小、字体、背景色属性设置;

⑨开始控件 ![▶]:开始命令按钮控件;

⑩暂停控件 ![Ⅱ]:暂停命令按钮控件;

⑪复位控件 ![图]:复位命令按钮控件。

2.2 组态编程

组态编程主要包括算法组态与界面组态两大部分。算法组态在编辑面板中完成,主要进行图像处理算法的组态;界面组态在绘图面板中完成,主要进行最终操作视图的组态。下面,将通过宽度测量的具体示例来说明 XAVIS 组态编程的基本步骤。

1. 创建工程

①打开组态软件:双击 XAVIS.exe;或者通过开始—程序—XAVIS 完成。

②新建或打开 XAVIS 工程:选择菜单栏的工程—新建菜单或单击工具栏的新建命令 ![图],新建一个工程。或者选择菜单栏的工程—打开菜单或单击工具栏的打开命令 ![图],打开原有的工程。(本节下述步骤均基于"新建工程"进行讲解)

2. 算法组态

(1)打开算法组态子框架

选择菜单栏的环境—打开编辑菜单或者右击工程框内的编辑面板选项,选择打开编辑,操作如图 2-10 所示。

(2)函数组态

①根据本书第 3 章至第 7 章的函数功能,选择算法组态子窗口菜单栏的函数菜单,单击选择要添加的函数。在想要查找的函数上面停留 500ms 的时间,然后会自动出现函数的信息说明。此时如若离开鼠标,则函数信息提示也随之消失,如图 2-11 所示。

②单击要添加的函数后,参数区窗口会显示此函数各个参数的信息,用户可以输入配置各参数。

③配置参数后,点击确认按钮,这时添加好的函数会在代码区窗口中显示出来。

(a)从"环境"菜单项打开编辑　　　　(b)从工程框打开编辑

图 2-10　打开算法组态子框架

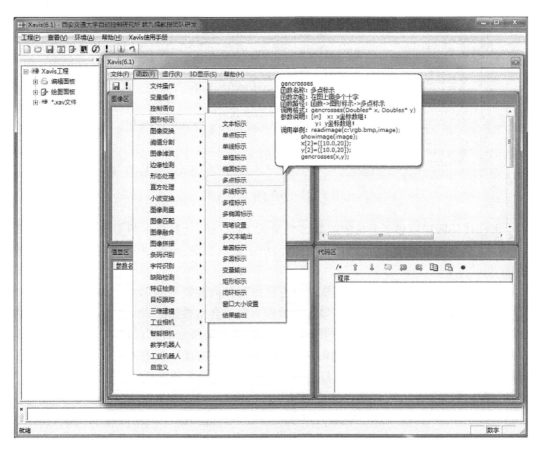

图 2-11　XAVIS 添加函数

按照上述步骤将需要的函数一一添加到代码区窗口中。要将函数添加到某行下面,只需单击此行,然后选择要添加的函数即可。

如果添加中出现失误,可通过代码窗口中提供的上移 和下移按钮 来进行调整。如要注销某行代码,单击此行,点击注销按钮 即可;如要删除某行代码,单击此行,点击删除按钮 即可;如要撤销上一步操作,点击撤销按钮 即可;如要恢复上一步操作,点击恢复按钮 即可;如要对某行代码的参数重新进行设定,双击此行代码,这时会在参数设置窗口中显示此函数的各个参数的信息,用户修改后确认即可;如果要对某行代码或几行代码进行复制,可点击 ▦ 或按键盘上的 CTRL+C 键,然后在想要粘贴代码的地方点击 ▦ 或按键盘上的 CTRL+V 即可。

如果想要对函数的定义及功能进行查找,可以打开安装文件夹中的 document 文件,在里面找到"机器视觉组态软件 XAVIS 使用说明.pdf"文件进行查找,或者按 F1 打开 help.chm 文件进行查找,如图 2-12 所示。

图 2-12 XAVIS 函数功能

也可在代码区选中想要查找的函数语句后按 F1 打开,此时显示的主窗口为所选函数的说明;或者在代码区选中要查找的函数语句后,单击鼠标右键,此时显示的主窗口也为所选函数的说明。

此外,在算法组态编辑面板的菜单栏中的帮助菜单的下拉子菜单中,有一个函数搜索项,可以实现 XAVIS 函数搜索的功能。单击函数搜索菜单会出现如图 2-13 所示的一个对话框。根据提示,在第一个编辑框中输入想要查找的函数全部或部分名称,如想寻找阈值分割的函数,可以在编辑框中输入"thresh",此时,下方的列表框会出现匹配的函数名称列表。双击列表框中的任意一个函数名称,可以在右方编辑框中看到该函数的说明,如图 2-13 所示。

(3) 工程调试

选择算法组态菜单栏运行—执行程序菜单或者单击算法组态工具栏的执行命令 ❗,直接运行程序并显示结果。中间变量信息显示在值显区中。

算法组态完毕后,可以调试工程并查看结果。调试运行中除了执行程序外,还有单步执行 ▦,程序复位 ▦,停止程序 ▦ 功能。程序复位使整个调试运行回到初始状态;停止程序暂停程序的运行,一般用于运行时间较长或无限循环的算法;单步执行每次只执行一条语句,可用于反复调试,此时,代码区中代码左侧的蓝色小点指明了当前调试运行的语句。

(4) 确认保存

选择算法组态菜单栏的运行—保存程序菜单或点击算法组态工具栏的保存命令 ▦,将用户工程保存至当前工程。

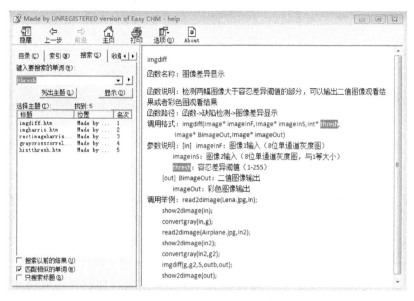

图 2-13 XAVIS 函数搜索

3. 界面组态

(1) 添加界面组态子框架

选择菜单栏的环境—添加面板菜单或者右击工程内的绘图面板选项,选择添加面板,或者选择工具栏中的添加面板 选项,操作如图 2-14 所示。

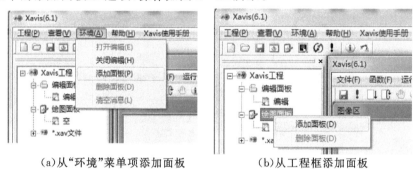

(a) 从"环境"菜单项添加面板　　　(b) 从工程框添加面板

图 2-14 添加视图组态子框架

自动弹出绘图面板属性对话框后,进行绘图面板的大小、背景色设置。其中宽度与高度的默认值为自动计算当前此台计算机满屏显示时的尺寸值,单位毫米,如果用户需要更小或更大尺寸的面板,可自行设定。面板大小一经设定,不可再更改,除非删除原面板重建新面板;背景色可在视图组态步骤中随意更改,如图 2-15 所示。

(2) 视图组态

绘图面板的上方与左侧分别为横向标尺与纵向标尺,单位毫米。面板上存在一短实线的中心十字标界,存在一个以中心十字作基准的虚线网格,每格距离 50 毫米,方便用户进行视图布局。下面简要说明视图组态的主要步骤:

①单击选择控件箱中的某一控件类型,其中,控件箱下端的坐标控件实时显示绘图面板中当前鼠标所在的位置,从左到右依次为横向坐标与纵向坐标,单位毫米。

图 2-15 面板属性对话框

②选择某一视图控件后(非选择控件),可单击绘图面板某个位置,则在此位置生成默认大小的该类控件实体;也可左单击面板,拖动鼠标,拉出一个虚线矩形框,释放鼠标后按照此虚线矩形框的位置尺寸生成该类控件实体并自动跳转至选择控件。

③单击某视图控件使其处于选择状态后,选择菜单栏编辑—属性菜单,或者直接双击该视图控件,弹出视图控件的属性对话框,进行该视图控件的相关属性设置。值得注意的是,在选择状态下,单击某一个或几个视图控件,使其处于被选状态,即控件周边有八个反色小矩形标志,才能对所选的几个控件进行后续相关操作,比如设置或擦除背景色、属性设置、复制(Ctrl+c)、粘贴(Ctrl+v)、删除(Delete)以及拖动等。控件属性设置如图 2-16 所示,分别为

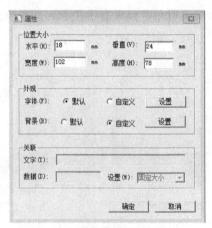

(a)属性设置对话框

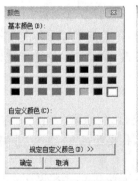

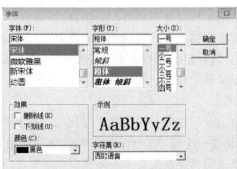

(b)背景颜色设置对话框　　　　(c)字体设置对话框

图 2-16 控件属性设置

控件属性对话框及其下属的背景、字体选择对话框。

按照上述步骤完成后,请务必先进行保存,再选择菜单栏命令— 预览菜单或工具栏预览命令■,进行界面预览,反复修改保存。每次修改后,进行视图预览前,都需要进行保存。

(3)确认保存

选择菜单栏的工程—保存菜单或点击工具栏的保存命令■,将用户组态的算法与视图信息保存至新建工程文件或当前工程文件*.xav。

(4)视图预览

选择菜单栏命令—预览菜单或工具栏预览命令■,进行界面预览。

(5)数据关联

打开可关联数据的视图控件的属性对话框,在底端关联数据项的下拉数据框中选择需要关联的数据项。在最终运行时,此控件将实时显示此项数据的内容。

(6)数据检错

选择菜单栏命令—检错菜单或者单击工具栏的检错命令■,检错无误则开启运行命令,否则给出警告或错误信息,禁止运行命令。

(7)界面运行

选择菜单栏命令—运行菜单或者单击工具栏的运行命令■,直接运行程序并显示结果。

(8)最后再次确认保存。

4.工程运行

①打开运行模式;双击 XAVIS.exe 完成。

②选择菜单栏命令—检错菜单或者单击工具栏的检错命令■,进行数据检错。

③单击主窗口工具栏的运行命令■,打开组态的运行视图界面,单击界面上的开始按钮命令,直接运行用户组态的图像处理算法并进行组态界面的实时显示。运行模式下具有开始、暂停、复位三大按钮命令(由用户组态确定),如图 2-17 所示。

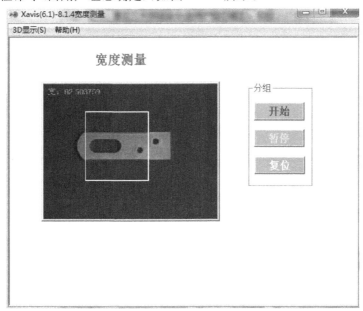

图 2-17 运行模式最终结果

另外,在调试和运行过程中,弹出警告和错误提示窗口是为了使用户注意到使用错误。一般情况下,它中断正在执行的程序并给出错误说明。警告和错误提示信息内容由具体情况具体决定。

5.快捷键说明

为了加速 XAVIS 开发时输入的效率,系统定义了一些快捷键,表 2-2 列出了编辑功能的快捷键。

表 2-2 编辑功能的快捷键

名称	含义
F5	执行程序
F6	停止程序
F7	单步执行程序
F8	复位程序

第 3 章　基础操作函数

XAVIS 软件是由 C 语言开发的,它的编程语法和语义具有一定的特殊性和独立性。利用 XAVIS 进行图像组态编程时,需要先掌握几类基本函数的使用,主要包括文件操作、变量操作、程序控制、输出和硬件操作。本章将对基础操作函数进行详细的介绍。

3.1　文件操作

1. 图像读取函数

函数名称:readimage

函数功能:读入一幅 bmp 位图,输出图像对象

调用格式:readimage(string * filename,image * image)

参数说明:[in]　filename:被读入图像的文件名,默认图像目录是程序安装目录下的 pic 子目录,如图像不在默认目录中则需要填写具体路径,如 c:\temp.bmp

　　　　　[out]　image:图像句柄

2. 图像显示函数

函数名称:showimage

函数功能:将图像在图像窗口显示出来

调用格式:showimage(image * image)

参数说明:[in]　image:图像句柄

3. 图像保存函数

函数名称:writeimage

函数功能:将图像保存起来

调用格式:writeimage(string * filename,image * image)

参数说明:[out]filename:待保存图像的文件名,例如 c:\temp.bmp

　　　　　[in]　image:图像句柄三维重构函数

4. 图像显示 2 函数

函数名称:showimage2

函数功能:将图像在图像窗口 2 中显示出来(仅显示,暂无法实现类似图像窗口 1 中的其他功能)

调用格式:showimage2(Image * Image)

参数说明:[in]　Image:图像句柄

5. 文件调用函数：

(1)调用文件函数

函数名称：callfile

函数功能：在当前程序中调用其他现有 XAVIS 文件中的代码

调用格式：callfile(String * FileName, * param1, * param2, ...)

参数说明：[in]　FileName：被调用 XAVIS 文件文件名，如：7.1.1 角点特征提取.xav

[in/out] param1, param2, param3, ... 在当前文件和被调用文件间传递的输入输出参数（根据需要添加，数量可变，参数输入/输出类型由被调用文件决定）

注意：

①callfile 函数中出现的参数在被调用文件中需要使用 setinput 和 setoutput 函数分别设置为输入参数及输出参数。

②被 callfile 传递的参数为变量引用，被调用文件会修改变量内容，因此无需重复传递某一变量。

③在传递数组变量时应传递整个数组，不可令参数为数组中的元素。

④文件调用支持递归调用，但应控制递归深度在 100 以下。

(2)设置输入参数函数

函数名称：setinput

函数功能：在被调用文件中，将 callfile 函数传递过来的参数按参数次序读取为输入参数

调用格式：setinput(* param1, * param2, ...)

参数说明：[out]param1, param2, param3, ... 输入参数（根据需要添加，数量可变，参数次序对应 callfile 函数中的参数）

注意：

①若当前文件非被调用文件，则 setinput 函数将不执行，因此请注意设置 setinput 函数内参数的初始值

②setinput 函数中的参数按顺序对应读取 callfile 函数中参数的前几项，请注意保持变量类型一致

(3)设置输出参数函数

函数名称：setoutput

函数功能：在被调用文件中，将 callfile 函数传递过来的参数按参数次序设置为输出参数

调用格式：setoutput(* param1, * param2, ...)

参数说明：[in]　param1, param2, param3, ... 输出参数（根据需要添加，数量可变，参数次序对应 callfile 函数中的参数）

注意：

①若当前文件非被调用文件，则 setoutput 函数将不执行

②setoutput 函数中的参数按顺序对应读取 callfile 函数中参数被 setinput 函数读取输入后余下的前几项，请注意保持变量类型一致

6. 三维重构函数：

(1)3D 模型读取函数

函数名称:read3dimage

函数功能:读入一幅 3D 图像

调用格式:read3dimage(string * filename,3dimage * image)

参数说明:[in]　　filename:被读入图像的文件名,默认图像目录是程序安装目录 3ddata 子目录,如图像不在默认目录中则需要填写具体路径,如 c:\飞机.3ds

[out]image:图像句柄

(2)3D 模型显示函数

函数名称:show3dimage

函数功能:显示一幅 3D 图像

调用格式:show3dimage(3dimage * image)

参数说明:[in]　　image:图像句柄

(3)光照设置函数

函数名称:setlightcolor

函数功能:设置 3D 模型的材质色彩参数

调用格式:setlightcolor(3dimage * mode,int * r,int * g,int * b)

参数说明:[in]　　mode:3D 模型

　　　　　　　r:r 分量值

　　　　　　　g:g 分量值

　　　　　　　b:b 分量值

(4)材质设置函数

函数名称:settexure

函数功能:为 3D 模型赋材质文件

调用格式:settexure(3dimage * mode,string * filename)

参数说明:[in]　　mode:3D 模型

　　　　　　　filename:材质文件名

(5)图像重构

函数名称:const3d

函数功能:根据原始图像和感兴趣的区域生成三维图像

调用格式:const3d(image * image,image * mask,3dimage * mode,double * focus, int * n,double * distance,double * max)

参数说明:[in]　　image:原始图像

　　　　　　　mask:感兴趣的区域

　　　　　　　focus:焦距

　　　　　　　n:迭代次数

　　　　　　　distance:距离

　　　　　　　max:亮度最大值

[out] mode:生成的三维模型

7. 调用 exe 文件

函数名称:调用 exe 文件

函数功能：调用外部 exe 文件
调用格式：execute(String * path)
参数说明：[in]　path：exe 文件完整路径
调用举例：execute(path)

3.2　变量操作

参数类型说明见表 3-1。

表 3-1　参数类型说明

基本参数类型	说明	数组型参数	说明
int *	整型数据	ints *	整型数组
double *	双精度浮点型	doubles *	双精度浮点型数组
string *	字符串	strings *	字符串数组
rect *	矩形区域	rects *	矩形区域数组
image *	二维图像数据	images *	二维图像数组
3dimage *	三维模型数据	3dimages *	三维模型数组

1. 变量定义函数

(1) 数值型变量定义函数
函数名称：assign
函数功能：定义 int、double 类型变量，将 value 的值赋给 param 变量
调用格式：assign(string * value,double * param)
参数说明：[in]　　value：赋给 param 的值
　　　　　[out]　param：待赋值变量
(2) 字符型变量定义函数
函数名称：cstringformat
函数功能：构造字符串，将 str_in 赋给字符串变量 str_out
调用格式：cstringformat(string * str_in, string * str_out)
参数说明：[in]　　str_in：输入字符串内容
　　　　　[out]　str_out：输出字符串变量
　　　　　与 C 语言格式类似，支持％d,％f,％s，其中％f 可扩展为％2f,％1f 等

2. 类型转换函数

(1) ID 类型转换函数
函数名称：inttodouble
函数功能：int 型数据转 double 型数据
调用格式：inttodouble(int * ix, double * dx)

参数说明:[in]　　ix:输入的 int 数据

　　　　　[out]　dx:输出的 double 型数据

(2)DI 类型转换函数

函数名称:doubletoint

函数功能:double 型数据转 int 型数据

调用格式:doubletoint(double * dx, int * ix)

参数说明:[in]　　dx:输入的 double 数据

　　　　　[out]　ix:输出的 int 型数据

(3)数组/字符串转换函数

函数名称:digtostr

函数功能:将整型数组转化为字符串

调用格式:digtostr(ints * x, string * str)

参数说明:[in]　　x:待转化数组

　　　　　[out]　str:转化后的数字字符串

3. 向量长度提取函数

(1)向量长度提取(int)

函数名称:getilength

函数功能:得到 int 型向量/数组的长度,也即元素的个数

调用格式:getilength(ints * x, int * length)

参数说明:[in]　　x:输入的 int 向量

　　　　　[out]　length:输出的元素个数

(2)向量长度提取函数(double)

函数名称:getdlength

函数功能:得到 doubles 型向量/数组的长度,也即元素的个数

调用格式:getdlength(doubles * x, int * length)

参数说明:[in]　　x:输入的 double 向量

　　　　　[out]　length:输出的元素个数

4. 向量长度设置函数

(1)向量长度设置函数(int)

函数名称:setilength

函数功能:设置 int 型向量/数组的长度

调用格式:setilength(ints * x, int * length)

参数说明:[in]　　x:输入的 int 向量

　　　　　　　　length:输入的元素个数

(2)向量长度设置函数(double)

函数名称:setdlength

函数功能:设置 doubles 型向量/数组的元素个数

调用格式:setdlength(doubles * x, int * length)

参数说明:[in]　　x:输入的 double 向量
　　　　　　　　length:输入的元素个数

5. 区域操作函数:

(1)区域定义函数

函数名称:setrect

函数功能:根据输入坐标构造矩形区域,输出矩形对象 rect

调用格式:setrect(int * x1, int * y1, int * x2, int * y2, rect * rect)

参数说明:[in]　　x1:矩形区域左上角的 x 坐标
　　　　　　　　y1:矩形区域左上角的 y 坐标
　　　　　　　　x2:矩形区域右下角的 x 坐标
　　　　　　　　y2:矩形区域右下角的 y 坐标
　　　　　[out]　rect:输出的矩形区域

(2)区域选择函数

函数名称:drawrectangle

函数功能:让用户选择一个矩形区域,输出矩形对象 rect

调用格式:drawrectangle(rect * rect)

参数说明:[out]rect:输出的矩形框值

(3)区域坐标提取函数

函数名称:rectconverttopoint

函数功能:将矩形区域转化为坐标值

调用格式:rectconverttopoint(rect * rect, int * x1, int * y1, int * x2, int * y2)

参数说明:[in]　　rect:输入的矩形区域
　　　　　[out]　x1:输出矩形的左上角 x 坐标
　　　　　　　　y1:输出矩形的左上角 y 坐标
　　　　　　　　x2:输出矩形的右下角 x 的坐标
　　　　　　　　y2:输出矩形的右下角 y 的坐标

6. 数学计算函数

(1)绝对值函数

函数名称:absolute

函数功能:提取输入值的绝对值

调用格式:absolute(double * xin, double * xout)

参数说明:[in]　　xin:待取绝对值的输入
　　　　　[out]　xout:绝对值输出

(2)正弦函数

函数名称:sin

函数功能:计算输入角度的正弦值

调用格式:sin(double * xin, double * xout)

参数说明:[in]　　xin:输入角度(非弧度)

　　　　　［out］　xout:正弦值输出

(3)余弦函数

函数名称:cos

函数功能:计算输入角度的余弦值

调用格式:cos(double * xin,double * xout)

参数说明:［in］　xin:输入角度(非弧度)

　　　　　［out］　xout:余弦值输出

(4)正切函数

函数名称:tan

函数功能:计算输入角度的正切值

调用格式:tan(double * xin,double * xout)

参数说明:［in］　xin:输入角度(非弧度)

　　　　　［out］　xout:正切值输出

(5)开平方函数

函数名称:sqrt

函数功能:计算输入值的开平方值

调用格式:sqrt(double * xin,double * xout)

参数说明:［in］　xin:输入待处理值

　　　　　［out］　xout:输出开平方结果

(6)反正弦函数

函数名称:arcsin

函数功能:计算输入值的反正弦值

调用格式:arcsin(double * xin,double * xout)

参数说明:［in］　xin:输入正弦值

　　　　　［out］　xout:输出计算角度(非弧度)

(7)反余弦函数

函数名称:arccos

函数功能:计算输入值的反余弦值

调用格式:arccos(double * xin,double * xout)

参数说明:［in］　xin:输入余弦值

　　　　　［out］　xout:输出计算角度(非弧度)

(8)反正切函数

函数名称:arctan

函数功能:计算输入值的反正切值

调用格式:arctan(double * xin,double * xout)

参数说明:［in］　xin:输入正切值

　　　　　［out］　xout:输出计算角度(非弧度)

7.图像尺寸操作函数

(1)比例设置

函数名称：setscaler

函数功能：设置图像比例尺

调用格式：setscaler(double * pixel,double * real)

参数说明：[in]　　pixel：像素值

　　　　　　　　real：对应的实际值

(2)真值获取

函数名称：getrealvalue

函数功能：由比例尺计算实际尺寸

调用格式：getrealvalue(double * pixel,double * realvalue)

参数说明：[in]　　pixel：得出的像素值

　　　　　[out]　realvalue：由比例尺计算出的实际值

(3)实物尺寸计算

函数名称：dataconversion

函数功能：通过与标准件的比较，获得当前图像测得像素的现实当中的实际数值

调用格式：dataconversion(double * inData,double * siData,double * srData,double * outData)

参数说明：[in]　　inData：图像测量数值

　　　　　　　　siData：标准件象素值

　　　　　　　　srData：标准件实际数值

　　　　　[out]　outData：实际数值

8.整型转字符

函数名称：itoa

函数功能：整型转字符

调用格式：itoa(Int * Src,String * Dst)

参数说明：[in]　　Src：输入整型数据（ASCII 码）

　　　　　　　　Dst：输出 ASCII 码对应字符

9.字符转整型

函数名称：atoi

函数功能：字符转整型

调用格式：atoi(String * Src,Int * Dst)

参数说明：[in]　　Src：输入字符

　　　　　　　　Dst：输出字符对应 ASCII 码

10.字符串比较

函数名称：strcmp

函数功能：截取字符串 1,比较截取的字符串与字符串 2 是否相同

调用格式：strcmp(String * Str1,String * Str2, Int * Flag)

参数说明：[in]　　Str1：输入字符串 1

　　　　　　　　Str2：输入字符串 2

Flag:字符串比较结果,相同为 1,不同为 -1

11. 截取字符串

函数名称:substring

函数功能:截取字符串

调用格式:substring(String * Src, Int * Begin, Int * Length, String * Dst)

参数说明:[in]　　Src:输入字符串

　　　　　　　Begin:截取字符串 1 的起始位置

　　　　　　　Length:截取的字符串长度

　　　　　　　Dst:输出截取的字符串

3.3　程序控制

1. 控制语句函数

(1) if 条件函数

函数名称:if

函数功能:判断条件,如果条件为真则执行 if 到 endif 之间的语句,反之不执行

调用格式:if(string * value)...endif()

参数说明:[in]　　value:控制条件,0 为假,非 0 为真。

(2) else 条件函数

函数名称:else

函数功能:与 if 匹配使用,如果 if 为真,则执行 if 和 else 之间的语句,否则执行 else 与 endif 之间的语句

调用格式:else;

参数说明:无

(3) for 循环函数

函数名称:for

函数功能:循环语句

调用格式:for(int * start, int * end, int * param, int * step)...endfor()

参数说明:[in]　　start:循环初始值

　　　　　　　end:循环终止值

　　　　　　　param:循环变量,从 begin 到 end 循环,每循环一次步进 step

　　　　　　　step:循环变量步进值

(4) while 循环函数

函数名称:while

函数功能:判断语句,如果条件为真则执行 while 到 end 之间的语句,直至条件不成立为止。

调用格式:while(string * value)...end

参数说明:[in]　　value:判断条件,0 为假,非 0 为真

(5)break 函数

函数名称:break

函数功能:用于跳出 for、while 等循环

调用格式:break;

参数说明:无

2.程序注释

函数名称:annotate

函数功能:在代码中加入注释

调用格式:* str_in

参数说明:[in]　str_in:作为注释的字符串

3.计时控制函数:

(1)计时开始函数

函数名称:timebegin

函数功能:计时开始

调用格式:timebegin(double * tbegin)

参数说明:[in]　tbegin:计时开始变量

(2)计时终止函数

函数名称:timeend

函数功能:计时停止

调用格式:timeend(double * tbegin,double * tend)

参数说明:[in]　tbegin:计时开始变量

　　　　　[out]　tend:计时终止变量

4.程序休眠函数

函数名称:sleep

函数功能:程序休眠

调用格式:sleep(int * length)

参数说明:[in]　length:休眠时间长度(ms)

3.4　标示输出

1.标示设置函数

(1)画笔设置函数

函数名称:setcolor

函数功能:设置画笔颜色和宽度

调用格式:setcolor (int * nwidth, string * colorname)

参数说明:[in]　nwidth:画笔宽度

　　　　　　　colorname:画笔颜色,可选 white,black,red,blue,green,gray

(2)窗口大小设置函数

函数名称:setwindowsize
函数功能:设置视图显示窗口的大小
调用格式:setwindowsize(int * width, int * height)
参数说明:[in]　　width:视图显示窗口的宽度
　　　　　　　　height:视图显示窗口的高度

2. 单目标标示函数:
(1)单文本标示函数
函数名称:gentext
函数功能:在图像区输出文本信息
调用格式:gentext(double * x, double * y, int * nweight, string * textstr, string * colorname)
参数说明:[in]　　x:输出点 x 坐标
　　　　　　　　y:输出点 y 坐标
　　　　　　　　nweight:字体大小,范围为 0－72,0 是默认字体大小
　　　　　　　　textstr:要输出的字符信息
　　　　　　　　colorname:颜色,可选 white,black,red,blue,green,gray

(2)单点标示函数
函数名称:gencross
函数功能:在图上画一个十字
函数路径:函数→标示输出→单点标示
调用格式:gencross(double * x, double * y)
参数说明:[in]　　x:x 坐标
　　　　　　　　y:y 坐标

(3)单线标示函数
函数名称:genline
函数功能:在图上画一条线段
调用格式:genline(double * x1, double * y1, double * x2, double * y2)
参数说明:[in]　　x1:线段起点的 x 坐标
　　　　　　　　y1:线段起点的 y 坐标
　　　　　　　　x2:线段终点的 x 坐标
　　　　　　　　y2:线段终点的 y 坐标

(4)单框标示函数
函数名称:genrectangle
函数功能:在图上画一个矩形框
调用格式:genrectangle(double * x1, double * y1, double * x2, double * y2)
参数说明:[in]　　x1:矩形框左上角的 x 坐标
　　　　　　　　y1:矩形框左上角线段起点的 y 坐标
　　　　　　　　x2:矩形框右下角的 x 坐标
　　　　　　　　y2:矩形框右下角的 y 坐标

(5)单圆标示函数

函数名称:gencircle

函数功能:在图像上画一个圆

调用格式:gencircle(double * x, double * y, double * radius)

参数说明:[in]　　x:输出圆圆心 x 坐标

　　　　　　　　y:输出圆圆心 y 坐标

　　　　　　　　radius:输出圆半径

(6)单椭圆标示函数

函数名称:genellipse

函数功能:在图上画一个椭圆

调用格式:genellipse(double * x, double * y, double * width, double * height, double * op)

参数说明:[in]　　x:圆心 x 坐标

　　　　　　　　y:圆心 y 坐标

　　　　　　　　width:长半轴大小

　　　　　　　　radius:短半轴大小

　　　　　　　　op:旋转角度,单位弧度

(7)矩形标示函数

函数名称:showrectangle

函数功能:在图上显示一个矩形

调用格式:showrectangle(rect * rect)

参数说明:[in]　　rect:要显示的矩形

(8)闭环标示函数

函数名称:genpolyline

函数功能:在图上画一个多边形

调用格式:genpolyline(doubles * x, doubles * y)

参数说明:[in]　　x:一组 x 坐标

　　　　　　　　y:一组 y 坐标

3. 多目标标示函数

(1)多文本标示函数

函数名称:gentexts

函数功能:在图像区输出多文本信息

调用格式:gentexts(doubles * x, doubles * y, int * nweight, strings * textstr, string * colorname)

参数说明:[in]　　x:输出点 x 坐标数组

　　　　　　　　y:输出点 y 坐标数组

　　　　　　　　nweight:字体大小,范围为 0~72,0 是默认字体大小

　　　　　　　　textstr:要输出的字符信息数组

　　　　　　　　colorname:颜色,可选 white,black,red,blue,green,gray

(2) 多点标示函数

函数名称:gencrosses

函数功能:在图上画多个十字

调用格式:gencrosses(doubles * x, doubles * y)

参数说明:[in]　　x:x 坐标数组

　　　　　　　　y:y 坐标数组

(3) 多线标示函数

函数名称:genlines

函数功能:在图上画多条线段

调用格式:genlines(doubles * x1, doubles * y1, doubles * x2, doubles * y2)

参数说明:[in]　　x1:线段起点的 x 坐标数组

　　　　　　　　y1:线段起点的 y 坐标数组

　　　　　　　　x2:线段终点的 x 坐标数组

　　　　　　　　y2:线段终点的 y 坐标数组

(4) 多框标示函数

函数名称:genrectangles

函数功能:在图上画多个矩形框

调用格式:genrectangles(doubles * x1, doubles * y1, doubles * x2, doubles * y2,)

参数说明:[in]　　x1:矩形框左上角的 x 坐标数组

　　　　　　　　y1:矩形框左上角的 y 坐标数组

　　　　　　　　x2:矩形框右下角的 x 坐标数组

　　　　　　　　y2:矩形框右下角的 y 坐标数组

(5) 多圆标示函数

函数名称:gencircles

函数功能:在图像上画多个圆

调用格式:gencircles(doubles * x, doubles * y, doubles * radius)

参数说明:[in]　　x:输出圆圆心 x 坐标数组

　　　　　　　　y:输出圆圆心 y 坐标数组

　　　　　　　　radius:输出圆半径数组

(6) 多椭圆标示函数

函数名称:genellipses

函数功能:在图上画多个椭圆

调用格式:genellipses(doubles * x, doubles * y, doubles * width, doubles * height, doubles * op)

参数说明:[in]　　x:圆心 x 坐标数组

　　　　　　　　y:圆心 y 坐标数组

　　　　　　　　width:长半轴大小数组

　　　　　　　　radius:短半轴大小数组

　　　　　　　　op:旋转角度数组,单位弧度

4. 标示输出函数

(1)变量输出函数

函数名称：gendoubletext

函数功能：在图像上输出 double 型变量信息，相当于 cstringformat 和 gentext1 的功能和

调用格式：gendoubletext(double * x, double * y, int * nweight, double * textdouble, string * colorname)

参数说明：[in]　x：输出内容显示的 x 坐标

　　　　　　　y：输出内容显示的 y 坐标

　　　　　　　nweight：输出内容的字体大小，范围为 0～72，0 是默认字体大小

　　　　　　　textdouble：要输出的 double 型变量内容

　　　　　　　colorname：颜色，可选 white,black,red,blue,green,gray

(2)结果输出函数

函数名称：show_result

函数功能：限制图中为白的地方，在对应位置处的输入图中标示出来

调用格式：show_result(image * image, int * nwidth, string * colorname, image * imageresult)

参数说明：[in]　　image：输入灰度图像

　　　　　　　　nwidth：线宽(1～3)

　　　　　　　　colorname：颜色，可选 white,black,red,blue,green,gray

　　　　　　　　imageresult：输入限制图

5. 图像标记函数

函数名称：mucharea

函数功能：图像中连通域的标记、个数、以及面积计算

调用格式：mucharea(image * imagein,int * thre,doubles * closearea,int * total,doubles * xarea,doubles * yarea,doubles * label,doubles * width,doubles * height)

参数说明：[in]　　imagein：输入图像(二值图)

　　　　　　　　thre：面积最小阈值

　　　　　[out]　closearea：标记区域面积

　　　　　　　　totoal：连通域个数

　　　　　　　　xarea：连通域左上 x 坐标

　　　　　　　　yarea：连通域左上 y 坐标

　　　　　　　　label：标记号

　　　　　　　　width：连通域宽度

　　　　　　　　height：连通域高度

6. 区域图像标记函数

函数名称：rectmucharea

函数功能：所选区域中连通域的标记、个数，以及面积计算

调用格式:rectmucharea(image * imagein,rect * rect,int * thre1,int * thre2,doubles * closearea,int * total,doubles * xarea,doubles * yarea,doubles * label,doubles * width,doubles * height)

参数说明:〔in〕　image_origin:输入图像(二值图)
　　　　　　　rect:关注区域
　　　　　　　thre1:标记区域面积最小阈值
　　　　　　　thre2:标记区域面积最大阈值
　　　　〔out〕closearea:标记区域面积
　　　　　　　totoal:连通域个数
　　　　　　　xarea:连通域左上 x 坐标
　　　　　　　yarea:连通域左上 y 坐标
　　　　　　　label:标记号
　　　　　　　width:连通域宽度
　　　　　　　height:连通域高度

第4章 图像处理函数

4.1 图像滤波

1. 图像积分函数

函数名称:imageintegral

函数功能:计算一次或高次积分图像,

$$sum(x,y) = sumx < x, y < yimage(x,y)$$
$$sqsum(x,y) = sumx < x, y < yimage(x,y)2$$
$$tilted\_sum(x,y) = sumy < y, abs(x-x) < yimage(x,y)$$

利用积分图像,可以方便得到某个区域象素点的和、均值、标准方差。如:
$$sumx1 <= x < x2, y1 <= y < y2$$
$$image(x,y) = sum(x2,y2) - sum(x1,y2) - sum(x2,y1) + sum(x1,x1)$$

因此可以在变化的窗口内做快速平滑或窗口相关。

调用格式:imageintegral(image * imagein,image * sum,image * sqsum,image * titled_sum)

参数说明:[in]　imagein:图像输入(8位单通道灰度图)

　　　　　[out]　sum:积分图像旋转输出

　　　　　　　　sqsum:象素平方积分图像输出

　　　　　　　　titled_sum:45度积分图像输出

2. 目标轮廓平滑函数

函数名称:rectsmooth1

函数功能:对所选区域轮廓进行平滑操作

调用格式:rectsmooth1(image * image_origin,image * image_edge,rect * rect)

参数说明:[in]　image_origin:输入图像(单像素边缘图)

　　　　　　　　rect:区域

　　　　　[out]　image_edge:输出图像

3. 区域轮廓平滑函数

函数名称:rectsmooth2

函数功能:对所选区域轮廓进行平滑操作

调用格式:rectsmooth2(image * image_origin,image * imageout,rect * rect,string * kind)

参数说明：[in]　　image_origin：输入图像（单像素边缘图）

　　　　　　　　　rect：区域

　　　　　　　　　kind：方法选择，选项有 averagesmooth 和 bsmooth

　　　　　[out]　imageout：输出图像

4. 面积选择函数

函数名称：select_area

函数功能：选择满足面积要求的目标输出（针对黑色背景白色目标的二值图）

调用格式：select_area(image * image,int * minarea, int * maxarea, image * imageout)

参数说明：[in]　　image：输入二值图（黑色背景白色目标）

　　　　　　　　　minarea：最小面积

　　　　　　　　　maxarea：最大面积

　　　　　[out]　imageout：输出选择后的结果图

5. 面积滤波函数

(1) 面积滤波 1

函数名称：mucharea_del

函数功能：根据设定的连通域面积的高阈值和低阈值，把面积高于高阈值和低于低阈值的连通域全部去除

调用格式：mucharea_del(image * imagein, int * hthre, int * lthre,image * image_output)

参数说明：[in]　　imagein：待处理的输入图像

　　　　　　　　　hthre：高阈值,高于此阈值面积的连通域被删除

　　　　　　　　　thre：低阈值,低于此阈值面积的连通域被删除

　　　　　[out]　image_output：滤波后输出图像

(2) 面积滤波 2

函数名称：areafilter

函数功能：对图像进行面积滤波

调用格式：areafilter(image * imagein, int * minthresh,int * maxthresh, image * imageout)

参数说明：[in]　　imagein：输入图像

　　　　　　　　　minthresh：最小阈值,低于此阈值面积的连通域被删除

　　　　　　　　　maxthresh：最大阈值,高于此阈值面积的连通域被删除

　　　　　[out]　imageout：输出图像

6. 均值滤波函数

函数名称：meanimage

函数功能：对图像进行均值滤波

调用格式：meanimage(image * imagein, image * imageout, int * size)

参数说明：[in]　　imagein：输入图像

　　　　　　　　　size：窗口尺寸

　　　　　[out]　imageout:输出图像

7. cv 均值滤波函数

函数名称:cvmeanimage

函数功能:对图像做任意尺寸的均值滤波

调用格式:cvmeanimage(image * imagein, image * imageout, int * width, int * height)

参数说明:[in]　　imagein:输入图像

　　　　　　　　width:窗口宽度

　　　　　　　　height:窗口高度

　　　　　[out]　imageout:输出图像

8. 中值滤波函数

函数名称:medfilter3

函数功能:对图像进行 3 * 3 中值滤波

调用格式:medfilter3 (image * imagein, image * imageout)

参数说明:[in]　　imagein:输入图像

　　　　　[out]　imageout:输出图像

9. 平滑滤波函数

函数名称:smoothfilter

函数功能:用 method 中的方法对灰度图进行平滑滤波

调用格式:smoothfilter(image * imagein,int * method,int * size,image * imageout)

参数说明:[in]　　imagein:图像输入(8 位单通道灰度图)

　　　　　　　　method:滤波方法选择(0:高斯滤波,1:中值滤波,2:blur)

　　　　　　　　size:模板大小(可选用>3)

　　　　　[out]　imageout:图像输出

10. 区域平滑滤波函数

函数名称:rectsmoothfilter

函数功能:用 method 中的方法对灰度图的选定区域进行平滑滤波

调用格式:rectsmoothfilter(image * imagein, rect * rec,int * method, int * size,image * imageout)

参数说明:[in]　　imagein:图像输入(8 位单通道灰度图)

　　　　　　　　rec:区域选择

　　　　　　　　method:滤波方法选择(0:高斯滤波;1:中值滤波;2:blur)

　　　　　　　　size:模板大小(可选用>3)

　　　　　[out]　imageout:图像输出

11. 游程平滑函数

函数名称:smooth

函数功能:游程平滑算法是指对同一扫描行上的黑像素点之间的距离进行检测,当两相邻

黑像素点之间的空白游程长度小于门限值时,则将这两点之间的空白游程全部填黑

调用格式:smooth(image * inputimage, image * resultimage, double * a)

参数说明:[in] 　　inputimage:输入图像

　　　　　　　　a:游程阈值

　　　　　[out] 　resultimage:输出图像

12. 图像滤波函数

函数名称:imagefilter

函数功能:对图像进行滤波

调用格式:imagefilter(image * image_origin,image * imageout,string * kind)

参数说明:[in] 　　image_origin:输入图像(灰度图、二值图)

　　　　　　　　kind:方法选择,包括 medianfilter,removenoise(只对二值图),guassfilter

　　　　　[out] 　imageout:输出图像

13. 区域图像滤波函数

函数名称:rectimagefilter

函数功能:对区域图像进行滤波

调用格式:rectimagefilter(image * imagein, image * imageout, rect * rect, string * kind)

参数说明:[in] 　　imagein:输入图像

　　　　　　　　rect:区域

　　　　　　　　kind:方法选择,选项有 medianfilter, removenoise, gaussfilter

　　　　　[out] 　imageout:输出图像

14. 多联通域面积滤波函数

函数名称:select_area_division

函数功能:面积滤波,指用连通区域的面积除以连通区域包络盒的面积,仅保留当这个比值小于用户所给的 div 的值时的连通区域

调用格式:select_area_division(image * imagein, double * div, image * imageout)

参数说明:[in] 　　imagein:输入图像

　　　　　　　　div:连通区域的面积与连通区域包络盒的面积比值的阈值

　　　　　[out] 　imageout:面积滤波后的输出图像

15. 距离滤波函数

函数名称:distancefilter

函数功能:滤除阈值半径外的联通区域

调用格式:DistanceFilter(image * imageIndouble * Centerx, double * Centery, double * radiusLowthr, double * radiusHighthr, int * Pixel, image * imageOut)

参数说明:[in] 　　image:输入二值图

　　　　　　　　Centerx:中心点横坐标

　　　　　　　　Centery:中心点纵坐标
　　　　　　　　radiusLowthr:半径低阈值
　　　　　　　　radiusHighthr:半径高阈值
　　　　　　　　pixel:目标像素值
　　　　[out]　imageout:输出二值图

16.连通域长宽比滤波函数

函数名称:WHratioFilter

函数说明:对二值图根据连通域外接矩形的长宽比进行滤波,删除满足条件的连通域

调用格式:WHratioFilter(image * imageIn,int * Widththr,int * Heightthr,int * Method,image * imageOut)

参数说明:[in]　　imageIn:图像输入(8位单通道二值图)
　　　　　　　　Widththr:外接矩形宽度阈值
　　　　　　　　Heightthr:外接矩形高度阈值
　　　　　　　　Method:选择方法,可选值分别为:
　　　　　　　　high0:阈值大于width或者大于height的连通域删除
　　　　　　　　high1:阈值大于width并且大于height的连通域删除
　　　　　　　　equal0:阈值等于width或者等于height的连通域删除
　　　　　　　　equal1:阈值等于width并且等于height的连通域删除
　　　　　　　　low0:阈值小于width或者小于height的连通域删除
　　　　　　　　low1:阈值小于width并且小于height的连通域删除
　　　　[out]　imageout:滤波后的二值图图像

4.2　图像变换

1.图像大小变换函数

函数名称:zoomsize

函数功能:对图像使用不同的方法进行大小比例变换(0~3)

调用格式:zoomsize(image * imagein,double * multiple,int * kind,image * imageout)

参数说明:[in]　　imagein:图像输入(8位单通道或3通道图)
　　　　　　　　multiple:变化倍数(0~3)
　　　　　　　　kind:变换时选用方法(0:最近邻插值;1:双线性插值;
　　　　　　　　　　　　2:使用象素关系重采样;3:立方插值)
　　　　[out]　imageout:图像输出

2.图像差运算函数

函数名称:subimage

函数功能:见thr说明

调用格式:subimage(image * imagein1,image * imagein2,int * thr,image * imageout)

参数说明:[in]　　imagein1:图像1输入(8位灰度图)

　　　　　　　　　　imagein2：图像2输入(8位灰度图)

　　　　　　　　　　thr：两图像对应像素灰度值之差大于指定阈值时，对应在输出图像上该像素灰度值为255(白色)

　　　　　　[out]　imageout：图像输出

3. 图像与运算函数

(1) 图像与运算1

函数名称：andimage

函数功能：见 method 说明

调用格式：andimage(image * imagein1,image * imagein2,xint * method,image * imageout)

参数说明：[in]　　imagein1：图像1输入(8位灰度图)

　　　　　　　　　imagein2：图像2输入(8位灰度图)

　　　　　　　　　method：0：输出图像中对应源图像2中为0(黑色)的像素的值为源图像对应位置像素的值，其余的都为255(白色)；1：相反

　　　　　　[out]　imageout：图像输出

(2) 图像与运算2

函数名称：reducedomain

函数功能：对两个源图像进行操作。输出图像中对应源图像2中为0(黑色)的像素的值为源图像对应位置像素的值，其余的都为255(白色)

调用格式：reducedomain(image * imagein1, image * imagein2, image * imageout)

参数说明：[in]　　imagein1：源图像1(灰度图)

　　　　　　　　　imagein2：源图像2(二值图)

　　　　　　[out]　imageout：输出图像

4. 灰度极值获取函数

函数名称：greyextre

函数功能：求取灰度极值

调用格式：greyextre(image * imagein,int * percent,int * mingray,int * maxgray)

参数说明：[in]　　imagein：图像输入(8位单通道灰度图)

　　　　　　　　　percent：极值所占百分比(0～100)，若为0，则求取所有灰度值的极值，否则计算百分比下灰度值极值，若不存在则 mingray 输出为－1，maxgray 输出为256

　　　　　　[out]　mingray：最小灰度值输出

　　　　　　　　　maxgray：最大灰度值输出

5. 灰度归一化函数

函数名称：valuenorm

函数功能：对灰度图的值进行0到选定值之间的归一化

调用格式：valuenorm(image * image,int * finalfield)

参数说明：[in]　　image：图像输入(8位单通道灰度图)

　　　　　　　[out]　finalfield:归一化边界(上限)

6. 图像归一化函数

函数名称:imageunitybyrect

函数功能:将经过分割的字符进行缩放处理,使它们的宽和高一致,以方便特征的提取

调用格式:imageunitybyrect(Image * imagein, Image * imageout, Rect * rect , Int * tarWidth, Int * tarHeight)

参数说明:[in]　　imagein:输入图像

　　　　　　　　　rect:关注区域(给出了每个字符所在的区域,供其他函数使用)

　　　　　　　　　tarWidth:归一化高度(用户输入要求的归一化高度)

　　　　　　　　　tarHeight:归一化宽度(用户输入要求的归一化宽度)

　　　　　[out]　imageout:输出图像

7. 灰度/二值转换函数

函数名称:graytobit

函数功能:把条码图像从灰度图转换为二值图

调用格式:graytobit(image * bar, image * bit)

参数说明:[in]　　bar:输入条码图像(灰度图)

　　　　　[out]　bit:输出图像(二值图)

8. 灰度变换函数

(1)灰度变换 1

函数名称:convert8bits

函数功能:将 24 位灰度图图像转化为 8 位灰度图图像

调用格式:convert8bits(image * imagein, image * imageout)

参数说明:[in]　　imagein:图像输入

　　　　　[out]　imageout:图像输出(8 位图)

(2)灰度变换 2

函数名称:convertdepth24to8

函数功能:将 24 位彩色图像转换为 8 位灰度图

调用格式:convertdepth24to8(image * imagein, image * imageout)

参数说明:[in]　　imagein:输入图像(彩色图)

　　　　　[out]　imageout:输出图像

(3)灰度变换 3

函数名称:convertgray

函数功能:将 24 位 rgb 彩色图转化为 8 位灰度图

调用格式:convertgray(image * imagein, image * imageout)

参数说明:[in]　　imagein:图像输入(8 位三通道彩色图)

　　　　　[out]　imageout:图像输出(灰度图)

9. 区域灰度转换函数

函数名称:rectconvertgray

函数功能:将 24 位 rgb 彩色图的选定区域转化为 8 位灰度图
调用格式:rectconvertgray(image * imagein ,rect * rect,image * imageout)
参数说明:[in]　　imagein:图像输入(8 位三通道彩色图)
　　　　　　　　rect:区域选择
　　　　　　[out]　imageout:图像输出(灰度图)

10. 标记图像转换函数

函数名称:convert_labeled_image
函数功能:将标记图像转换成二值图像或灰度图像
调用格式:convert_labeled_image(image * imagein,int * type,image * imageout)
参数说明:[in]　　imagein:图像输入
　　　　　　　　type:类型(0:二值,1:灰度)
　　　　　　[out]　imageout:图像输出

11. 对比度增强函数

(1)对比度增强 1
函数名称:contrastenhance
函数功能:增强图像对比度
调用格式:contrastenhance(image * imagein,double * s1,double * s2,double * t1,
　　　　double * t2,image * imageout)
参数说明:[in]　　imagein:图像输入(8 位单通道灰度图)
　　　　　　　　s1:转化前区域下界(大于 0,小于 s2)
　　　　　　　　s2:转化前区域上界(小于 255)
　　　　　　　　t1:转化后区域下界(大于 0,小于 t2)
　　　　　　　　t2:转化后区域上界(小于 255)
　　　　　　[out]　imageout:图像输出

(2)对比度增强 2
函数名称:imageenhance
函数功能:对图像进行对比度增强
调用格式:imageenhance(image * imagein, image * imageout, string * kind)
参数说明:[in]　　imagein:输入图像
　　　　　　　　kind:算法类型,有 pointliner 和 pointsharp 两种类型
　　　　　　[out]　imageout:输出图像

12. 区域对比度增强函数

函数名称:rectimageenhance
函数功能:对区域图像进行对比度增强
调用格式:rectimageenhance(image * imagein, image * imageout, rect * rect,string *
　　　　kind)
参数说明:[in]　　imagein:输入图像
　　　　　　　　rect:区域

kind:算法类型,有 pointliner 和 pointsharp 两种类型
[out] imageout:输出图像

13. 图像灰度差分函数

函数名称:detectminus

函数功能:对两幅灰度图图像进行差分操作

调用格式:detectminus(image * image_origin1,image * image_origin2,image * imageout,int * thre)

参数说明:[in]　image_origin1:输入图像(灰度图)
　　　　　　　image_origin2:输入图像(灰度图)
　　　　　　　thre:阈值
　　　　　[out]　imageout:输出图像(二值图)

14. 灰度降级函数

函数名称:greyreduce

函数功能:使图像灰度等级减少(版画效果)

调用格式:greyreduce(image * imagein,int * level,image * imageout)

参数说明:[in]　imagein:图像输入(8 位单通道灰度图)
　　　　　　　level:转化灰度等级(1~255)
　　　　　[out]　imageout:图像输出

15. 动态范围压函数

函数名称:contrastcompress

函数功能:压缩图像动态范围

调用格式:contrastcompress(image * imagein,double * scale,image * imageout)

参数说明:[in]　imagein:图像输入(8 位单通道灰度图)
　　　　　　　scale:尺度比例常数(大于 0)
　　　　　[out]　imageout:图像输出

16. gamma 校正函数

函数名称:gammaproofread

函数功能:图像 gamma 校正

调用格式:gammaproofread(image * imagein,double * gamma,image * imageout)

参数说明:[in]　imagein:图像输入(8 位单通道灰度图)
　　　　　　　gamma:gamma 系数(大于 0)
　　　　　[out]　imageout:图像输出

17. 亮度调整函数

函数名称:intenadjust

函数功能:亮度调整

调用格式:intenadjust(Image * image,Image * image1)

参数说明:[in]　image:源图像(灰度图)

[out] image1:输出图像

18. 图像反色函数

1) 图像反色 1

函数名称:invertcolor

函数功能:使灰度图"黑白颠倒"

调用格式:invertcolor(image * imagein,image * imageout)

参数说明:[in]　imagein:图像输入(8位单通道灰度图)

　　　　　[out]　imageout:图像输出

2) 图像反色 2

函数名称:pointinvert

函数功能:对图像进行反色

调用格式:pointinvert(image * imagein, image * imageout)

参数说明:[in]　imagein:输入图像(灰度图)

　　　　　[out]　imageout:输出图像

19. 区域图像反色函数

函数名称:rectpointinvert

函数功能:对所选区域图像进行反色

调用格式:rectpointinvert(image * imagein,image * imageout,rect * rect)

参数说明:[in]　imagein:输入图像(二值图像)

　　　　　　　rect:关注区域

　　　　　[out]　imageout:输出图像

20. 灰度图像逻辑对比函数

函数名称:lowgrayimage

函数功能:对两幅灰度图像进行比较,取较小的值生成新图像并输出该图像

调用格式:lowgrayimage(image * image1,image * image2,image * imageout)

参数说明:[in]　image1:输入图像 1(8 位单通道灰度图)

　　　　　　　image2:输入图像 2(8 位单通道灰度图)

　　　　　[out]　imageout:输出图像

21. 色彩空间转换函数

函数名称:convertcolor

函数功能:实现 rgb 与不同色彩空间的相互转换

调用格式:convertcolor(image * imagein,string * from,string * to,image * imageout)

参数说明:[in]　imagein:图像输入(8 位 3 通道彩色图)

　　　　　　　from:原始图像空间(可以是 rgb,bgr,ycrcb,hsv,hls,lab,luv,xyz,下同)

　　　　　　　to:转化图像空间,from 和 to 中有且只有一个 rgb

　　　　　[out]　imageout:图像输出

22. HSV 输出函数

函数名称：rgbtohsv

函数功能：使 rgb 转化为 hsv 分别输出

调用格式：rgbtohsv(image * img,image * imgh,image * imgs,image * imgv)

参数说明：[in]　　img：图像输入(8 位 3 通道彩色图)

　　　　　[out]　imgh：h 量输出

　　　　　　　　imgs：s 量输出

　　　　　　　　imgv：v 量输出

23. RGB 单通道输出函数

函数名称：apartrgb

函数功能：把 r、g、b 的三分量分别输出

调用格式：apartrgb(image * imagein,image * imageoutr,image * imageoutg,image * imageoutb)

参数说明：[in]　　imagein：图像输入(8 位 3 通道彩色图)

　　　　　[out]　imageoutr：图像 r 分量输出

　　　　　　　　imageoutg：图像 g 分量输出

　　　　　　　　imageoutb：图像 b 分量输出

24. RGB 合成函数

函数名称：composergb

函数功能：把 r、g、b 三分量的图合成为 rgb 彩色图

调用格式：composergb(image * imageinr,image * imageing,image * imageinb,image * imageout)

参数说明：[in]　　imageinr：图像 r 分量输入

　　　　　　　　imageing：图像 g 分量输入

　　　　　　　　imageinb：图像 b 分量输入

　　　　　[out]　imageout：图像输出(8 位 3 通道彩色图)

25. 彩色图像逻辑对比函数

函数名称：lowcolorimage

函数功能：将一幅彩色图像与灰度图像进行比较，即将彩色图像每个像素的 rgb 分量分别
　　　　　与灰度图像对应的像素值进行比较，取较小的值生成新的彩色图像

调用格式：lowcolorimage (image * image1,image * image2,image * imageout)

参数说明：[in]　　image1：输入图像 1(彩色图)

　　　　　　　　image2：输入图像 2(8 位单通道灰度图)

　　　　　[out]　imageout：输出图像

26. dct 提取函数

函数名称：dct_pickup

函数功能：将输入图像全图进行 dct 变换，并将变换结果显示到输出图像上

调用格式：dct_pickup(image * inputimage, image * outputimage, double * lthreshold, double * hthreshold)

参数说明：[in]　　inputimage：输入图像

　　　　　　　　lthreshold：低阈值，dct 变换后通过阈值带通滤除不需要的图像（取大于 0 的 double 型数，一般小于 10）

　　　　　　　　hthreshold：高阈值，dct 变换后通过阈值带通滤除不需要的图像（取大于 0 的 double 型数，一般大于 10）

　　　　　[out]　outputimage：经过 dct 变换以后的输出图像

27. dct 扩大函数

函数名称：regionmodify

函数功能：用水平条滑动法对 dct 系数进行处理

调用格式：regionmodify(Image * inputimage, Image * outputimage)

参数说明：[in]　　inputimage：输入图像（单通道 8 位灰度图）

　　　　　[out]　outputimage：输出图像

28. 凸包变换函数

函数名称：convexhull_trans

函数功能：凸包变换

调用格式：convexhull_trans(image * imagein, int * num, image * imageout)

参数说明：[in]　　imagein：图像输入

　　　　　　　　num：连通区域数目输入

　　　　　[out]　imageout：图像输出

29. 积分投影函数

函数名称：imageproject1

函数功能：积分投影

调用格式：imageproject1(image * image_origin, int * kind, int * thre, doubles * pstart, doubles * pend, int * total1, image * imageout)

参数说明：[in]　　image_origin：输入图像（二值图）

　　　　　　　　kind：投影方向（0.水平，1.垂直）

　　　　　　　　thre：阈值选择（0~255）

　　　　　[out]　pstar：起点坐标数组

　　　　　　　　pend：终点坐标数组

　　　　　　　　total1：总数

　　　　　　　　imageout：输出图像

30. 区域积分投影函数

函数名称：rectimageproject

函数功能：区域积分投影

调用格式：rectimageproject(image * image_origin, rect * rec, int * kind, int * thre, doubles * pstart, doubles * pend, int * total1, image * imageout)

参数说明：[in]　image_origin：输入图像（二值图）
　　　　　　　　rect：所选区域
　　　　　　　　kind：算法（0.水平，1.垂直）
　　　　　　　　thre：阈值
　　　　　[out]　imageout：输出图像
　　　　　　　　pstar：起点坐标数组
　　　　　　　　pend：终点坐标数组
　　　　　　　　total1：总数

31.图像投影函数

函数名称：imageproject2

函数功能：对图像进行水平或者垂直投影

调用格式：imageproject2(image * imagein, image * imageout, string * kind, int * threshold, ints * x, ints * y, int * count)

参数说明：[in]　imagein：输入图像
　　　　　　　　kind：方法选择，hproject 为水平方向投影，vproject 为垂直方向投影
　　　　　[out]　imageout：输出图像
　　　　　　　　x：起始点坐标
　　　　　　　　y：终止点坐标
　　　　　　　　count：个数

32.图像旋转函数

函数名称：rotatermb

函数功能：对图像做旋转，使有倾斜角的图像旋转为水平，注意：使用时旋转目标为白，背景为黑

调用格式：rotatermb(image * imagein, image * imageout, double * angle)

参数说明：[in]　imagein：输入图像
　　　　　　　　angle：时针旋转角度
　　　　　[out]　imageout：旋转后的图像

33.图像采样函数

函数名称：sampling

函数功能：对图像进行采样操作

调用格式：sampling(image * imagein, int * direction, image * imageout)

参数说明：[in]　imagein：输入图像
　　　　　　　　direction：采样方向，0 为向下采样，1 为向上采样
　　　　　[out]　imageout：输出图像

34.图像扩展函数

函数名称：expand

函数功能：对图像进行扩展

调用格式：expand(image * imagein, image * imageout)

参数说明:[in]　　imagein:图像输入

　　　　　[out]　imageout:图像输出

35.图像映射函数

函数名称:logpolar

函数功能:把图像映射到极指数空间,该函数可模仿人类视网膜中央凹视力,并且对于目标跟踪等可使用快速尺度和旋转变换不变模板匹配

调用格式:logpolar(Image * imageIn,Int * xorder,Int * yorder,Double * measure,Image * imageOut)

参数说明:[in]　　imageIn:图像输入(8位单通道或3通道图)

　　　　　　　　xorder:变换中心 x 坐标(范围在0和图片宽度之间)

　　　　　　　　yorder:变换中心 y 坐标(范围在0和图片高度之间)

　　　　　　　　measure:幅度的尺度参数(大于0)

　　　　　[out]　imageOut:图像输出

36.图像细化函数

函数名称:imagethining

函数功能:对图像进行细化

调用格式:imagethining(image * imagein,image * imageout)

参数说明:[in]　　imagein:输入图像

　　　　　[out]　imageout:输出图像

37.比例设置函数

函数名称:setscaler

函数功能:设置图像比例尺

调用格式:setscaler(double * pixel,double * real)

参数说明:[in]　　pixel:像素值

　　　　　　　　real:对应的实际值

38.像素填充函数

函数名称:fillpixel

函数功能:将图像指定区域用指定像素填充

调用格式:fillpixel(Image * imgein,Double * xmin,Double * xmax,Double * ymin,Double * ymax,Int * pixel,Image * imgout)

参数说明:[in]　　imagein:输入图像

　　　　　　　　xmin:水平坐标,小于它的区域将被填充像素

　　　　　　　　xmax:水平坐标,大于它的区域将被填充像素

　　　　　　　　ymin:垂直坐标,小于它的区域将被填充像素

　　　　　　　　ymax:垂直坐标,大于它的区域将被填充像素

　　　　　　　　pixel:要填充的像素值

　　　　　　　　注意:xmin 可以比 xmax 大,ymin 也可以比 ymax 大

　　　　　[out]　imgout:输出填充后的图像

39. 灰度/彩色图像转换函数

函数名称：convert8to24

函数功能：把 8 位灰度图转为 24 位伪彩色图

调用格式：convert8to24(image * imagein,image * imageout)

参数说明：[in]　　imagein：输入图像

　　　　　[out]　imageout：输出图像

40. 彩色/灰度图像转换函数

函数名称：rgb2gray

函数功能：把彩色图像转换为灰度图

调用格式：rgb2gray(image * imagein，image * imageout)

参数说明：[in]　　imagein：输入彩色图像

　　　　　[out]　imageout：输出灰度图像

41. 设置 ROI 函数

函数名称：setroi

函数功能：设置图像 ROI

调用格式：setroi(image * image，rect * rect，image * imageout)

参数说明：[in]　　image：图像输入(8 位单通道灰度图)

　　　　　　　　rect：roi 区域

　　　　　[out]　imageout：输出图像

42. 调整图像尺寸

函数名称：AdSize

函数功能：根据给定的图像长度和宽度，调整图像的大小

调用格式：AdSize(Image * imageIn,Int * width,,Int * height,Image * imageOut)

参数说明：[in]　　imageIn：图像输入(8 位单通道或 3 通道图)

　　　　　　　　width：新图像的宽度

　　　　　　　　height：新图像的高度

　　　　　[out]　imageOut：图像输出

调用举例：readimage(Lena.jpg,in);

　　　　　showimage(in);

　　　　　AdSize(in,640,480,out);

　　　　　showimage(out);

4.3　图像融合

1. 小波变换函数

函数名称：wavelettrans

函数功能：小波变换

调用格式:wavelettrans(image * imagein,int * layer,image * imageout)
参数说明:[in]　　imagein:图像输入(8位3通道彩色图)
　　　　　　　　layer:维数(1~4)
　　　　　[out]　imageout:图像输出

2. 小波恢复函数

函数名称:waveletresume
函数功能:小波恢复
调用格式:waveletresume(image * imagein,int * layer,image * imageout)
参数说明:[in]　　imagein:图像输入(8位3通道彩色图)
　　　　　　　　layer:维数
　　　　　[out]　imageout:图像输出

3. 图像融合函数

函数名称:pixelfusion
函数功能:对所选两幅图像融合(方法见算法说明),输出融合后的图像
调用格式:pixelfusion(image * imagein1,image * imagein2,image * imageout,string * kind,double * para1,double * para2)
参数说明:[in]　　imagein1:输入图像1
　　　　　　　　imagein2:输入图像2
　　　　　　　　kind:融合算法(aver,relation,his,multi,pca,yuvwvlts,rgbwvlts,hiswvlts)
　　　　　　　　para1:阈值1,对aver、rgbwvlts为mult,对relation为add,对其他算法无用
　　　　　　　　para2:阈值2,对aver、rgbwvlts为add,对其他算法无用
　　　　　[out]　imageout:输出图像
算法说明:aver:简单线性法
　　　　　relation:相关系数加权法
　　　　　his:三角变换法
　　　　　multi:乘积算法
　　　　　pca:主成成分分析法
　　　　　yuvwvlts:yuv空间小波融合
　　　　　rgbwvlts:rgb空间小波融合
　　　　　hiswvlts:his和小波融合综合算法

4. 图像融合(简单线性)函数

函数名称:pixelfusionaver
函数功能:对所选两幅图像用简单线性方法进行融合
调用格式:pixelfusionaver(image * imagein1,image * imagein2,image * imageout,double * para1,double * para2)
参数说明:[in]　　imagein1:输入图像1

imagein2:输入图像 2

para1:阈值 1 mult,0 时取 0.7

para2:阈值 2 add ,0 时取 −20

[out] imageout:输出图像

5.图像融合(小波变换)函数

函数名称:pixelfusionhiswvlts

函数功能:对所选两幅图像用小波方法进行融合

调用格式:fixelfusionhiswvlts(image * imagein1, image * imagein2, image * imageout)

参数说明:[in] imagein1:输入图像 1

imagein2:输入图像 2

[out] imageout:输出图像

4.4 阈值分割

1.阈值分割函数

函数名称:thresholdcovert

函数功能:对图像进行阈值分割,得到二值图

调用格式:thresholdcovert(Image * imagein, Image * imageout, String * kind, Int * threshold)

参数说明:[in] imagein:输入图像 image_origin:输入图像(灰度图象)

kind:算法,包括 fixthreshold, otsuthreshold, distinguishthreshold, iterativethreshold, entropythresholdthreshold:所选阈值(只对固定阈值分割有用,如果为 0 则为默认值 128)

[out] imageout:输出图像

2.区域阈值分割函数

函数名称:rectthresholdcovert

函数功能:对所选区域进行阈值分割,得到二值图

调用格式:rectthresholdcovert(image * imagein, image * imageout, rect * rec, string * kind, int * threshold)

参数说明:[in] imagein:输入图像 image_origin:输入图像(灰度图象)

rec:所选区域

kind:算法,包括 fixthreshold, otsuthreshold, distinguishthreshold, iterativethreshold, entropythreshold

papa1:所选阈值(只对固定阈值分割有用,如果为 0 则为默认值 128)

[out] imageout:输出图像

3.固定阈值分割函数

函数名称:threshdivision

函数功能:对灰度图像用固定阈值进行分割,输出二值图

调用格式:threshdivision(image * imagein,int * way,int * threshold,int * method,image * imageout)

参数说明:[in]   imagein:图像输入(8 位单通道灰度图)
     way:分割方法选择(0.固定;1.迭代;2.ostu)
     threshold:阈值(只对固定有效,0－255)
     method:分割方式(0:binary,1:binary_inv,2:trunc,3:tozero,4:tozero_inv)
    [out]   imageout:图像输出

4. 区域固定阈值分割函数

函数名称:rectthreshdivision

函数功能:对灰度图像的选定区域用固定阈值分割,该选定区域输出为二值图

调用格式:rectthreshdivision(image * imagein, rect * rec,int * way,int * threshold,int * method,image * imageout)

参数说明:[in]   imagein:图像输入(8 位单通道灰度图)
     rec:区域选取
     way:分割方法选择(0.固定;1.迭代;2.ostu)
     threshold:阈值(只对固定有效,0－255)
     method:方法(0:binary,1:binary_inv,2:trunc,3:tozero,4:tozero_inv)
    [out]   imageout:图像输出

5. 自适应阈值分割函数

函数名称:adaptthresh

函数功能:对灰度图像用自适应阈值进行分割,输出二值图

调用格式:adaptthresh(image * imagein,int * methods,image * imageout)

参数说明:[in]   imagein:图像输入(8 位单通道灰度图)
     methods:阈值方法(0:均值自适应 ,1:高斯自适应)
    [out]   imageout:图像输出

6. 区域自适应阈值分割函数

函数名称:rectadaptthresh

函数功能:对灰度图像选定区域用自适应阈值进行分割,该区域输出为二值图

调用格式:rectadaptthresh(image * imagein, rect * rec,int * methods,image * imageout)

参数说明:[in]   imagein:图像输入(8 位单通道灰度图)
     rec:区域选取
     methods:阈值方法(0:均值自适应,1:高斯自适应)
    [out]   imageout:图像输出

7. 双阈值分割函数

函数名称:doubthresh

函数功能:对灰度图像用双阈值进行分割,输出二值图

调用格式：doubthresh(image * imagein,int * thresh1,int * thresh2,image * imageout)

参数说明：[in]　　imagein：图像输入（8位单通道灰度图）

　　　　　　　　thresh1：低阈值（大于等于0,小于thresh2）

　　　　　　　　thresh2：高阈值（小于等于255）

　　　　　　[out]　imageout：图像输出

8. 区域双阈值分割函数

函数名称：rectdoubthresh

函数功能：对灰度图像选定区域用双阈值进行分割,该区域灰度介于俩阈值之间的部分输出为原灰度,其余部分为255

调用格式：rectdoubthresh(image * imagein, rect * rec,int * thresh1,int * thresh2,image * imageout)

参数说明：[in]　　imagein：图像输入（8位单通道灰度图）

　　　　　　　　rec：区域选取

　　　　　　　　thresh1：低阈值（大于等于0,小于thresh2）

　　　　　　　　thresh2：高阈值（小于等于255）

　　　　　　[out]　imageout：图像输出

9. 金字塔图像分割函数

函数名称：pyrsegment

函数功能：使用形态金字塔算法将图像逐级分解,以便在不同分辨率空间中对细节信息进一步处理,分割出不同特征区域

调用格式：pyrsegment(image * imagein,int * lev,int * cthresh,int * ethresh,image * imageout)

参数说明：[in]　　imagein：图像输入（8位单通道或3通道图）

　　　　　　　　lev：建立金字塔的最大层数（1~8）

　　　　　　　　cthresh：建立连接的错误阈值（1~255）

　　　　　　　　ethresh：分割簇的错误阈值（1~255）

　　　　　　[out]　imageout：图像输出

10. 图像差异显示函数

函数名称：imgdiff

函数功能：检测两幅图像大于容忍差异阈值的部分,可以输出二值图像观看结果或者彩色图观看结果

调用格式：imgdiff(image * imageinf,image * imageins,int * thresh,image * bimageout,image * imageout)

参数说明：[in]　　imageinf：图像1输入（8位单通道灰度图）

　　　　　　　　imageins：图像2输入（8位单通道灰度图,与1等大小）

　　　　　　　　thresh：容忍差异阈值（1~255）

　　　　　　[out]　bimageout：二值图像输出

　　　　　　　　imageout：彩色图像输出

11. cv 差运算函数

函数名称:cvsub

函数功能:对两个图像做差,并对结果图像做阈值分割

调用格式:cvsub(image * imagein1, image * imagein2, image * imageout, int * threshold)

参数说明:[in]　　imagein1:输入源图像 1

　　　　　　　 imagein2:输入源图像 2

　　　　　[out]　threshold:阈值

　　　　　　　 imageout:输出图像

12. niblack 阈值分割函数

函数名称:niblack

函数功能:用 niblack 方法对灰度图进行局部动态阈值分割

调用格式:niblack(image * imagein, image * imageout)

参数说明:[in]　　imagein:图像输入(8 位单通道灰度图)

　　　　　[out]　imageout:图像输出

13. 动态阈值分割函数

函数名称:dyn_threshold

函数功能:对输入图像 1 按输入图像 2 做动态阈值分割

调用格式:dyn_threshold(image * imagein1, image * imagein2, int * offset, image * imageout, string * kind)

参数说明:[in]　　imagein1:输入图像 1

　　　　　　　 imagein2:输入图像 2

　　　　　　　 offset:偏移量

　　　　　　　 kind:方法选择,选项有 dark,not_equal,equal,light。其中 dark 的结果 imageout 当 imagein1 中像素值小于等于 imagein2 中对应像素值减去偏移量 offset 的结果时,为 255,否则为 0;not_equal 当 imagein1 中像素值小于 imagein2 中对应像素值减去偏移量 offset 或者大于 imagein2 中对应像素值加上偏移量时,为 255,否则为 0;equal 与 not_equal 相反;light 的结果为 imageout 当 imagein1 中像素值大于等于 imagein2 中对应像素值加上偏移量 offset 的结果时,为 255,否则为 0

　　　　　[out]　imageout:输出图像

14. 特定区域生成函数

函数名称:generatemask

函数功能:根据阈值划分出原始图像中的感兴趣区域

调用格式:generatemask(image * filename, image * mask, int * threshold)

参数说明:[in]　　filename:原始图像

　　　　　　　 threshold:阈值

　　　　　[out]　mask:感兴趣的区域,二值图

4.5 直方图处理

1. 直方图均衡化函数

函数名称：histequalize

函数功能：对灰度图的直方图进行均衡化处理，输出处理后直方图对应的灰度图

调用格式：histequalize(image * imagein, image * imageout)

参数说明：[in]　　imagein：图像输入（8位单通道灰度图）

　　　　　[out]　　imageout：图像输出

2. 区域直方图均衡化函数

函数名称：recthistequalize

函数功能：对灰度图选定区域的直方图进行均衡化处理，输出处理后直方图对应的灰度图

调用格式：recthistequalize(image * imagein, rect * rec, image * imageout)

参数说明：[in]　　imagein：图像输入（8位单通道灰度图）

　　　　　　　　rec：区域选择

　　　　　[out]　　imageout：图像输出

3. 直方图构建函数

函数名称：createhist

函数功能：构建灰度图的直方图

调用格式：createhist(image * imagein, ints * histdata)

参数说明：[in]　　imagein：图像输入（8位单通道灰度图）

　　　　　[out]　　histdata：直方图数据输出

4. 区域直方图构建函数

函数名称：rectcreatehist

函数功能：构建灰度图选定区域的直方图

调用格式：rectcreatehist(image * imagein, rect * rec, ints * histdata)

参数说明：[in]　　imagein：图像输入（8位单通道灰度图）

　　　　　　　　rec：区域选择

　　　　　[out]　　histdata：直方图数据输出

5. 直方图阈值化函数

函数名称：histthresh

函数功能：对直方图进行阈值分割

调用格式：histthresh(ints * histdatain, int * thresh, ints * histdataout)

参数说明：[in]　　histdatain：直方图数据输入

　　　　　　　　thresh：阈值选择（0～255），小于阈值的设定为0

　　　　　[out]　　histdataout：直方图数据输出

6. 直方图相除函数

函数名称：histprobdensity

函数功能:从两个直方图计算目标概率密度

调用格式:histprobdensity(ints * histdatainf,ints * histdatains,double * scale,ints * histdataout)

参数说明:[in]　　histdatainf:直方图 1 数据输入

　　　　　　　　histdatains:直方图 2 数据输入

　　　　　　　　scale:输出直方图的尺度因子(1～255)

　　　　　[out]　histdataout:直方图数据输出

4.6　连通域处理

1.连通标记函数

函数名称:connection

函数功能:二值图像连通成分标记

调用格式:connection(image * imagein,image * image_result,int * num)

参数说明:[in]　　imagein:源二值图像

　　　　　[out]　image_result:结果标记图像

　　　　　　　　num:连通成分数目

2.连通域标记函数

函数名称:connectarea

函数功能:连通区域标记

调用格式:connectarea(image * imagein,int * num,image * imageout)

参数说明:[in]　　imagein:图像输入

　　　　　[out]　num:连通区域数目输出

　　　　　　　　imageout:图像输出

3.连通特征提取函数

函数名称:connectregion

函数功能:提取图像连通特征

调用格式:connectregion(image * imcentbw,double * maxno,doubles * cf)

参数说明:[in]　　imcentbw:源图像(二值图)

　　　　　　　　maxno:最大面积

　　　　　[out]　cf:连通特征

4.连通域统计函数

(1)连通域信息统计函数

函数名称:statistics

函数功能:联通域统计

调用格式:statistics(image * image_origin,image * image_out,int * num,int * sum,int * ave,int * max,int * min)

参数说明:[in]　　image_origin:图像输入(8 位单通道灰度图)

[out] image_out:图像输出
num:轮廓数量
sum:面积总和
ave:面积平均值
max:最大面积
min:最小面积

(2) CV 连通域统计函数

函数名称:cvstatistics

函数功能:对图像中的所有轮廓进行统计,输出轮廓图像,并计算出轮廓数目,面积总和,均值,最大值和最小值

调用格式:cvstatistics(image * imagein, image * imageout, int * num, int * sum, int * ave, int * max, int * min);

参数说明:[in] imagein:输入图像
[out] imageout:输出轮廓图像
num:轮廓数目
sum:轮廓面积总和
ave:面积均值
max:最大面积
min:最小面积

(3) 连通域面积统计函数

函数名称:maxlabelarea

函数功能:最大标记区域

调用格式:maxlabelarea(image * imcentbw, int * numobject, double * maxno)

参数说明:[in] imcentbw:源图像(二值图)
numobject:连通区域数目
[out] maxno:最大面积

4.7 形态学处理

1. 腐蚀函数

函数名称:erosion

函数功能:对图像进行腐蚀

调用格式:erosion(image * imagein, int * methods, int * sizes, int * times, image * imageout)

参数说明:[in] imagein:图像输入(8位三通道或单通道均可)
methods:腐蚀方法(0 为使用圆形模板,1 为使用正方形模板)
sizes:模板大小(1~50 均可)
times:腐蚀次数(大于等于 1 次)
[out] imageout:图像输出

2. 区域腐蚀函数

函数名称：recterosion

函数功能：对图像的选定区域进行腐蚀操作

调用格式：recterosion(image * imagein, rect * rec, int * methods, int * sizes, int * times, image * imageout)

参数说明：[in]　　imagein：图像输入(8 位三通道或单通道均可)

　　　　　　　　rec：区域选取

　　　　　　　　methods：腐蚀方法(0 为使用圆形模板，1 为使用正方形模板)

　　　　　　　　sizes：模板大小(1~50 均可)

　　　　　　　　times：腐蚀次数(大于等于 1 次)

　　　　　[out]　imageout：图像输出

3. 灰度腐蚀函数

函数名称：gray_erosion

函数功能：对灰度图像进行腐蚀操作

调用格式：gray_erosion(image * imagein, int * size, image * imageout)

参数说明：[in]　　imagein：输入灰度图

　　　　　　　　size：半圆模板尺寸(1~211 之间的奇数)

　　　　　[out]　imageout：输出腐蚀结果图

4. 膨胀函数

函数名称：dilation

函数功能：对图像进行膨胀操作

调用格式：dilation(image * imagein, int * methods, int * sizes, int * times, image * imageout)

参数说明：[in]　　imagein：图像输入(8 位三通道或单通道均可)

　　　　　　　　methods：膨胀方法(0 为使用圆形模板，1 为使用正方形模板)

　　　　　　　　sizes：模板大小(1~50 均可)

　　　　　　　　times：膨胀次数(大于等于 1 次)

　　　　　[out]　imageout：图像输出

5. 区域膨胀函数

函数名称：rectdilation

函数功能：对图像的选定区域进行膨胀操作

调用格式：rectdilation(image * imagein, rect * rec, int * methods, int * sizes, int * times, image * imageout)

参数说明：[in]　　imagein：图像输入(8 位三通道或单通道均可)

　　　　　　　　rec：区域选取

　　　　　　　　methods：膨胀方法(0 为使用圆形模板，1 为使用正方形模板)

　　　　　　　　sizes：模板大小(1~50 均可)

　　　　　　　　times：膨胀次数(大于等于 1 次)

　　　　　[out]　imageout：图像输出

6. 灰度膨胀函数

函数名称：gray_dilation

函数功能：对灰度图像进行膨胀操作

调用格式：gray_dilation(image * imagein, int * size, image * imageout)

参数说明：[in]　　imagein：输入灰度图

　　　　　　　　size：半圆模板尺寸（1~211 之间的奇数）

　　　　　[out]　imageout：输出膨胀结果图

7. 圆模板膨胀函数

函数名称：dilation_circle

函数功能：对图像进行圆模板膨胀操作

调用格式：dilation_circle(image * imagein, int * size, image * imageout)

参数说明：[in]　　imagein：输入图像

　　　　　　　　size：圆模板尺寸

　　　　　[out]　imageout：输出图像

8. 膨胀腐蚀函数

函数名称：imagemorph

函数功能：对图像进行膨胀腐蚀操作

调用格式：imagemorph(image * imagein, image * imageout, string * kind, int * size)

参数说明：[in]　　imagein：输入图像

　　　　　　　　kind：方法选择，有 dilation,erosion 选项

　　　　　　　　size：模板尺寸

　　　　　[out]　imageout：输出图像

9. 高级形态学函数

函数名称：morphology

函数功能：对图像进行 type 中说明的形态学操作

调用格式：morphology(image * imagein, string * type, int * methods, int * sizes, int * times, image * imageout)

参数说明：[in]　　imagein：图像输入（8 位三通道或单通道均可）

　　　　　　　　type：形态学选择（open—开运算, close—闭运算, gradient—形态梯度, tophat—顶帽, blackhat—黑帽）

　　　　　　　　methods：操作方法（0 为使用圆形模板, 1 为使用正方形模板）

　　　　　　　　sizes：模板大小（3~7 均可）

　　　　　　　　times：操作次数（大于等于 1 次）

　　　　　[out]　imageout：图像输出

10. 区域高级形态学函数

函数名称：rectmorphology

函数功能：对图像选定区域进行 type 中说明的形态学操作

调用格式：rectmorphology(image * imagein, rect * rec, string * type, int * methods, int * sizes, int * times, image * imageout)

参数说明：[in]　　imagein：图像输入(8 位三通道或单通道均可)

　　　　　　　　rec：区域选取

　　　　　　　　type：形态学选择(open—开运算, close—闭运算, gradient—形态梯度, tophat—顶帽, blackhat—黑帽)

　　　　　　　　methods：操作方法(0 为使用圆形模板，1 为使用正方形模板)

　　　　　　　　sizes：模板大小(3～7 均可)

　　　　　　　　times：操作次数(大于等于 1 次)

　　　　　[out]　imageout：图像输出

11. 形态变化函数

函数名称：morph

函数功能：焊点形态变化

调用格式：morph(image * image_origin, double * mask, int * kind, image * image_out)

参数说明：[in]　　image_origin：源图像(二值)

　　　　　　　　mask：形态学操作模板半径

　　　　　　　　kind：操作类型参数例子(1. dilation 0. erosion)

　　　　　[out]　image_out：输出图像

使用说明：此函数针对焊点进行形态处理，效果较好。

12. cv 形态处理函数

函数名称：cvmorph

函数功能：对图像进行形态学变换

调用格式：cvmorph(image * imagein, image * imageout, double * size, string * kind)

参数说明：[in]　　imagein：输入图像

　　　　　　　　size：窗口尺寸

　　　　　　　　kind：算法类型，有 dilation 和 erosion 两种

　　　　　[out]　imageout：输出图像

13. 二值图形态处理函数

函数名称：binaryimagemorph

函数功能：对二值图像进行腐蚀膨胀操作

调用格式：binaryimagemorph(image * imagein, image * imageout, string * kind, int * r)

参数说明：[in]　　imagein：输入图像(二值图，黑色背景白色目标)

　　　　　　　　kind：算法(erosion, dilation)

　　　　　　　　r：结构元素半径(1、3、5)

　　　　　[out]　imageout：输出图像

算法说明：erosion：腐蚀

　　　　　dilation：膨胀

4.8 仿射变换

1. 仿射变换函数
函数名称:affinetransimage
函数功能:仿射变换
调用格式:affinetransimage(image * initdib, image * sampdib, doubles * pdbsp2bsaffpara,doubles * pdbbs2spaffpara,int * selecttion)
参数说明:[in]　　initdib:图像输入(8 位单通道灰度图)
　　　　　　　　sampdib:匹配图像
　　　　　　　　pdbsp2bsaffpara:正向仿射变换
　　　　　　　　pdbbs2spaffpara:反向仿射变换
　　　　　　　　selection:插值方法选择(0:双线形插值,1:样条插值)

2. 单点仿射变换函数
函数名称:pointaffine
函数功能:根据仿射变换矩阵对单个点进行仿射变换
调用格式:pointaffine(double * inputpointx, double * inputpointy, doubles * dbsp2bsaffpara,double * affpointx,double * affpointy)
参数说明:[in]　　inputpointx:输入点横坐标
　　　　　　　　inputpointy:输入点纵坐标
　　　　　　　　pdbsp2bsaffpara:输入仿射变换矩阵
　　　　　[out]　affpointx:仿射变换后点横坐标输出
　　　　　　　　affpointy:仿射变换后点纵坐标输出

3. 仿射系数计算函数
函数名称:getaffpara
函数功能:获得仿射系数
调用格式:getaffpara(xint * initpointcentx, xint * initpointcenty, xint * samppointcentx, xint * samppointcenty,int * targetnum, doubles * findmodelangle, int * modelhandle,doubles * pdbsp2bsaffpara,doubles * pdbbs2spaffpara)
参数说明:[in]　　initpointcentx:基准横坐标
　　　　　　　　initpointcenty:基准纵坐标
　　　　　　　　samppointcentx:测试横坐标
　　　　　　　　samppointcenty:测试纵坐标
　　　　　　　　targetnum:目标角度个数
　　　　　　　　findmodelangle:目标角度向量
　　　　　　　　modelhandle:模板句柄
　　　　　[out]　pdbsp2bsaffpara:正向仿射变换矩阵 1
　　　　　　　　pdbbs2spaffpara:反向仿射变换矩阵 2

4. 变换矩阵生成函数

函数名称:genaffinepara

函数功能:生成仿射变换矩阵

调用格式:genaffinepara(int * initpointcentx, int * initpointcenty, int * samppointcentx, int * samppointcenty, double * initangle, double * sampangle, doubles * pdbsp2bsaffpara, doubles * pdbbs2spaffpara)

参数说明:[in] initpointcentx:输入基准图像目标质心的横坐标

      initpointcenty:输入基准图像目标质心的纵坐标

      samppointcentx:输入待配准图像目标质心的横坐标

      samppointcenty:输入待配准图像目标质心的纵坐标

      initangle:输入基准图像目标主轴偏转角

      sampangle:输入待配准图像目标主轴偏转角

   [out] pdbsp2bsaffpara:输出待配准图像变换到基准图像的仿射变换矩阵

      pdbbs2spaffpara:输出基准图像变换到待配准图像的仿射变换矩阵

5. 仿射矩阵生成函数

函数名称:createsquare

函数功能:仿射矩阵生成

调用格式:createsquare(int * xorder, int * yorder, int * xorder2, int * yorder2, double * angle, double * angle2, doubles * square, doubles * square2)

参数说明:[in] xorder:x 原始值

      yorder:y 原始值

      xorder2:x 最终值

      yorder2:y 最终值

      angle:原角度

      angle2:最终角度

   [out] square:正向矩阵

      square2:反向矩阵

6. 转换矩阵求取函数

函数名称:ransactransmat

函数功能:用 ransac 对原粗匹配点对进行去错,并求出仿射变换矩阵

调用格式:ransactransmat(doubles * points, int * times, doubles * matrix)

参数说明:[in] points:原粗匹配点对

      times:循环次数

   [out] matrix:仿射变换矩阵

7. 灰度值互相关函数

函数名称:graycrosscorrelation

函数功能:在一定的窗口范围内计算两幅图像的灰度互相关值,计算出满阈值要求的匹配点对

调用格式:graycrosscorrelation(image * imgin1, image * imgin2, doubles * points1, doubles * points2, double * thresh, int * width, doubles * match)

参数说明:[in]　　imgin1:输入图像1
　　　　　　　　imgin2:输入图像2
　　　　　　　　points1:图像1的角点
　　　　　　　　points2:图像2的角点
　　　　　　　　thresh:阈值
　　　　　　　　width:窗口大小
　　　　[out]　match:输出匹配角点

8. 图像变换函数

函数名称:transimage

函数功能:对图像进行仿射变换

调用格式:transimage(image * imgin, doubles * matrix, image * imgout)

参数说明:[in]　　imgin:输入图像
　　　　　　　　matrix:转换矩阵
　　　　[out]　imgout:输出图像

9. 图像合成函数

函数名称:mosaicimage

函数功能:对要拼接的图像进行合成

调用格式:mosaicimage(image * imgin1, image * imgin2, doubles * matrix, image * imgout)

参数说明:[in]　　imgin1:输入图像1
　　　　　　　　imgin2:输入图像2
　　　　　　　　matrix:变换矩阵
　　　　[out]　imgout:合成后的图像

4.9　参数计算

1. 重心计算函数

(1) 重心计算1

函数名称:calimgcentrect1

函数功能:计算图像rect1类型矩形区域的重心,rect1类型矩形区域是平行于与坐标轴的矩形框

调用格式:calimgcentrect1(image * imagein, rect * rect, double * centx, double * centy)

参数说明:[in]　　imagein:输入图像(二值图像)
　　　　　　　　rect:关注区域
　　　　[out]　centx:输出的重心x坐标
　　　　　　　　centy:输出的重心y坐标

（2）重心计算 2

函数名称：calimgcentrect2

函数功能：计算图像 rect2 类型矩形区域的重心，rect2 类型矩形关注区域为倾斜矩形，即不平行于坐标轴的矩形框，输入图像是二值图像

调用格式：calimgcentrect2(image * lpimage, image * lpmodelimage, double * pointcentx, double * pointcenty)

参数说明：[in]　　lpimage：输入图像

　　　　　　　　lpmodelimage：rect2 类型输入模板图像

　　　　　　[out]　pointcentx：返回重心的横坐标输出

　　　　　　　　pointcenty：返回重心的纵坐标输出

2. 质心计算函数

函数名称：calimgcent

函数功能：质心计算

调用格式：calimgcent(image * imagein, int * xorder, int * yorder)

参数说明：[in]　　imagein：图像输入（8 位单通道灰度图）

　　　　　　[out]　xorder：质心 x 坐标

　　　　　　　　yorder：质心 y 坐标

3. 区域重心计算函数

函数名称：getcontourcent

函数功能：区域重心计算

调用格式：getcontourcent(image * imagein, int * xorder, int * yorder)

参数说明：[in]　　imagein：图像输入（8 位单通道灰度图）

　　　　　　[out]　xorder：重心 x 坐标

　　　　　　　　yorder：重心 y 坐标

4. 主轴计算函数

函数名称：calimgangle

函数功能：主轴偏转角的计算

调用格式：calimgangle(image * imagein, double * angle)

参数说明：[in]　　imagein：图像输入（8 位单通道灰度图）

　　　　　　[out]　angle：角度输出

5. 矩形偏转角计算函数

函数名称：getrectdirection

函数功能：矩形偏角的计算

调用格式：getrectdirection(image * imagein, double * angle)

参数说明：[in]　　imagein：图像输入（8 位单通道灰度图）

　　　　　　[out]　angle：角度输出

6. 矩倾斜角度计算函数

函数名称：hincline_modify

函数功能：使用矩的方法求倾斜角度

调用格式：hincline_modify(image * inputimage, double * angle)

参数说明：[in]　　inputimage：输入图像

　　　　　[out]　 angle：求取的输出倾斜角度

7. 中心倾斜角度计算函数

函数名称：incline_angle

函数功能：求倾斜角度（平均高度法求倾斜角）

调用格式：incline_angle(image * inputimage, double * angle)

参数说明：[in]　　inputimage：输入图像

　　　　　[out]　 angle：求取的输出倾斜角度

8. 直线角度求取函数

函数名称：lineangle

函数功能：用最小二乘法求人民币图像的旋转角度

调用格式：lineangle(image * imagein, double * angle)

参数说明：[in]　　imagein：输入图像（黑色背景白色目标的二值图）

　　　　　[out]　 angle：求出的旋转角度（角度）

9. 直线夹角求取函数

函数名称：getincludedang

函数功能：测量区域内两条直线的夹角

调用格式：getincludedang(image * imagein, rect * rec, double * ang)

参数说明：[in]　　imagein：输入图像，为边缘图像

　　　　　　　　 rec：目标区域，区域内包含待测夹角的两条直线

　　　　　[out]　 ang：测得的角度

10. 图像尺寸提取函数

函数名称：size

函数功能：获得图像宽和高

调用格式：size(image * imagein, int * width, int * height)

参数说明：[in]　　imagein：输入图像

　　　　　[out]　 width：输入图像的宽

　　　　　　　　 height：输入图像的高

11. 实物尺寸计算函数

函数名称：dataconversion

函数功能：通过与标准件的比较，获得当前图像测得像素的现实当中的实际值

调用格式：dataconversion(xdouble * indata, xdouble * sidata, xdouble * srdata, xdouble * outdata)

参数说明：[in]　　indata：图像测量数值

　　　　　　　　 sidata：标准件像素值

　　　　　　srdata:标准件实际数值

　　　[out]　outdata:实际数值

12. 真值获取函数

函数名称:getrealvalue

函数功能:由比例尺计算实际尺寸

调用格式:getrealvalue(double * pixel,double * realvalue)

参数说明:[in]　　pixel:得出的像素值

　　　　　[out]　realvalue:由比例尺计算出的实际值

13. 不变矩计算函数

函数名称:immovsquare

函数功能:不变矩计算

调用格式:immovsquare(image * imagein,doubles * hu,double * xorder,double * yorder,double * angle)

参数说明:[in]　　imagein:图像输入(8 位单通道灰度图)

　　　　　[out]　hu:矩输出

　　　　　　　　xorder:重心 x 坐标

　　　　　　　　yorder:重心 y 坐标

　　　　　　　　angle:偏转角度

14. 局域统计函数

函数名称:region_statics

函数功能:统计连通成分的面积以及外接矩形的坐标

调用格式:region_statics(image * image_origin,doubles * closearea,doubles * lefttop_x,doubles * lefttop_y,doubles * rightbottom_x,doubles * rightbottom_y)

参数说明:[in]　　image_origin:输入的标记图像

　　　　　[out]　closearea:各连通成分的面积

　　　　　　　　lefttop_x:外接矩形的左上角横坐标

　　　　　　　　lefttop_y:外接矩形的左上角纵坐标

　　　　　　　　rightbottom_x:外接矩形的右下角横坐标

　　　　　　　　rightbottom_y:外接矩形的右下角纵坐标

15. 图像差分计算函数

函数名称:accudifference

函数功能:获取两幅图像差分的均值

调用格式:accudifference(image * image1,image * image2,double * mean)

参数说明:[in]　　image1:输入图像 1(灰度图)

　　　　　　　　image2:输入图像 2(灰度图)

　　　　　[out]　mean:image1 和 image2 的差分结果图像的均值

第 5 章 对象测量函数

5.1 对象测量

1. 模糊测量函数
(1) 模糊参数设置函数
函数名称:fuzzyset
函数功能:设置模糊参数
调用格式:fuzzyset(double * x0,double * x1,double * x2,double * a,double * b)
参数说明:[in]　　x0:测量目标值 x0
　　　　　　　　x1:最小满足值 x1
　　　　　　　　x2:最大满足值 x2
　　　　　　　　a:模糊参数 a
　　　　　　　　b:模糊参数 b

(2) 模糊测量函数
函数名称:rectfuzzydistance
函数功能:所选区域中模糊测量
调用格式:rectfuzzydistance(int * dis,int * min,int * max,int * ang,int * fuz,image * imgin,image * imgout,rect * rec,int * minline)
参数说明:[in]　　dis:测量目标距离
　　　　　　　　min:最小满足值
　　　　　　　　max:最大满足值
　　　　　　　　ang:测量目标角度
　　　　　　　　fuz:角度模糊参数
　　　　　　　　imagein:输入图像
　　　　　　　　rec:区域
　　　　　　　　minline:最小直线长
　　　　[out]　imageout:输出图像

2. 最大间距测量函数
函数名称:recttooth
函数功能:测量二值图的齿长(横向和纵向)
调用格式:recttooth(image * image_origin,image * imageout,rect * rect,int * kind,int *

　　　　　　　　para1,double * width,double * spointxy,double * epointxy)

参数说明:[in]　　image_origin:输入图像(单像素边缘图)

　　　　　　　　rect:区域

　　　　　　　　kind:算法(0:水平齿;1:垂直齿)

　　　　　　　　para1:像素宽度,设置为 0 的话,默认为 5

　　　　[out]　　imageout:输出图像

　　　　　　　　width:所测宽度

　　　　　　　　spointxy:起始点的坐标

　　　　　　　　epointxy:终止点的坐标

3. 距离测量函数

函数名称:rectdistance

函数功能:对所选区域中一对直线之间的距离测量,输出宽度和起止点坐标信息

调用格式:rectdistance(image * imagein,rect * rect,string * kind,double * width,
　　　　double * linex,double * liney)

参数说明:[in]　　imagein:输入图像(单像素边缘图)

　　　　　　　　rect:关注区域

　　　　　　　　kind:算法类型(houghmini,averagex(水平线),averagey(垂直线))

　　　　[out]　　width:所测宽度

　　　　　　　　linex:起始点的坐标

　　　　　　　　liney:终止点的坐标

4. 多距测量函数

函数名称:rectmuchdistance

函数功能:对所选区域中所有直线之间的距离测量

调用格式:rectmuchdistance(image * imagein,image * imageout,rect * rect,string *
　　　　kind,doubles * width,doubles * pointxy)

参数说明:[in]　　imagein:输入图像(单像素边缘图)

　　　　　　　　rect:关注区域

　　　　　　　　kind:算法类型(averagex(水平线),averagey(垂直线))

　　　　[out]　　imageout:输出图像

　　　　　　　　width:所测每两条线间的距离

　　　　　　　　pointxy:线的坐标(averagex 时为纵坐标,averagey 时为横坐标)

5. 边长测量函数

函数名称:rectmuchlines

函数功能:对所选区域中多边形边长测量

调用格式:rectmuchlines(image * imagein,rect * rect,int * * guasswidth,int * para1,
　　　　int * para2,int * total,doubles * lined,doubles * pointx,doubles * pointy)

参数说明:[in]　　imagein:输入图像(灰度图)

　　　　　　　　rect:区域

　　　　　　　　guasswidth:高斯滤波窗口宽度
　　　　　　　　para1:阈值
　　　　　　　　para2:最小直线长度
　　　　[out]　total:测得线段总数
　　　　　　　　lined:线段长
　　　　　　　　pointx:端点的 x 坐标
　　　　　　　　pointy:端点的 y 坐标

6. 角度测量函数

函数名称:rectminiang

函数功能:测量区域内直线与水平线的夹角

调用格式:rectminiang(image * imagein,rect * rec,double * ang)

参数说明:[in]　　imagein:输入图像,为边缘图像
　　　　　　　　rec:目标区域,区域内包含待测角度的直线
　　　　[out]　ang:测得的角度

7. 线弧测量函数

函数名称:rectharrislinecircle

函数功能:对输入边缘图像进行 harris 线弧的分离显示,并给出线段的位置和圆弧的大小、位置

调用格式:rectharrislinecircle(dimage * image_origin,dimage * imageout,rect * rect,int * para1,int * para2,int * para3,doubles * lined,doubles * startpointx,doubles * startpointy,doubles * endpointx,doubles * endpointy,doubles * circled,doubles * ocirclex,doubles * ocircley);

参数说明:[in]　　image_origin:输入图像(边缘图像)
　　　　　　　　rect:区域
　　　　　　　　para1:高斯滤波窗口宽度
　　　　　　　　para2:距离比(用来线弧分开的阈值)
　　　　　　　　para3:线段最小距离(用来线弧分开的阈值)
　　　　[out]　imageout:输出图像
　　　　　　　　lined:线段长
　　　　　　　　startpointx:线段起始点 x 坐标
　　　　　　　　startpointy:线段起始点 y 坐标
　　　　　　　　endpointx:线段终止点 x 坐标
　　　　　　　　endpointy:线段终止点 y 坐标
　　　　　　　　circled:圆弧半径
　　　　　　　　circlex:圆弧圆心 x 坐标
　　　　　　　　circley:圆弧圆心 y 坐标

8. 单圆测量函数

函数名称:rectcircle

函数功能:对所选区域中单个圆测量,输出坐标和半径信息
调用格式:rectcircle(image * imagein,rect * rect,string * kind,double * circlex,double * circley,double * circler)
参数说明:[in] imagein:输入图像(边缘图,二值图)
              rect:区域
              kind:算法类型(包括 houghcircler(二值图),houghcircle(二值图),minicircle(边缘图),iterativecircle(边缘图)
       [out] circlex:圆心 x 坐标
              circley:圆心 y 坐标
              circler:圆半径

9. 圆三维坐标测量函数

函数名称:get_circle_pos
函数功能:测量圆形的三维坐标
调用格式:get_circle_pos(double * x,double * y,double * r,doubles * param,double * realr,doubles * 3dcor)
参数说明:[in] x:x 坐标(像素)
              y:y 坐标(像素)
              r:半径(像素)
              param:相机参数
              realr:实际半径
       [out] 3dcor:3D 坐标

10. 目标区域角度测量函数

函数名称：getdomaindirection
函数说明:连通域中心与水平方向的夹角
调用格式:getdomaindirection(image * imageIn,ddouble * originx,double * originydouble * Areamin,double * Areamax,doubles * angles)
参数说明:[in] imageIn:图像输入(8 位单通道二值图)
              Originx:原点横坐标
              Origiuy:原点纵坐标
              AreaMin:目标面积最小值
              AreaMax:目标面积最大值
       [out] angle:目标区域角度数组

11. 区域灰度均值测量函数

函数名称:rectgrayaverage
函数说明:求取区域内灰度平均值
调用格式:rectgrayaverage(image * imageIn,rect * rect,double * grayData)
参数说明:[in] imageIn:图像输入(8 位单通道二值图)
              Rect:目标区域

[out] grayData:灰度均值

5.2 边缘检测

1. sobel 边缘检测函数

函数名称:sobeldiff

函数功能:对灰度图像用 sobel 算子进行差分,得到边缘图

调用格式:sobeldiff(image * imagein,int * xorder,int * yorder, int * aperture_size,image * imageout)

参数说明:[in] imagein:图像输入(8 位单通道灰度图)
　　　　　　　xorder:x 方向上的差分阶数(0 或 1)
　　　　　　　yorder:y 方向上的差分阶数(0 或 1,并且 xorder 和 yorder 有且只有一项为 1)
　　　　　　　aperture_size:扩展 sobel 核的大小(可选用 1,3,5,7 以及 −1 对应 3x3 scharr 滤波器)

[out] imageout:图像输出

2. 区域 sobel 边缘检测函数

函数名称:rectsobeldiff

函数功能:对灰度图像的选定区域用 sobel 算子进行差分,得到区域边缘图

调用格式:rectsobeldiff(image * imagein,rect * rec,int * xorder, int * yorder,int * aperture_size,image * imageout)

参数说明:[in] imagein:图像输入(8 位单通道灰度图)
　　　　　　　rec:区域选择
　　　　　　　xorder:x 方向上的差分阶数
　　　　　　　yorder:y 方向上的差分阶数
　　　　　　　aperture_size:扩展 sobel 核的大小(可选用 1,3,5,7 以及 −1 对应 3x3 scharr 滤波器)

[out] imageout:图像输出

3. laplace 边缘检测函数

函数名称:laplacediff

函数功能:对灰度图像用 laplace 算子进行差分,得到边缘图

调用格式:laplacediff(image * imagein,int * aperture_size,image * imageout)

参数说明:[in] imagein:图像输入(8 位单通道灰度图)
　　　　　　　aperture_size:核大小(可选用 1,3,5,7 以及 −1 对应 3x3 scharr 滤波器)

[out] imageout:图像输出

4. 区域 laplace 边缘检测函数

函数名称:rectlaplacediff

函数功能：对灰度图像选定区域用 laplace 算子进行差分，得到区域边缘图

调用格式：rectlaplacediff(image * imagein,rect * rec,int * aperture_size,image * imageout)

参数说明：[in]　　imagein：图像输入（8 位单通道灰度图）

　　　　　　　　rec：区域选择

　　　　　　　　aperture_size：核大小（可选用 1,3,5,7 以及 −1 对应 3x3 scharr 滤波器）

　　　　　　[out]　imageout：图像输出

5. canny 边缘检测函数

函数名称：cannydiff

函数功能：对灰度图像用 canny 算子进行差分，得到边缘图

调用格式：cannydiff(image * imagein,double * threshold1,double * threshold2,int * aperture_size,image * imageout)

参数说明：[in]　　imagein：图像输入（8 位单通道灰度图）

　　　　　　　　threshold1：第一个阈值

　　　　　　　　threshold2：第二个阈值，threshold1 和 threshold2 当中的小阈值用来控制边缘连接，大的阈值用来控制强边缘的初始分割

　　　　　　　　aperture_size：核大小（可选用 3,5,7）

　　　　　　[out]　imageout：图像输出

6. 区域 canny 边缘检测函数

函数名称：rectcannydiff

函数功能：对灰度图像选定区域用 canny 算子进行差分，得到区域边缘图

调用格式：rectcannydiff(image * imagein, rect * rec,double * threshold1, double * threshold2,int * aperture_size,image * imageout)

参数说明：[in]　　imagein：图像输入（8 位单通道灰度图）

　　　　　　　　rec：区域选择

　　　　　　　　threshold1：第一个阈值

　　　　　　　　threshold2：第二个阈值，threshold1 和 threshold2 当中的小阈值用来控制边缘连接，大的阈值用来控制强边缘的初始分割。

　　　　　　　　aperture_size：核大小（可选用 3,5,7）

　　　　　　[out]　imageout：图像输出

7. robert 边缘检测函数

函数名称：robertedgedetect

函数功能：用 robert 算子检测灰度图像边缘

调用格式：robertedgedetect(image * imagein, image * imageout)

参数说明：[in]　　imagein：图像输入（8 位单通道灰度图）

　　　　　　[out]　imageout：图像输出

8. 区域 robert 边缘检测函数

函数名称：rectrobert

函数功能：对灰度图像选定区域用 robert 算子检测边缘

调用格式：rectrobert(image * imagein, rect * rect, image * imageout)

参数说明：[in]　　imagein：图像输入（8 位单通道灰度图）

　　　　　　　　　rect：区域选择

　　　　　　[out]　imageout：图像输出

9. hough 边缘检测函数

函数名称：edgehough

函数功能：对图像进行 hough 变换检测出其中的直线并标记

调用格式：edgehough (image * imagein, image * imageout)

参数说明：[in]　　imagein：输入图像

　　　　　　[out]　imageout：输出图像

10. 边缘提取函数

函数名称：edgeget

函数功能：提取图像边缘

调用格式：edgeget(image * imagein, image * imageout, string * kind)

参数说明：[in]　　imagein：输入图像（二值图）

　　　　　　　　　kind：算法类型（包括 contour, erosioncontour, edgetrace）

　　　　　　[out]　imageout：输出边缘图像

算法说明：contour：边缘提取

　　　　　　edgetrace：边缘跟踪算法。基本方法是，先根据某些严格的"探测准则"找出目标物体轮廓上的像素，在根据这些像素的某些特征用以定的"跟踪准则"找出目标物体上的其他像素

　　　　　　erosioncontour：差影法，用原图像减去腐蚀后的收缩图像

11. 区域边缘提取函数

函数名称：rectedgeget

函数功能：对图像中可选区域边缘提取

调用格式：rectedgeget(image * imagein, image * imageout, rect * rect, string * kind)

参数说明：[in]　　imagein：输入图像

　　　　　　　　　rect：可选区域

　　　　　　　　　kind：算法类型（包括 contour, erosioncontour, edgetrace）

　　　　　　[out]　imageout：输出边缘图像

算法说明：见 edgeget()

12. 外缘提取函数

函数名称：outsideedge

函数功能：对二值图像提取其轮廓最外边缘

调用格式:outsideedge(image * image_origin,image * image_edge)
参数说明:[in]　　image_origin:输入图像(二值图)
　　　　　[out]　image_edge:输出边缘图像

13.边缘检测函数

(1)边缘检测 1

函数名称:edgedetect

函数功能:对图像进行边缘检测

调用格式:edgedetect(Image * imagein, Image * imageout, String * kind)

参数说明:[in]　　imagein:输入图像
　　　　　　　　 kind:方法选择,选项有 canny,robert,sobel,gauss,canny1
　　　　　[out]　imageout:输出图像

(2)边缘检测 2

函数名称:findcontours

函数功能:对图像进行边界提取

调用格式:findcontours(Image * imagein, Image * imageout)

参数说明:[in]　　imagein:输入图像
　　　　　[out]　imageout:输出图像

14.区域边缘检测函数

函数名称:contourareas

函数功能:对图像的轮廓进行提取,并计算轮廓个数,左上角 x,y 坐标及轮廓面积

调用格式:contourareas(image * imagein, int * nwidth, int * kind, int * num,doubles
　　　　 * x,doubles * y, image * imageout, doubles * area)

参数说明:[in]　　imagein:输入图像
　　　　　　　　 nwidth:显示线宽
　　　　　　　　 kind:方法选择,0 时轮廓为黑色,背景为白色,1 时相反
　　　　　[out]　imageout:输出图像
　　　　　　　　 num:轮廓数目
　　　　　　　　 x:轮廓的左上角 x 坐标数组
　　　　　　　　 y:轮廓的左上角 y 坐标数组
　　　　　　　　 area:轮廓的面积数组

5.3　特征检测

1.角点检测函数

(1)角点检测 1

函数名称:cornerdetect

函数功能:确定图像强角点,输出角点的个数和坐标

调用格式:cornerdetect(image * imagein,double * quality_level,int * min_distance,int

　　　　　　　＊ corner_count,doubles ＊ xorder,doubles ＊ yorder)

参数说明:[in]　　imagein:图像输入(8位单通道灰度图)
　　　　　　　　quality_level:可接受图像角点的最小质量因子
　　　　　　　　min_distance:角点的最小距离
　　　　　[out] corner_count:检测到的角点数目
　　　　　　　　xorder:检测到的角点 x 坐标
　　　　　　　　yorder:检测到的角点 y 坐标

(2)角点检测 2

函数名称:imgharris

函数功能:检测输入图像中的角点

调用格式:imgharris(image ＊ imagein,int ＊ thresh,int ＊ num,doubles ＊ x,doubles ＊ y)

参数说明:[in]　　imagein:输入图像(二值图)
　　　　　　　　thresh:阈值。根据待测角点强度,一般取 3000 左右
　　　　　[out] num:测得的角点个数
　　　　　　　　x:测得角点横坐标
　　　　　　　　y:测得角点纵坐标

算法说明:Harris 角点检测算法

(3)角点检测 3

函数名称:goodfeaturestotrack

函数功能:对角点进行检测

调用格式:goodfeaturestotrack(image ＊ imagein,int ＊ numwant,int ＊ numreal,image ＊ imageout)

参数说明:[in]　　imagein:图像输入(8位单通道灰度图)
　　　　　　　　numwant:期望得到的角点数目
　　　　　[out] numreal:实际检测到的角点数目
　　　　　　　　imageout:图像输出

(4)角点检测 4

函数名称:findcorner

函数功能:精确角点位置(和 cornerdetect 联合使用)

调用格式:findcorner(image ＊ imagein,doubles ＊ xorder,doubles ＊ yorder,int ＊ win,
　　　　　　int ＊ times,double ＊ precision,doubles ＊ xorder2,doubles ＊ yorder2)

参数说明:[in]　　imagein:图像输入(8位单通道灰度图,cornerdetect 的同一幅图)
　　　　　　　　xorder:角点 x 坐标输入
　　　　　　　　yorder:角点 y 坐标输入
　　　　　　　　win:搜索窗口一半尺寸(5～10)
　　　　　　　　times:迭代次数(不小于 0)
　　　　　　　　precision:精度要求(0～1)
　　　　　[out] xorder2:检测到的角点 x 坐标
　　　　　　　　yorder2:检测到的角点 y 坐标

2. 区域角点检测函数

函数名称:rectimageharris

函数功能:区域特征点的提取

调用格式:rectimageharris(image * imagein, image * imageout, rect * rect, int * gausswidth, int * thresh, int * size, int * sigma, doubles * x, doubles * y)

参数说明:[in] imagein:输入图像

      rect:区域

      gausswidth:高斯平滑窗口宽度,0 时默认值为 5

      thresh:阈值,取 0 时默认值为 5000

      size:邻域尺寸,取 0 时为默认值 5

      sigma:高斯 sigma,0 时默认值为 0.8

    [out] imageout:输出图像

      x:提取出特征点的 x 坐标

      y:提取出特征点的 y 坐标

3. 直线检测函数

函数名称:houghline

函数功能:hough 直线检测

调用格式:houghline(image * imagein,image * imageout)

参数说明:[in] imagein:图像输入(8 位单通道灰度图)

    [out] imageout:图像输出

4. 圆检测函数

函数名称:houghcircle

函数功能:hough 圆检测

调用格式:houghcircle(Image * imagein, Image * imageout, doubles * x, doubles * y, doubles * r,int * num)

参数说明:[in] imagein:图像输入(8 位单通道灰度图)

    [out] imageout:图像输出(标记出的圆信息)

      x:检测出圆心 x 坐标数组

      y:检测出圆心 y 坐标数组

      r:检测出半径 r 坐标数组

      num:检测出圆的个数

5. 圆弧检测函数

函数名称:circle_detect

函数功能:检测所选区域中的圆弧,输出测得圆弧对应圆心的坐标以及圆弧的起止角度

调用格式:circle_detect(image * imagein,doubles * x,doubles * y,doubles * r,doubles * e,doubles * start,doubles * end,double * para1,double * para2,double * para3)

参数说明:[in] imagein:输入图像(二值边缘图像,也可以使对选择区域进行边缘提取

的图像以检测区域内的圆弧）

     para1:线拟合阈值

     para2:线分离阈值

     para3:圆弧拟合阈值

  [out] x:测得圆弧的圆心 x 坐标

     y:测得圆弧的圆心 y 坐标

     r:测的圆弧的半径

     e:测得圆弧的标准差

     start:被测圆弧的起始角度

     end:被测圆弧的终止角度

6. 圆半径检测函数

函数名称:radiusdetect

函数功能:检测所选区域中拟合圆的最大最小半径,并输出这两个圆的圆心和半径信息

调用格式:radiusdetect(image * imagein,doubles * rmax,doubles * rmin,doubles * x, doubles * y,doubles * e)

参数说明:[in] imagein:输入图像(关注区域是二值边缘图)

   [out] rmax:能拟合该区域的最大半径

     rmin:能拟合该区域的最小半径

     x:圆心 x 坐标

     y:圆心 y 坐标

     e:拟合标准方差

7. 多圆检测函数

函数名称:rectmuchcircle

函数功能:对所选区域中多个圆测量,输出测得圆个数以及每个圆的圆心和坐标信息,根据提取出的轮廓数来拟合圆,拟合圆个数与轮廓数相等

调用格式:rectmuchcircle(image * imagein,rect * rect,int * num,doubles * ocirclex, doubles * ocircley,doubles * ocircler)

参数说明:[in] imagein:输入图像(边缘图)

     rect:关注区域

   [out] num:所测圆个数

     ocirclex:圆心 x 坐标

     ocircley:圆心 y 坐标

     ocircler:圆半径

8. 最大矩形检测

函数名称:rectangledetect

函数功能:检测图像中最大矩形

调用格式:rectangledetect(Image * imagein,Int * x,Int * y,Int * legth,Int * width, Int * angle)

参数说明：[in]　　imageIn：图像输入
　　　　　[out]　x：检测到矩形的 x 轴坐标
　　　　　　　　y：检测到矩形的 y 轴坐标
　　　　　　　　legth：矩形的长
　　　　　　　　width：矩形的宽
　　　　　　　　angle：矩形与水平线夹角

9. 差异检测函数

函数名称：graystatdefect

函数功能：对灰度图像进行缺陷检测统计

调用格式：graystatdefect(image * imagein1, image * imagein2, double * threshold, int * result)

参数说明：[in]　　imagein1：图像输入(灰度图)
　　　　　　　　imagein2：图像输入(灰度图)
　　　　　　　　threshold：阈值
　　　　　[out]　result：统计得到的结果，0 为不合格，1 为合格

10. 区域差异检测函数

函数名称：modeldetect

函数功能：对完好工件和待检工件之间的差异进行检测，并加以标示

调用格式：modeldetect(image * srcdib, image * rstdib, rect * roi, int * threshold, doubles * faultareax, doubles * faultareay)

参数说明：[in]　　srcdib：基准图像
　　　　　　　　rstdib：待测图像
　　　　　　　　roi：关注区域
　　　　　　　　threshold：设置检测阈值
　　　　　[out]　faultareax：输出，缺陷位置横坐标数组
　　　　　　　　faultareay：输出，缺陷区域纵坐标数组

11. 人脸检测函数

函数名称：facedetect

函数功能：对人脸进行检测

调用格式：facedetect(image * imagein, doubles * x, doubles * y, doubles * r, int * kind)

参数说明：[in]　　imagein：图像输入
　　　　　　　　kind：分类器选择(0~3)
　　　　　[out]　x：输出人脸 x 坐标
　　　　　　　　y：输出人脸 y 坐标
　　　　　　　　r：输出人脸半径 r

12. 纸杯缺陷检测函数

函数名称：upalldefect

函数功能：检测纸杯是否有褶皱以及杯口、杯底、侧壁是否有缺陷和污点

调用格式:graystatdefect(Image * imagein,Image * imageout)
参数说明:[in]　　imagein:图像输入
　　　　　[out]　imageiout:图像输入

13. 矩形度检测函数

函数名称:getrectfeature
函数功能:提取矩形区域的矩形度特征
调用格式:getrectfeature(image * Image,rect * Rect,double * MinArea,double * MaxArea,double * feature)
参数说明:[in]　　Image:输入图像
　　　　　　　　Rect:矩形区域
　　　　　　　　MinArea:轮廓包含面积最小阈值
　　　　　　　　MaxArea：轮廓包含面积最大阈值
　　　　　[out]　feature:矩形度

第6章 模式识别函数

6.1 目标匹配

1. 椭圆模板拟合函数

函数名称：rectellipsefit

函数功能：用椭圆拟合所选区域图像

调用格式：rectellipsefit(image * imagein,rect * rect,double * thre,double * x,double
　　　　　* y,double * a,double * b,double * thita)

参数说明：[in]　　imagein：输入图像（二值图）

　　　　　　　　　rect：关注区域

　　　　　　　　　thre：椭圆振幅，与椭圆大小成正比

　　　　　[out]　x：拟合椭圆圆心横坐标

　　　　　　　　　y：拟合椭圆圆心纵坐标

　　　　　　　　　a：长半轴长度

　　　　　　　　　b：短半轴长度

　　　　　　　　　thita：椭圆偏角

2. 矩形模板函数

(1) 模板生成函数

函数名称：modelcreate

函数功能：根据矩形的四个顶点坐标生成rect2类型矩形区域模板，输出的矩形模板为二
　　　　　值图像

调用格式：modelcreate (image * lpimage, double * lefttopx, double * lefttopy,double
　　　　　* righttopx, double * righttopy, double * rightbottomx, double * right-
　　　　　bottomy,double * leftbottomx, double * leftbottomy,image * resultimage)

参数说明：[in]　　lpimage：输入图像

　　　　　　　　　lefttopx：矩形左上点横坐标输入

　　　　　　　　　lefttopy：矩形左上点纵坐标输入

　　　　　　　　　righttopx：矩形右上点横坐标输入

　　　　　　　　　righttopy：矩形右上点纵坐标输入

　　　　　　　　　rightbottomx：矩形右下点横坐标输入

　　　　　　　　　rightbottomy：矩形右下点纵坐标输入

     leftbottomx：矩形左下点横坐标输入

     leftbottomy：矩形左下点纵坐标输入

  ［out］ resultimage：返回 rect2 类型矩形模板输出图像

(2)模板匹配函数

函数名称：model_match

函数功能：根据模板匹配度公式，计算输入图像的目标框选范围对模板图像的相似度，并根据相似度与实验所得阈值的比较得出判断结果

调用格式：model_match(image * modelimage, image * inputimage, rect * rect, int * num, int * samplenum, int * mothod, string * result)

参数说明：［in］ modelimage：模板图像

     inputimage：输入图像

     rect：字符矩形框(归一化后的选框)

     num：表示目前输入的 model(0～9 为数字 0～9,10～35 为字母 a～z(大写)，可以根据需要添加小写字符)

     samplenum：输入模板个数(用于训练的用户输入模板个数)

     method：方法类型(0～相似度方法,1～欧式距离法)

  ［out］ result：存储预测结果的字符串

(3)模板显示函数

函数名称：signtarget

函数功能：显示模板

调用格式：signtarget(int * modelhandle)

参数说明：［in］ modelhandle：模板句柄

3.形状模版函数：

(1)形状模型搜索函数

函数名称：findshapemodelrect

函数功能：搜索形状模型

调用格式：findshapemodelrect(image * image, double * anglerange, double * anglestep, int * levelnums, int * modelflag, double * threshold, ints * topleftx, ints * toplefty, ints * targetwidth, ints * targeheight, int * areanum, int * targetnum, doubles * findmodelangle)

参数说明：［in］ image：待处理图像

     anglerange：搜索目标角度范围

     anglestep：搜索目标角度步长

     levelnums：图像层数

     modelhandle：轮廓模板句柄

     threshold：判别阈值

     topleftx：待搜索目标区域的左上角横坐标向量

     toplefty：待搜索目标区域的左上角纵坐标向量

     targetwidth：待搜索目标区域的宽度向量

targetheight:待搜索目标区域的高度向量

areanum:待搜索目标区域个数

[out] targetnum:返回识别出的目标个数

findmodelangle:返回识别的目标角度向量

(2)形状模型创建函数

函数名称:creatorigmodel

函数功能:根据低尺度搜索结果建立原尺度对应角度的模板创建原尺度形状模型

调用格式:creatorigmodel(image * image,doubles * modelangle,int * scaledtargetnum, rect * rect,int * orienmodelhandle,int * modelhandle)

参数说明:[in] image:待处理图像

modelangle:指定需要创建的模板的角度向量

scaledtargetnum:指定需要创建的模板个数

rect:选择目标区域

[out] orienmodelhandle:原尺度无旋转角度的轮廓模板句柄

modelhandle:原尺度有角度旋转的轮廓模板链句柄

(3)形状模板创建函数

函数名称:createshapemodel

函数功能:创建形状模板

调用格式:createshapemodel(image * m_pdibinit,double * anglerange,double * anglestep,int * levelnums,rect * rect,int * modelhandle)

参数说明:[in] m_pdibinit:输入图像

anglerange:角度范围

anglestep:角度步长

levelnums:图像层数

rect:关注区域

[out] modelhandle:形状模板句柄

4.特征模板函数

(1)特征模板搜索函数

函数名称:findfeaturemodelrect

函数功能:特征模板搜索

调用格式:findfeaturemodelrect(image * image,int * modelnum,int * modelhandle, double * threshold,ints * topleftx,ints * toplefty,ints * targetwidth,ints * targetheight,int * areanum,int * targetnum,doubles * findmodelangle)

参数说明:[in] image:输入图像

levelnums:图像层数(>0)

modelnum:模板数目

modelhandle:模板句柄

threshold:匹配阈值(0~1)

topleftx:各个目标区域的左上角横坐标向量

topleftyː各个目标区域的左上角纵坐标向量

targetwidthː各个目标区域的宽度向量

targetheightː各个目标区域的高度向量

areanumː目标区域数目

[out]　targetnumː搜索目标数目

findmodelangleː搜索目标角度

(2) 特征模板创建函数

函数名称ːcreatfeaturemodel

函数功能ː根据输入的角度 angle 及创建模板个数 modelnum，创建以输入角度 angle 为对称中心的附近的 modelnum 个模板

调用格式ːcreatfeaturemodel(int * featurehandle, double * angle, int * modelnum, int * modelhandle)

参数说明ː[in]　featurehandleː输入特征句柄

angleː输入指定多角度模板的中心角度

modelnumː输入指定需要创建的模板个数

[out]　modelhandleː输出返回多角度模板链句柄

5. 尺度精配函数

函数名称ːexactrecog

函数功能ː在原尺度下精配

调用格式ːexactrecog(image * image, int * oreinmodelflaghandle, int * levelnums, int * scaledtargetnum, double * threshold, int * areanum, ints * areatopleftx, ints * areatoplefty, ints * areatargetwidth, ints * areatargetheight, int * findtargetnum, doubles * findtargetangle, ints * findtargetoffsetx, ints * findtargetoffsety)

参数说明ː[in]　imageː待处理图像

oreinmodelflaghandleː各角度轮廓模板链句柄

levelnumsː图像层数

scaledtargetnumː各角度轮廓模板个数

thresholdː判别阈值

areanumː目标区域个数

areatopleftxː各目标区域的左上角横坐标向量

areatopleftyː各目标区域的左上角纵坐标向量

areatargetwidthː各目标区域的宽度向量

areatargetheightː各目标区域的高度向量

[out]　findtargetnumː返回识别出的目标个数

findtargetangleː返回识别出的目标角度向量

findtargetoffsetxː返回识别出的各目标横坐标位置向量

findtargetoffsetyː返回识别出的各目标纵坐标位置向量

6. 特征匹配函数

函数名称:templatematch

函数功能:特征匹配

调用格式:templatematch(image * modelimage,image * inputimage,int * numtm,int * samplenumtm,string * resulttm)

参数说明:[in]　　inputimage:输入图像(单通道 8 位灰度图)

　　　　　　　　modelimage:模板图像

　　　　　　　　num:输入的模板是啥,模板代表的数值

　　　　　　　　samplenum:模板个数

　　　　　　　　method:采用的匹配方法

　　　　　[out]　result:识别结果

7. 矩形匹配函数

函数名称:rect_match

函数功能:把图像区域按一定阈值正切到图像边缘,以处理区域与实际图像大小不一致的情况

调用格式:rect_match(image * imagein, rect * rectin, rect * rectout, int * r)

参数说明:[in]　　imagein:输入图像

　　　　　　　　rectin:区域

　　　　　　　　r:内缩半径

　　　　　[out]　rectout:计算出的矩形

8. 面积填充函数

函数名称:fill_up_area

函数功能:对满足面积要求的图像进行填充

调用格式:fill_up_area(image * imagein,int * min,int * max,image * imageout)

参数说明:[in]　　imagein:图像输入(二值图)

　　　　　　　　min:面积最小值

　　　　　　　　max:面积最大值

　　　　　[out]　imageout:填充后的图

9. 最小包圆获取函数

函数名称:smallest_circle

函数功能:获取能包住图像的最小圆信息

调用格式:smallest_circle(image * imagein,int * x,int * y,int * r)

参数说明:[in]　　imagein:图像输入(8 位单通道灰度图)

　　　　　[out]　x:圆心 x 坐标

　　　　　　　　y:圆心 y 坐标

　　　　　　　　r:半径

6.2 目标识别

1. 一维码区域查找函数

函数名称：find1dbar

函数功能：在比较复杂的背景中，提取条码区域。

调用格式：find1dbar(image * image_origin, image * image_bar)

参数说明：[in]　image_origin：输入包含一维条码区域的灰度图

　　　　　[out]　image_bar：输出提取得到一维条码二值图

2. 一维解码函数

函数名称：decodeld

函数功能：把去掉背景后的一维条码解码，得到条码值

调用格式：decodeld(image * image_origin, string * res)

参数说明：[in]　image_origin：去掉背景后的条码二值图

　　　　　[out]　res：条码解码后得到的码值

3. 二维分割函数

函数名称：class_2dim_sup

函数功能：将符合二维分布的结果输出

调用格式：class_2dim_sup(image * imagecol, image * imagerow, image * imagefeature, image * imageclass2dim);

参数说明：[in]　imagecol：输入灰度图1

　　　　　　　　imagerow：输入灰度图2

　　　　　　　　imagefeature：二维分布图

　　　　　[out]　imageclass2dim：符合二维分布的输出图（符合的输出为白）

4. 二维码解码函数

函数名称：QRcodeDecoder

函数功能：把去掉背景后的二维矩阵码 QR 解码，得到条码信息

调用格式：QRcodeDecoder(Image * image_origin, Int * Version, String * Level, String * codeinfo, Image * imageOut)

参数说明：[in]　image_origin：图像输入（24位3通道图）

　　　　　　　　Version：二维码解码得到的版本号

　　　　　　　　Level：二维码解码得到的纠错等级

　　　　　　　　codeinfo：二维码解码得到的条码信息

　　　　　　　　imageout：图像输出（二维码定位图）

5. 拨码判别函数

函数名称：dialrecognize

函数功能：重心法判别拨码开关状态（待测图像 image 为二值图），根据原模板拨码（0位

置)重心经过仿射变换后是否落在待测图像当前拨码所处区域内来判断当前拨码的状态,若在则为0,否则为1

调用格式:dialrecognize(image * lpimage,double * fillcentpointx,double * fillcentpointy,double * pointcentx,double * pointcenty,int * result)

参数说明:[in]　　lpimage:二值输入图像

　　　　　　　　fillcentpointx:拨码填充种子横坐标输入

　　　　　　　　fillcentpointy:拨码填充种子纵坐标输入

　　　　　　　　pointcentx:重心横坐标输入

　　　　　　　　pointcenty:重心纵坐标输入

　　　　　[out]　result:返回拨码开关状态输出

6. 目标识别函数

函数名称:recogtarget

函数功能:根据角点特征识别目标,返回各个目标区域

调用格式:recogtarget(image * image,doubles * feature,rect * rect,int * targetnum,doubles * topleftx,doubles * toplefty,doubles * targetwidth,doubles * targetheight)

参数说明:[in]　　image:输入,待处理图像

　　　　　　　　feature:输入模板的特征向量

　　　　　　　　rect:关注区域

　　　　　[out]　targetnum:输出返回识别的目标个数

　　　　　　　　topleftx:输出返回各目标区域的左上角横坐标向量

　　　　　　　　toplefty:输出返回各目标区域的左上角纵坐标向量

　　　　　　　　targetwidth:输出返回各目标区域的宽度向量

　　　　　　　　targetheight:输出返回各目标区域的高度向量

7. 目标标记函数

函数名称:markmodelshape

函数功能:在原始尺度标记识别目标

调用格式:markmodelshape(int * oreinmodelhanle,int * targetnum,doubles * modelangle,ints * offsetx_o,ints * offsety_o,doubles * xstart,doubles * ystart,doubles * xend,doubles * yend)

参数说明:[in]　　oreinmodelhanle:原尺度无旋转角度的轮廓模板句柄

　　　　　　　　targetnum:目标个数

　　　　　　　　modelangle:各个目标角度向量

　　　　　　　　offsetx_o:各目标横坐标位置向量

　　　　　　　　offsety_o:各目标纵坐标位置向量

　　　　　[out]　xstart:x 起始坐标

　　　　　　　　ystart:y 起始坐标

　　　　　　　　xend:x 终止坐标

　　　　　　　　yend:y 终止坐标

8. 目标轮廓标记函数

函数名称：marktarget

函数功能：标记目标轮廓

调用格式：marktarget(image * image,double * topleftx, double * toplefty,double * targetwidth,double * targetheight,doubles * xstart,doubles * ystart,xdoubles * xend,xdoubles * yend)

参数说明：[in]　　image：待处理图像

　　　　　　　　topleftx：各个目标区域的左上角横坐标向量

　　　　　　　　toplefty：各个目标区域的左上角纵坐标向量

　　　　　　　　targetwidth：各个目标区域的宽度向量

　　　　　　　　targetheight：各个目标区域的高度向量

　　　　　[out]　xstart：x 起始坐标

　　　　　　　　ystart：y 起始坐标

　　　　　　　　xend：x 终止坐标

　　　　　　　　yend：y 终止坐标

9. 目标特征保存函数

函数名称：savetargfeature

函数功能：保存目标特征

调用格式：savetargfeature(image * image,rect * rect,doubles * feature)

参数说明：[in]　　image：输入,待处理图像

　　　　　　　　rect：输入,选择图像中关注目标区域

　　　　　[out]　feature：输出,目标模板的特征向量

10. 目标区域搜索函数

函数名称：findtargetarea

函数功能：目标区域搜索

调用格式：findtargetarea(image * image,int * levelnums,int * targetnum,ints * topleftx, ints * toplefty,ints * targetwidth,ints * targetheight)

参数说明：[in]　　image：待处理图像

　　　　　　　　levelnums：图像层数(>0)

　　　　　[out]　targetnum：搜索到的目标区域个数

　　　　　　　　topleftx：各个目标区域的左上角横坐标向量

　　　　　　　　toplefty：各个目标区域的左上角纵坐标向量

　　　　　　　　targetwidth：各个目标区域的宽度向量

　　　　　　　　targetheight：各个目标区域的高度向量

11. 灰度特征提取函数

函数名称：grayfeatures

函数功能：灰度特征提取

调用格式：grayfeatures(image * imagein,xdoubles * features)

参数说明:[in]　　imagein:源图像(灰度图)
　　　　　[out]　features:灰度特征

12. 高斯曲率特征提取函数

函数名称:gausecurve

函数功能:高斯曲率特征提取

调用格式:gausecurve(image * image,doubles * gausec)

参数说明:[in]　　image:源图像(灰度图)
　　　　　[out]　gausec:高斯曲率特征

13. 惯性特征提取函数

函数名称:inertial

函数功能:惯性特征提取

调用格式:inertial(image * image,double * meancent,doubles * inert)

参数说明:[in]　　image:源图像(灰度图)
　　　　　　　　meancent:原图均值
　　　　　[out]　inert:惯性特征

14. 对称特征提取函数

函数名称:symmcount

函数功能:对称特征提取

调用格式:symmcount(image * image,double * symmcount)

参数说明:[in]　　image:源图像(灰度图)
　　　　　[out]　symmcount:对称特征

15. 投影特征提取函数

函数名称:project

函数功能:投影特征提取

调用格式:project (image * imcentbw, doubles * pf)

参数说明:[in]　　imcentbw:源图像(二值图)
　　　　　[out]　pf:投影特征

16. 特征获取函数

函数名称:getfeature

函数功能:将图像中两矩形关注区域中的特征点保存为特征链表,返回特征句柄

调用格式:getfeature(image * image, rect * rect1, rect * rect2, int * featurehandle)

参数说明:[in]　　image:输入待处理二值图像
　　　　　　　　rect1:输入关注区域1
　　　　　　　　rect2:输入关注区域2
　　　　　[out]　featurehandle:输出返回特征句柄

17. 特征汇集函数

函数名称:getfeatures

函数功能:图像特征汇集
调用格式:getfeatures(doubles * grayf,doubles * gausef,doubles * if,double * sf,double * maxareaf,doubles * cf,doubles * pf,doubles * imagefeatures)
参数说明:[in]　　grayf:灰度特征
　　　　　　　　gausef:高斯特征
　　　　　　　　if:惯性特征
　　　　　　　　sf:对称特征
　　　　　　　　maxareaf:面积特征
　　　　　　　　cf:连通特征
　　　　　　　　pf:投影特征
　　　　　[out]　imagefeatures:图像特征汇集

18. 特征分类函数

函数名称:classifysolder
函数功能:对提取的特征进行分类。(与特征汇集函数配合使用)
调用格式:classifysolder(doubles * imagefeatures,string * classifyresult)
参数说明:[in]　　imagefeatures:图像特征汇集
　　　　　[out]　classifyresult:分类结果

19. 二值图标记函数

函数名称:bwlabel
函数功能:二值图标记
调用格式:bwlabel(image * imcentbw,int * numobject)
参数说明:[in]　　imcentbw:源图像(二值图)
　　　　　[out]　numobject:连通区域数目

20. 形状选择函数

函数名称:selcetshape
函数功能:形状选择
调用格式:selcetshape(image * image_origin,double * hthre, double * lthre, int * kind,image * image_out)
参数说明:[in]　　image_origin:图像输入(二值图)
　　　　　　　　hthre:阈值上限
　　　　　　　　lthre:阈值下限
　　　　　　　　kind:形状种类(0.circle1.rect)
　　　　　[out]　image_out:图像输出

21. 字符切分函数

函数名称:charsyn
函数功能:粘连字符切分
调用格式:charsyn(image * inputimage,ints * coordinate,int * count)
参数说明:[in]　　inputimage:输入图像(单通道8位灰度图)

　　　　　　[out]　coordinate:输出参数,分割的字符坐标
　　　　　　　　　count:输出参数,分割的字符个数

22. 区域清除函数

函数名称:rect_clear

函数功能:把图像 rect 区域外的部分清除掉,清除的部分以一定像素值显示为背景,rect 区域以一定的内缩半径内缩

调用格式:rect_clear(image * imagein, image * imageout, rect * rect, double * r, int * p)

参数说明:[in]　imagein:输入图像
　　　　　　　　rect:区域
　　　　　　　　r:内缩半径
　　　　　　　　p:填充的像素值
　　　　　[out]　imageout:输出图像

23. 区域圆形分离函数

函数名称:rectcircularity

函数功能:对所选区域中多边形和圆的分离

调用格式:rectcircularity(image * imagein, image * imageout, rect * rect, int * para, doubles * radius, doubles * x, doubles * y)

参数说明:[in]　imagein:输入图像(灰度图像)
　　　　　　　　imageout:输出图像
　　　　　　　　rect:区域
　　　　　　　　para:曲率阈值,0 时为 0.85
　　　　　[out]　radius:检测出的圆弧半径数组
　　　　　　　　x:检测出的圆弧圆心 x 坐标数组
　　　　　　　　y:检测出的圆弧圆心 y 坐标数组

24. 矩形区域寻找函数(rmb 区域寻找)

函数名称:findrmbregion

函数功能:寻找矩形区域,即将图片中的矩形区域从其背景中提取出来。计算其 rect

调用格式:findrmbregion(image * imagein, rect * rect)

参数说明:[in]　imagein:输入图像(黑色背景白色目标的二值图)
　　　　　[out]　rect:寻找到的人民币区域

使用说明:此函数针对人民币字符识别前,做人民币区域寻找,效果较好。

25. 字符区域寻找函数

函数名称:findnumregion

函数功能:寻找图片中的字符区域

调用格式:findnumregion(image * imagein, rect * rect, image * imageout)

参数说明:[in]　imagein:输入图像(二值图)
　　　　　　　　rect:图片区域
　　　　　[out]　imageout:寻找到的图片中的字符区域

26.印刷字符识别函数

函数名称：rmbrecognize

函数功能：可识别一组印刷体数字。应注意使用时识别数字为白，背景为黑。

调用格式：rmbrecognize(image * imagein,cstring * result)

参数说明：[in]　　imagein：输入图像

　　　　　　[out]　 result：识别出的人民币字符值

使用说明：此函数针对人民币做字符识别效果较好。

6.3　目标跟踪

1.背景估计函数

(1)背景估计初始化函数

函数名称：create_bg_estimate

函数功能：基于卡尔曼滤波器背景模型估计，初始化相关数据集

调用格式：create_bg_estimate(image * input_image, double * syspar1, double * syspar2, double * gain1, double * gain2, int * mindiff)

参数说明：[in]　　input_image：输入的初始化背景图像

　　　　　　　　syspar1：系统参数1,(取值:0.6～0.7)

　　　　　　　　syspar2：系统参数2,(取值:0.6～0.7)

　　　　　　　　gain1：运动适应因子,(取值:0～1)

　　　　　　　　gain2：背景适应因子,(取值:0～1,并且 gain2<<gain1)

　　　　　　　　mindiff：差分阈值

(2)背景估计运行函数

函数名称：run_bg_estimate

函数功能：基于卡尔曼滤波器背景估计，检测前景区域

调用格式：run_bg_estimate(image * input_image, image * foreground)

参数说明：[in]　　input_image：输入的第 k 帧图像

　　　　　　[out]　 foreground：检测到的第 k 帧图像的前景区域

(3)背景估计更新函数

函数名称：update_bg_estimate

函数功能：基于卡尔曼滤波器背景估计，硬性更新相关数据集

调用格式：update_bg_estimate(image * present_image, image * update_region)

参数说明：[in]　　present_image：输入的第 k 帧图像

　　　　　　　　update_region：将该区域内的像素数据更新背景估计相关数据集

(4)背景估计返回函数

函数名称：give_bg_estimate

函数功能：基于卡尔曼滤波器背景模型估计，返回当前估计的最优背景模型

调用格式：give_bg_estimate(image * output_image)

参数说明：[out]　output_image：当前估计的最优背景模型
(5)背景估计关闭函数
函数名称：close_bg_estimate
函数功能：基于卡尔曼滤波器背景估计，关闭释放相关数据集
调用格式：close_bg_estimate()

2. 背景更新函数
函数名称：updatebackground
函数功能：根据当前输入图像帧的背景成分更新背景模型
调用格式：updatebackground(image * image_origin1,image * image_origin2,image * image_mask,double * percent)
参数说明：[in]　image_origin1：背景模型
　　　　　　　　image_origin1：当前图像序列帧
　　　　　　　　image_mask：运动目标标记图像
　　　　　　　　percent：背景更新率

3. 背景恢复函数
函数名称：restorebackground
函数功能：根据统计理论从若干帧图像中恢复出背景模型
调用格式：restorebackground(string * strfilepath,int * framenum,int * nthreshold,image * imageout)
参数说明：[in]　imagein：图像输入
　　　　　　　　totalframenum：图像帧数(不小于 2)
　　　　　　　　nthreshold：滤波阈值
　　　　　[out]　imageout：恢复得到的背景模型

4. 均值漂移函数
(1)初始化函数
函数名称：initial_meanshift
函数功能：初始化均值漂移
调用格式：initial_meanshift(image * imagein,rect * rec,int * num)
参数说明：[in]　imagein：图像输入
　　　　　　　　rec：跟踪目标模型区域
　　　　　[out]　num：储位数
(2)均值漂移运行函数
函数名称：run_meanshift
函数功能：运行均值漂移
调用格式：run_meanshift(image * imagein,int * xposition,int * yposition,int * upperleft_x,int * upperleft_y,int * lowerright_x,int * lowerright_y)
参数说明：[in]　imagein：图像输入
　　　　　[out]　xposition：目标质心 x 坐标

　　　　　　　　yposition:目标质心 y 坐标
　　　　　　　　upperleft_x:目标框左上点 x 坐标
　　　　　　　　upperleft_y:目标框左上点 y 坐标
　　　　　　　　lowerright_x:目标框右下点 x 坐标
　　　　　　　　lowerright_y:目标框右下点 y 坐标
　（3）均值漂移关闭函数
　函数名称:close_meanshift
　函数功能:关闭均值漂移
　调用格式:close_meanshift()
　参数说明:无

6.4　机器学习

　1.SVM 模型加载

　函数名称:svm_load
　函数功能:加载 SVM 模型
　调用格式:svm_load(XString * Path)
　参数说明:[in]　 Path:SVM 模型路径

　2.SVM 识别

　函数名称:svm_recognize
　函数功能:利用现有 SVM 进行图像识别
　函数路径:函数→机器学习→SVM 识别
　调用格式:svm_recognize(Image * test, Int * X1, Int * Y1, Int * X2, Int * Y2, Int * X3, Int * Y3, Int * X4, Int * Y4, Int * Num, Int * X5, Int * Y5, Int * X6, Int * Y6, Int * Result)
　参数说明:[in]　　test:输入图像
　　　　　　　　X1:检测窗的宽度
　　　　　　　　Y1:检测窗的高度
　　　　　　　　X2:块的宽度
　　　　　　　　Y2:块的高度
　　　　　　　　X3:块的横向移动步长
　　　　　　　　Y3:块的纵向移动步长
　　　　　　　　X4:细胞的宽度
　　　　　　　　Y4:细胞的高度
　　　　　　　　Num:投票箱的个数,目前只支持 9 个
　　　　　　　　X5:检测窗口横向移动的步长
　　　　　　　　Y5:检测窗口纵向移动的步长
　　　　　　　　X6:图片边缘处补 0 的宽度

　　　　　　　　Y6:图片边缘处补 0 的高度
　　　[out]　result:分类结果

3. 更新棋盘

函数名称:CreateBoard

函数功能:根据 SVM 分类结果,更新虚拟棋盘

函数路径:函数→机器学习→更新虚拟棋盘

调用格式:CreateBoard(Int * result,Int * count,Image * background,Image * Image_qi,Image * Frame,String * path,Image * chessboard)

参数说明:[in]　　result:SVM 分类的结果
　　　　　　　　count:计数,表示当前棋子已经抓取到的个数
　　　　　　　　background:输入图像,当前的虚拟棋盘
　　　　　　　　image_qi:输入的棋子图片
　　　　　　　　frame:输入的图像帧
　　　　　　　　path:棋子图片路径
　　　[out]　chessboard:输出图像,根据分类结果更新的虚拟棋盘

调用举例:CreateBoard(result,count,background,Image_qi,Frame,path,chessboard)

第7章 硬件操作函数

7.1 工业相机

1. 相机操作函数

(1)相机打开函数

函数名称：openframe

函数功能：打开并设置相机(图像采集器)

调用格式：openframe(int * ImageWidth, int * ImageHeight, int * resolution, int * exposure, string * name)

参数说明：[in]　　ImageWidth：视窗宽度

　　　　　　　　ImageHeight：视窗高度

　　　　　　　　resolution：分辨率

　　　　　　　　exposure：相机曝光时间

　　　　　　　　name：相机型号

注意：

①如果相机型号选择 ws,对应动态链接库选择 weishi.dll,则 resolution 只可为 0,对应：0:1280×1024

②如果相机型号选择 ccd,对应动态链接库选择 ccdcamera.dll,则 resolution 可选 0-2,分别对应：0:1280×1024　1:640×480　2:320×240

③如果相机型号选择 dh,对应动态链接库选择 dh1351.dll,则 resolution 可选 0-2,分别对应：0:1280×1024　1:640×512　2:320×256

④如果相机型号选择 zmusb,对应动态链接库选择 ZM_USBCamera.dll,则 resolution 可选 0-6,分别对应的分辨率为

0:640×480　1:800×600　2:1024×768　3:1280×1024

4:1600×1200　5:2048×1536　6:2592×1944

⑤如果相机型号选择 ly,对应动态链接库选择 ly.dll,则 resolution 只可为 0,对应：0:2592×1944

⑥exposure 代表曝光时间,曝光时间的大小应该小于分辨率的高度值。

例如：分辨率为 2592×1944,则 exposure 值不应该大于 1944；

　　　分辨率为 2048×1536,则 exposure 值不应该大于 1536；

曝光时间的长短会影响拍摄到的图片质量,请在实验中选取合适的值,当拍摄运动物体或者选择高的分辨率时,请注意曝光时间不要选的太长,否则会出现模糊；

⑦分辨率选的越高对内存的要求也越高,请根据实际需要选择合适的值;

⑧如果在相机的运行过程中不小心碰掉了相机线,请关掉 xavis,拔掉相机线,然后重新插上相机线,启动 xavis 程序。

⑨相机视窗宽度和高度请尽量与分辨率的宽度和高度值保持一致。

(2)图像获取函数

函数名称:grabframe

函数功能:相机采集图像

调用格式:grabframe(int * imagewidth, int * imageheight, image * image)

参数说明:[in]　　imagewidth:获取图像的宽度

　　　　　　　　imageheight:获取图像的高度

　　　　　[out]　image:获取的图像

(3)相机关闭函数

函数名称:stopframe

函数功能:关闭相机(图像采集器)

调用格式:stopframe()

2.IO 操作函数

(1)IO 状态读取函数

函数名称:readiocontrol

函数功能:读取 IO 口状态

调用格式:readiocontrol(int * channel, int * state)

参数说明:[in]　　channel:输入通道

　　　　　[out]　state:输出 IO 口状态

(2)IO 状态写入函数

函数名称:outcontrol

函数功能:设置 IO 口状态

调用格式:outcontrol(int * channel, int * state)

参数说明:[in]　　channel:待设置的通道

　　　　　　　　state:待设置的状态:1 为高,0 为低

(3)等待 IO

函数名称:readoptical

函数功能:等待 IO 口状态

调用格式:readoptical (int * state)

参数说明:[out]　state:等待的 IO 口的输出状态:1 为高,0 为低

7.2　智能相机

1.相机操作函数

(1)相机打开函数

函数名称：opencamera

函数功能：打开相机

调用格式：opencamera(int * resolution,string * type);

参数说明：[in]　　resolution：智能相机分辨率选择，可选值为 0~2，分别对应的分辨率为：0：640 * 480　1：1280 * 960　2：1616 * 1232

　　　　　　　　type：相机型号，可选值：1300C、1300W

(2) 参数设置函数

函数名称：setparameter

函数功能：设置相机采集参数

调用格式：setparameter(int * workmode, int * exposuremode, int * exposuretime, double * gain, int * sensitivitylevel, int * trigmode);

参数说明：[in]　　workmode：智能相机工作模式，0－连续采集模式，1－触发采集模式

　　　　　　　　exposuremode：智能相机曝光模式，0－手动曝光模式，1－自动曝光模式

　　　　　　　　exposuretime：智能相机曝光时间。针对手动曝光模式，设定曝光时间；针对自动曝光模式，设定最大曝光时间

　　　　　　　　gain：增益

　　　　　　　　sensitivityLevel：传感器灵敏度等级，可选值，0~3 的整数

　　　　　　　　trigmode：触发模式

注意：不同型号智能相机触发模式存在差异

① 如果智能相机型号选择 1300C，则 trigmode 可选值 0~1，分别对应：

　0：默认端口 2 上升沿作为触发源

　1：自定义触发源端口及触发沿模式

② 如果智能相机型号选择 1300W，智能相机自带触发端口，则 trigmode 可选值 0－2，分别对应：0：上升沿触发，1：下降沿触发，2：双边沿触发

(3) 图像获取函数

函数名称：getframe

函数功能：获取一帧图像

调用格式：getframe(image * image)

参数说明：[out]　image：获取的图像

(4) 相机关闭函数

函数名称：closecamera

函数功能：关闭相机

调用格式：closecamera()

参数说明：无

2. IO 操作函数

(1) IO 状态写出函数

函数名称：setstate

函数功能：设置相机输出状态

调用格式:setstate(int * id,int * state)

参数说明:[in]　　ID:IO端口号,1300C智能相机可选值:2、4、5、8;1300W智能相机可选值:0~7

　　　　　　　　state:设定输出IO状态

注意:如果智能相机型号选择1300C,1300C智能相机2、8号端口,state表示输出电平高低,0-低电平,1-高电平;1300C智能相机4、5号端口,state表示光耦输出开关状态,0-打开,1-关闭;

(2)IO状态读取函数

函数名称:getstate

函数功能:获取相机IO状态

调用格式:getstate(int * id,string * type,int * state)

参数说明:[in]　　ID:IO端口号,1300C智能相机可选值:2~5、8

　　　　　　　　1300W智能相机可选值:0~7

　　　　　　　　type:IO类型,可选值:input、output

　　　　[out]　state:状态值

　　　　　　　　1300C智能相机2、8:0-低电平,1-高电平

　　　　　　　　1300C智能相机3:0-高电平,1-低电平

　　　　　　　　1300C智能相机4、5:0-光耦输出打开,1-光耦输出关闭

　　　　　　　　1300W智能相机:0-低电平,1-高电平

　　　　　　　　输入存在错误时,获得的state是-1

(3)1300C设置IO模式函数

函数名称:setiomode

函数功能:设置1300C相机IO模式

调用格式:setiomode(int * resolution,string * mode)

参数说明:[in]　　ID:1300C智能相机IO端口号,可选值:2~5、8

　　　　　　　　mode:1300C智能相机IO模式,可选值为:

　　　　　　　　　　generaloutput(通用输出)

　　　　　　　　　　generalinput(通用输入)

　　　　　　　　　　trg_pos(上升沿触发源)

　　　　　　　　　　trg_neg(下降沿触发源)

　　　　　　　　　　trg_both(双边沿触发源)

注意:2、8号端口可选值:generaloutput、generalinput、trg_pos、trg_neg、trg_both

　　　3号端口可选值:generalinput、trg_pos、trg_neg、trg_both

　　　4、5号端口可选值:generaloutput

(4)1300C获取IO模式函数

函数名称:getiomode

调用格式:getiomode(int * id,string * mode)

参数说明:[in]　　ID:1300C智能相机IO端口号,可选值:2~5、8

　　　　[out]　mode:1300C智能相机IO模式,可选值为:

generaloutput(通用输出)
generalinput(通用输入)
trg_pos(上升沿触发源)
trg_neg(下降沿触发源)
trg_both(双边沿触发源)

7.3 教学机器人

1. 机器人控制函数

(1) 机械臂初始化函数

函数名称：ConnectRobot

函数功能：初始化机械臂周期处理功能，设置指令超时时间

调用格式：ConnectRobot(int * outTime)

参数说明：[in]　outTime：指令超时时间

(2) 断开机械臂连接函数

函数名称：DisconnectDobot

函数功能：断开与机械臂的连接

调用格式：DisconnectDobot()

参数说明：无

(3) 机械臂运动函数

函数名称：PointToPoint

函数功能：对机械臂发送位置运动指令

调用格式：PointToPoint(int * motionStyle, int * isGrab, double * x, double * y, double * z, double * rHead, double * gripper, double * pauseTime)

参数说明：[in]　motionStyle1：运动模式

　　　　　　　　isGrab：爪子类型

　　　　　　　　x：x 坐标

　　　　　　　　y：y 坐标

　　　　　　　　z：z 坐标

　　　　　　　　rHead：R 轴位置

　　　　　　　　gripper：爪子角度

　　　　　　　　pauseTime：延迟时间

(4) 设置静态参数函数

函数名称：SetPTPStaticParams

函数功能：对 dobot 机械臂运动静态参数进行设置

调用格式：SetPTPStaticParams(double * jointMaxV, double * jointMaxA, double * servoMaxV, double * servoMaxA, double * linearMaxV, double * linearMaxA)

参数说明：[in]　jointMaxV：单关节最大速度

jointMaxA:单关节最大加速度
servoMaxV:舵机最大速度
servoMaxA:舵机最大加速度
linearMaxV:坐标系最大速度
linearMaxA:坐标系最大加速度

(5)设置动态参数函数

函数名称:SetPTPDynamicParams

函数功能:对 dobot 机械臂运动动态参数进行设置

调用格式:SetPTPDynamicParams(double * velocityRatio,double * accelerationRatio)

参数说明:[in]　　velocityRatio:运动速度百分比

　　　　　　　　accelerationRatio:运动加速度百分比

(6)机械臂休眠函数

函数名称:RobotSleep

函数功能:设定机械臂休眠时间

调用格式:RobotSleep(int * SleepTime)

参数说明:[in]　　SleepTime:休眠时间

(7)打开机械臂光源

函数名称:RobotLightOn

函数功能:打开机械臂光源

调用格式:RobotLightOn()

参数说明:无

调用举例:RobotLightOn()

(8)关闭机械臂光源

函数名称:RobotLightOff

函数功能:关闭机械臂光源

调用格式:RobotLightOff()

参数说明:无

调用举例:RobotLightOff()

2. 网络通信函数

(1)服务器初始化函数

函数名称:ServerInit

函数功能:建立服务器

调用格式:ServerInit(int * InitFlag)

参数说明:[out]　　InitFlag:初始化成功标志

(2)服务器发送指令函数

函数名称:ServerSend

函数功能:服务器发送指令

调用格式:ServerSend(string * command)

参数说明:[in]　　command:控制指令

(3) 服务器接收指令函数

函数名称:ServerRecive

函数功能:服务器接收指令

调用格式:ServerRecive(string * command ,int * length)

参数说明:[out]　command:控制指令

　　　　　　　　length:长度

(4) 服务器关闭函数

函数名称:ServerClose

函数功能:关闭服务器

调用格式:ServerClose(int * CloseFlag)

参数说明:[out]　CloseFlag:关闭服务器标志

(5) 连接至服务器

函数名称:ConnectToserver

函数功能:客户端连接至指定 ip 的服务器端

调用格式:ConnectToserver(String * Ip, Int * ID, Int * Port)

参数说明:[in]　　IP:服务器 ip 地址

　　　　　　　　ID:服务器编号,取值:0、1

　　　　　　　　Port:通信端口号

(6) 客户端发送指令

函数名称:ClientSend

函数功能:客户端发送指令

调用格式:ClientSend(String * Str, Int * ID)

参数说明:[in]　　ID:服务器编号,取值:0、1

　　　　　　　　Str:发送的指令

(7) 客户端接收整型

函数名称:ClientReceiveInt

函数功能:客户端接收整型数据

调用格式:ClientReceiveInt(Int * ID,Int * BUF)

参数说明:[in]　　ID:服务器编号,取值:0、1

　　　　　[out]　BUF:接收的指令

(8) 客户端接收字符

函数名称:ClientReceiveStr

函数功能:客户端接收字符数据

调用格式:ClientReceiveStr(Int * ID,String * BUF)

参数说明:[in]　　ID:服务器编号,取值:0、1

　　　　　[out]　BUF:接收的指令

(9) 客户端断开连接

函数名称:DisconnectToServer

函数功能:客户端断开连接

调用格式:DisconnectToServer(Int * ID)

参数说明:[in]　ID：服务器编号,取值:0、1

3.摄像头操作函数

(1)摄像头打开

函数名称:CameraOpen

函数功能:打开 USB 摄像头

调用格式:CameraOpen(Int * id)

参数说明:[in]　ID：摄像头 id 号,取值为 0、1

(2)图像获取

函数名称:GetFrame

函数功能:获取 USB 摄像头一帧图像

调用格式:GetFrame(Int * id,Image * image)

参数说明:[in]　ID：摄像头 id 号,取值为 0、1

　　　　　[out]　image:输出图像

(3)摄像头关闭

函数名称:CameraClose

函数功能:关闭 USB 摄像头

调用格式:CameraClose(Int * id)

参数说明:[in]　ID：摄像头 id 号,取值为 0、1

7.4　工业机器人

1.连接机器人函数

函数名称:Login

函数说明:在局域网内,和指定 IP 的机器人相连

　　调用格式:Login(XString * IP)

　　参数说明:[in]　IP:局域网内机器人的 IP 地址

　　调用举例:Login(192.168.1.2)

2.关节运动函数

函数名称:MoveJ

函数说明:机器人各个关节运动到指定角度,轨迹不可控

　　调用格式:MoveJ(XDouble * R1, XDouble * R2, XDouble * R3, XDouble * R4, XDouble * R5, XDouble * R6)

　　参数说明:[in]　R1:目标位置机器人关节 1 角度

　　　　　　　　　R2:目标位置机器人关节 2 角度

　　　　　　　　　R3:目标位置机器人关节 3 角度

　　　　　　　　　R4:目标位置机器人关节 4 角度

　　　　　　　　　R5:目标位置机器人关节 5 角度

R6:目标位置机器人关节 6 角度

调用举例:Login(192.168.1.2)

    MoveJ(0,0,0,0,0,0);

3. 关节增量运动函数

函数名称：MoveJOffset

函数说明:机器人各个关节增量运动到指定角度,轨迹不可控

调用格式:MoveJOffset(XDouble * R1, XDouble * R2, XDouble * R3, XDouble * R4, XDouble * R5, XDouble * R6)

参数说明:[in] R1:目标位置机器人关节 1 角度增量

     R2:目标位置机器人关节 2 角度增量

     R3:目标位置机器人关节 3 角度增量

     R4:目标位置机器人关节 4 角度增量

     R5:目标位置机器人关节 5 角度增量

     R6:目标位置机器人关节 6 角度增量

调用举例:机器人末端旋转 10 度

    Login(192.168.1.2)

    MoveJOffset(0,0,0,0,0,10);

4. 直线运动函数

函数名称：MoveL

函数说明:机器人末端直线运动至目标位置

调用格式:MoveL(XDouble * X, XDouble * Y, XDouble * Z, XDouble * R1, XDouble * R2, XDouble * R3)

参数说明:[in] X:目标位置 X 坐标

     Y:目标位置 Y 坐标

     Z:目标位置 Z 坐标

     R1:目标位置末端坐标系旋转角度 RX

     R2:目标位置末端坐标系旋转角度 RY

     R3:目标位置末端坐标系旋转角度 RZ

调用举例:Login(192.168.1.2)

    xhome=(-6);

    yhome=(-362);

    zhome=(152);

    r1home=(1.569);

    r2home=(0.713);

    r3home=(-1.571);

    MoveL(xhome,yhome,zhome,r1home,r2home,r3home);

5. 直线增量运动函数

函数名称：MoveLOffset

函数说明:机器人末端直线增量运动至目标位置
调用格式:MoveLOffset(XDouble * X, XDouble * Y, XDouble * Z, XDouble * R1,
        XDouble * R2, XDouble * R3)
参数说明:[in]   X:目标位置 X 坐标增量
                Y:目标位置 Y 坐标增量
                Z:目标位置 Z 坐标增量
                R1:目标位置末端坐标系旋转角度 RX 增量
                R2:目标位置末端坐标系旋转角度 RY 增量
                R3:目标位置末端坐标系旋转角度 RZ 增量
调用举例:机器人末端上移 10mm
        Login(192.168.1.2)
        MoveLOffset(0,0,10,0,0,0);

6. 设置 IO 函数

函数名称:SetIO
函数说明:设置机器人输出 IO 电平
调用格式:SetIO(XInt * Port, XInt * State)
参数说明:[in]   Port:机器人的输出 IO 号
                State:电平状态
调用举例:Login(192.168.1.2)
        SetIO(8,1)

7. 设置速度函数

函数名称:SetSpeed
函数说明:设置机器人速度、加速度、平滑度,设置后一直有效
调用格式:SetSpeed(XDouble * Speed0, XDouble * Acceleration0, XDouble *
        Smooth0)
参数说明:[in]   Speed0:机器人速度百分比
                Acceleration0:机器人加速度百分比
                Smooth0:机器人平滑百分比
调用举例:Login(192.168.1.2)
        SetSpeed(25,5,0)

8. 设置工具号函数

函数名称:SetTool
函数说明:设置工具号,设置后一直有效
调用格式:SetTool(XInt * Tool0)
参数说明:[in]   Tool0:工具号
调用举例:Login(192.168.1.2)
        SetTool(0)

9. 设置用户号函数

函数名称：SetUser
函数说明：设置用户号,设置后一直有效
调用格式：SetUser(XInt * User0)
参数说明：[in]　　User0：用户号
调用举例：Login(192.168.1.2)
　　　　　SetUser(0)

10. 断开连接函数

函数名称：Quit
函数功能：断开与工业机器人的连接状态
调用格式：Quit()
参数说明：无
调用举例：Login(192.168.1.2)
　　　　　Quit()

第 8 章 图像处理实例

8.1 特征提取

1. 角点特征提取

该实例演示了如何对图片中的兴趣点进行标定；待测图像是一种金属工件，在 XAVIS 环境下对工件图像角点进行检测和标定，结果如图 8-1 所示。

XAVIS 程序代码为：

```
readimage(test.bmp,image);                          //读图
showimage(image);
drawrectangle(rect);                                //选取提取区域
rectimageharris(image,image1,rect,3,2500,0,0,a,b);  //Harris角点提取
```

(a)原图像　　　　　　　　　(b)角点标记结果

图 8-1　Harris 角点标记

2. 区域特征提取

该实例演示针对二值图像的两种主要的投影方式：水平投影和竖直投影。当物体具有水平或垂直边界时，在 XAVIS 中通过投影可以确定物体的大概位置，即目标区域的坐标值。

XAVIS 程序代码为：

```
readimage(project1.bmp,image1);                     //读取图片
convertdepth24to8(image1,image1);
```

```
showimage(image1);
sleep(500);
imageproject2(image1,image2,hproject,10,s,e,num);//水平图像投影,投影结果
//保存为 image2
sleep(500);
imageproject2(image1,image3,vproject,10,s1,e1,num1);//竖直图像投影,投影
//结果保存为 image3
showimage(image1);
setcolor(5,red);
offset = (5);
s1[0] = (s1[0] - offset);
s[0] = (s[0] - offset);
e1[0] = (e1[0] + offset);
e[0] = (e[0] + offset);
setrect(s1[0], s[0], e1[0], e[0]);          //设置特征区域
showrectangle(rect);                         //标示提取结果
```

结果如图 8-2 所示。

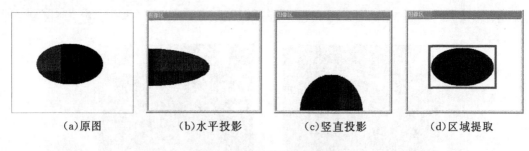

(a)原图　　　　(b)水平投影　　　　(c)竖直投影　　　　(d)区域提取

图 8-2　区域特征提取结果

3.角度特征提取

该实例演示如何利用图像的质心与主轴偏角等角度特征信息,结合方式变换对两幅图形进行基于特征的图像配准定位。

XAVIS 程序代码为:

```
readimage(ImgInit.bmp,image);         //读取图像
showimage(image);                     //显示图像
gentext(10,10,0,基准图像,blue);       //产生文字"基准图像"
readimage(ImgSamp.bmp,image1);
showimage(image1);
gentext(10,10,0,待测图像,blue);
calimgcent(image,centx,centy);        //计算图像质心
calimgcent(image1,centx1,centy1);
```

```
calimgangle(image,angle);          //计算图像主轴偏角
calimgangle(image1,angle1);
genaffinepara(centx,centy,centx1,centy1,angle,angle1,affpara,affpara1);
                                    //计算放射变换参数
affinetransimage(image,image1,affpara,affpara1,0);   //对图像进行放射变换
showimage(image1);
gentext(10,10,0,结果图像,blue);
```

配准结果如图 8-3 所示。

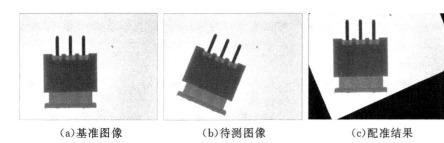

图 8-3　角度特征配准定位结果

8.2　图像增强

1. 图像细化

该实例演示如何对一张图片进行细化操作,处理结果如图 8-4 所示。

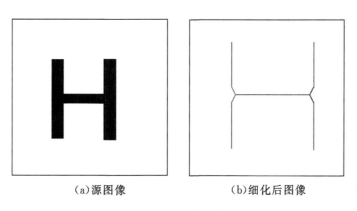

图 8-4　图像细化

XAVIS 程序代码为:

```
readimage(predict sample\xihua.bmp,image1);   //读图
convertgray(image1,image1);                    //灰度变换
showimage(image1);                             //显示灰度图像
```

```
imagethining(image1,image2);        //图像细化
showimage(image2);                  //显示细化结果
```

2. 图像滤波

该实例演示如何对一幅图像进行均值滤波、中值滤波及高斯滤波,处理结果如图 8-5 所示。

XAVIS 程序代码为:

```
readimage(test14.bmp,src);          //读取图像
showimage(src);         //显示原图
meanimage(src,des1,9);      //对原图进行均值滤波,滤波模板大小为9,滤波结果存为
                                      新图 des1
showimage(des1);                    //显示滤波后的图像
imagefilter(src,med.medianfilter);  //对原图进行中值滤波
showimage(med);
imagefilter(src,gaussimg.gaussfilter);  //对原图进行高斯滤波
showimage(gaussimg);
```

 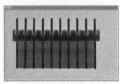  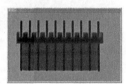

(a)原图　　　　　(b)均值滤波结果　　　　(c)中值滤波结果　　　　(d)高斯滤波结果

图 8-5　图像滤波结果

3. 多光照图像融合

该实例运用多光照图像融合技术,通过对不同光照下同一目标多幅图像的融合,利用图像间冗余和互补的信息,从多幅多光照图像中获得完整准确的信息。XAVIS 软件提供两种融合方法:简单线性融合与小波融合(HIS 法)。图像融合后,表带与表盘区域均变清晰。

XAVIS 程序代码为:

```
readimage(dark.bmp,image);
showimage(image);
sleep(1000);
readimage(bright.bmp,image1);
showimage(image1);
sleep(1000);
timebegin(cccc);
pixelfusionaver(image,image1,image2,7,20);  //将读入的两幅图片 dark.bmp 与 bright.
                                              bmp 进行简单线性融合操作
```

```
    pixelfusionhiswvlts(image,image1,image3);  //将读入的两幅图片 dark.bmp 与
                                                 bright.bmp 进行小波融合操作
timeend(cccc,dddd);
showimage(image2);
gentext(0,20,35,图像线性融合,red);              //显示线性融合结果并标示
sleep(1000);
showimage(image3);
gentext(0,20,35,图像小波融合,red);              //显示小波融合结果并标示
```

结果如图 8-6 所示。

(a)暗光照图像　　　(b)强光照图像　　　(c)线性融合结果　　　(d)小波融合结果

图 8-6　图像融合结果

8.3　图像分割

1. 阈值分割

该实例演示如何对源图像分别进行固定阈值、大律法、判别分析法、迭代法及一维最大熵法五种方法的阈值分割;因分割效果相同,此处仅对固定阈值分割结果给出示例图。

XAVIS 程序代码为:

```
readimage(temp.bmp,image);
showimage(image);
drawrectangle(rect);
rectthresholdcovert(image,image1,rect,fixthreshold,128);   //阈值为 128 的固定阈
                                                            //值分割,分割后的新图
                                                            //像存为 image1
rectthresholdcovert(image,image2,rect,otsuthreshold,1);         //大律法分割
rectthresholdcovert(image,image3,rect,distinguishthreshold,1);  //判别分析法分割
rectthresholdcovert(image,image4,rect,iterativethreshold,1);    //迭代法分割
rectthresholdcovert(image,image5,rect,entropythreshold,1);      //一维最大熵法分割
showimage(image1);
gentext(0,0,30,fixthreshold,red);   //文本标示阈值分割方法为 fixthreshold
sleep(700);
```

```
showimage(image2);
gentext(0,0,30,otsuthreshold,red);
sleep(700);
showimage(image3);
gentext(0,0,30,distinguishthreshold,red);
sleep(700);
showimage(image4);
gentext(0,0,30,iterativethreshold,red);
sleep(700);
showimage(image5);
gentext(0,0,30,entropythreshold,red);
```

分割结果如图 8-7 所示。

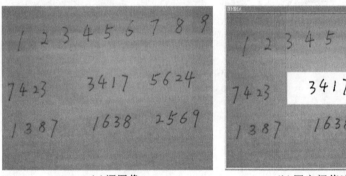

(a)源图像　　　　　　　　(b)固定阈值法分割结果

图 8-7　适用固定阈值法的区域前景背景分割

2. 对象背景交界线分割

该实例演示如何利用边缘检测方法提取出图像中对象与背景间的交界线，以达到背景与前景的分割效果。其中边缘检测分别采用 Soble、Robert 与拉普拉斯梯度算子。

XAVIS 程序代码为：

```
readimage(dial switch\dip_switch_02.bmp,src_s);    //读取器件图片
pointinvert(src_s,src);    //图像反色,便于显示
showimage(src);    //显示8位图
edgedetect(src,edgesobel,sobel);    //Sobel 算子滤波
pointinvert(edgesobel,edgesobel2);    //图像反色
showimage(edgesobel2);
edgedetect(src,edgerobert,robert);    //Robert 算子滤波
pointinvert(edgerobert,edgerobert2);
showimage(edgerobert2);
showimage(src);
```

```
edgedetect(src,edgelap,gauss);            //拉普拉斯算子滤波
pointinvert(edgelap,edgelap2);
showimage(edgelap2);
```

分割结果如图 8-8 所示。

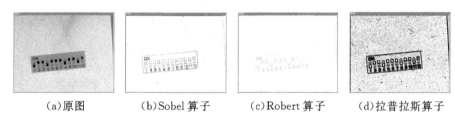

(a)原图   (b)Sobel算子   (c)Robert算子   (d)拉普拉斯算子

图 8-8 边缘检测分割结果

从图 8-8 可以看出,经过梯度算子的运算,图像边缘得到了加强,背景与对象间的交界线分割明确。

3. 轮廓分割

该实例演示如何通过轮廓提取对物体进行分割。该方法主要应用于工业产品表面质量检测,使用轮廓将背景与前景进行分割,从而确定前景表面形状,表面缺陷所在范围信息。值得注意的是,该方法通常是先对图像进行二值化,针对二值化的图像,轮廓提取就变得非常简单。

XAVIS 程序代码为:

```
readimage(test.bmp,src);                              //读取待处理图像
showimage(src);
thresholdcovert(src,srcbinary,fixthreshold,100);      //以 100 为阈值进行二值化
                                                      //处理,输出图像 srcbinary
showimage(srcbinary);
pointinvert(srcbinary,srcreverse);                    //图像反色
showimage(srcreverse);
edgeget(srcreverse,edgecontour,contour);  //边缘提取法获取边缘,输出图像 edgecontour
showimage(edgecontour);
showimage(srcreverse);
edgeget(srcreverse,edgeerosioncontour,erosioncontour);   //差影法获取边缘
showimage(edgeerosioncontour);
showimage(srcreverse);
imagefilter(srcreverse,edgeremovenoise,removenoise);  //去除孤立点噪声
showimage(edgeremovenoise);
edgeget(edgeremovenoise,trace,edgetrace);             //轮廓跟踪法获取边缘
showimage(trace);
```

分割结果如图 8-9 所示。

  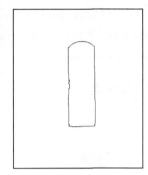

(a)原图　　　　　　　(b)二值化图像　　　　　　(c)分割结果

图 8-9　轮廓分割结果

8.4　图形拟合

1. 椭圆拟合

该实例以工业常用的齿轮为研究对象,在 XAVIS 中对齿轮的外轮廓进行椭圆拟合;图 8-10 为拟合之后的结果图。

(a)椭圆工件原始图　　　　　　　(b)椭圆拟合结果图

图 8-10　椭圆拟合

XAVIS 程序代码为:

```
readimage(tooth_3.bmp,image);      //读图
showimage(image);     //显示
convertdepth24to8(image,image1);     //24 位图转换成 8 位图
thresholdcovert(image1,image2,fixthreshold,150);//以 150 为阈值,图像二值化
showimage(image2);
pointinvert(image2,image3);     //图像反色
showimage(image3);
```

```
outsideedge(image3,image4);      //生成图像外部轮廓
showimage(image4);
drawrectangle(rect);      //设置图像处理区域 rect
showimage(image);
rectellipsefit(image4,rect,13.5,xc,yc,a,b,thita);     //椭圆拟合
genellipse(xc,yc,a,b,thita);     //标示椭圆
gencross(xc,yc);      //标示椭圆中心点
```

2. 单圆拟合

该实例演示如何对图形中存在的单圆图形进行拟合并对拟合圆的参数进行进行标注,图 8-11 为单圆拟合结果。

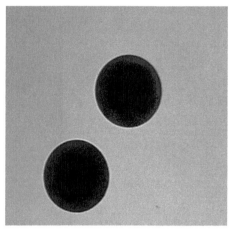 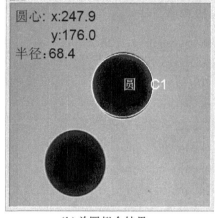

(a)原图　　　　　　　　　　(b)单圆拟合结果

图 8-11　单圆拟合结果图

XAVIS 程序代码为:

```
readimage(test88.bmp,image);     //读图
showimage(image);      //显示图像
drawrectangle(rect);      //设置图像处理区域
rectthresholdcovert(image,image1,rect,iterativethreshold,1);//区域图像二值化
rectedgeget(image1,image2,rect,contour);     //区域边缘提取
rectcircle(image2,rect,minicircle,x,y,r);      //单圆测量函数
showimage(image);
setcolor(2,green);
gencircle(x,y,r);     //在源图像上对处理结果进行标示
setcolor(1,blue);
b=(y-20);
setcolor(2,green);
```

```
gentext(x,b,20,圆 C1,white);
gentext(10,10,20,圆心:,white);
cstringformat("%1f,x",string);
gentext(60,10,20,string,red);
cstringformat("%1f,y",string1);
gentext(130,10,20,string1,red);
gentext(10,50,20,半径:,white);
cstringformat("%1f,r",s1);
gentext(55,50,20,s1,red);
```

3. 多圆拟合

实际生产过程中,环形工件具有内外圆,此时单圆拟合不再适合,因此要进行多圆拟合。该实例演示环形工件在 XAVIS 中的内外圆拟合过程。

XAVIS 程序代码为:

```
readimage(multicircle.bmp,image);         //读图
showimage(image);      //显示图像
drawrectangle(rect);       //设置图像处理区域 rect
rectthresholdcovert(image,image1,rect,diedaithreshold,1);   //区域图像二值化分割
rectimagefilter(image1,image2,rect,medianfilter);    //图像滤波
rectedgeget(image2,image3,rect,erosioncontour);    //区域边缘提取
rectmuchcircle(image3,rect,num,x,y,r);     //多圆测量函数
getdlength(r,p);      //获取数组长度
/*在源图像上对处理结果进行标示*/
showimage(image);
setcolor(2,red);
gencircles(x,y,r);
setcolor(2,green);
for(i=0,p,1);
a=(x[i]+0.0);
b=(y[i]-r[i]-5.0);
gentext(a,b,20,C,white);
c=(a+20.0);
cstringformat("%d,i",s1);
gentext(c,b,20,s1,white);
d=(i*20+50.0);
gentext(10,d,20,半径 C,green);
cstringformat("%d,i",s2);
gentext(65,d,20,s2,red);
cstringformat("%1f,r[i]",s3);
```

```
gentext(100,d,20,s3,red);
endfor();
```

拟合结果如图 8-12 所示。

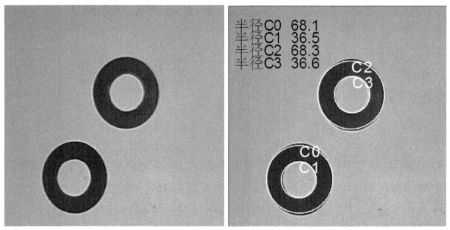

(a)原图　　　　　　　　(b)多圆拟合结果

图 8-12　多圆拟合结果图

第 9 章　图像测量实例

9.1　线段测量

1. 单线长度测量

在工件检测中,有齿工件的齿长是重要的测量内容,一般将齿长视为一条单线段进行测量。该实例演示如何对一个有齿工件进行齿长的单线段测量及标注,测量步骤是:首先在工件图中设置待测齿长区域,对区域内的图像进行边缘提取;对提取到的边缘进行逐行扫描,分别获得其上、下两条边的边缘点;根据边缘点分别拟合出上、下两条边的直线;最后计算出两条直线间的距离,作为齿长单线段测量结果。

XAVIS 程序代码为:

```
readimage(test14.bmp,image);         //读图
showimage(image);      //显示图像
setrect(45,26,153,122,recshow);
gentext(4,4,0,请选中工件上方齿状部分,blue);      //标示提示信息
showrectangle(recshow);
drawrectangle(rect);      //设置图像处理区域 rect
rectthresholdcovert(image,image1,rect,iterativethreshold,1);  //区域二值化分割
rectedgeget(image1,image2,rect,contour);      //区域边缘提取
recttooth(image2,image3,rect,1,0,a,b,c);      //齿长测量函数
/* 在源图像上对处理结果进行标示 */
showimage(image);
setcolor(2,green);
rectconverttopoint(rect,left,top,right,bottom);
genline(left,b,right,b);
genline(left,c,right,c);
setcolor(2,blue);
showrectangle(rect);
setcolor(1,red);
gentext(10,10,20,齿长:,red);
cstringformat("%1f,a",string2);
gentext(70,10,20,string2,red);
```

实验过程图如图 9-1 所示。

  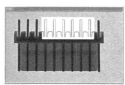 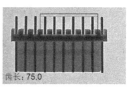

(a)原图　　　　　　(b)二值化结果　　　　　(c)边缘提取　　　　　(d)测量结果

图 9-1　齿长单线段测量结果

2. 多线段测量

该实例演示了多边形工件的边长测量,其核心方法是基于 Harris 角点检测的线段测量方法,对图像中的多条线段可以自动检测其长度。

XAVIS 程序代码为:

```
readimage(test9.bmp,image);        //读图
showimage(image);            //显示图像
drawrectangle(rect);         //设置图像处理区域 rect
rectmuchlines(image,rect,0,1800,30,num,a,b,c);     //多线段测量函数
                           /* 在源图像上对处理结果进行标示 */
showimage(image);
setcolor(2,green);
genpolyline(b,c);
getdlength(a,length);
for(i = 0,length,1);
d = (c[i] - 10.0);
f = (b[i] - 10.0);
gentext(f,d,20,L,red);
e = (f + 5.0);
cstringformat("%d,i",s1);
gentext(e,d,20,s1,red);
g = (20 * i + 2.0);
gentext(300,g,20,L,white);
cstringformat("%d,i",s2);
gentext(315,g,20,s2,red);
gendoubletext(330,g,20,a[i],white);
endfor();
```

处理结果如图 9-2 所示。

3. 多距离测量

XAVIS 软件对距离测量进行了扩展,可以实现多距离测量的功能。这里的多距离是指多条平行直线间的多个距离。该实例中为一个具有多齿结构的工件图,在 XAVIS 环境中可以

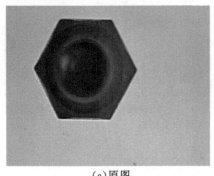 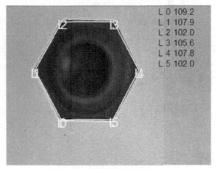

(a) 原图　　　　　　　　　　　(b) 测量结果

图 9-2　多线段测量结果图

对这个工件上方的每个齿的齿宽同时进行测量。

XAVIS 程序代码为：

```
readimage(test14.bmp,image);         //读图
showimage(image);       //显示图像
gentext(4,4,0,请选中工件上方齿状部分,blue);
gentext(200,4,0,例如红色选框所示部分,blue);      //标示操作提示信息
setcolor(2,red);
genrectangle(24,42,447,70);
drawrectangle(rect);       //设置图像处理区域
rectthresholdcovert(image,image1,rect,iterativethreshold,1); //区域二值化分割
rectedgeget(image1,image2,rect,contour);      //区域边缘提取
rectmuchdistance(image2,image3,rect,averagey,a,b);      //多距离测量函数
getdlength(a,lengtha);getdlength(b,lengthb);      //获取数组长度
/*在源图像上对处理结果进行标示*/
showimage(image);
showrectangle(rect);
rectconverttopoint(rect,left,top,right,bottom);
for(i = 0,lengthb,2);
setcolor(2,green);
genline(b[i],top,b[i],bottom);
endfor();
if(lengthb>0);
for(j = 1,lengthb,2);
genline(b[j],top,b[j],bottom);
endfor();
endif();
for(i = 0,lengtha,2);
```

```
c = (top - 25.0);
cstringformat("%1f,a[i]",s1);
gentext(b[i],c,15,s1,red);
endfor();
if(lengtha>0);
for(j=1,lengtha,2);
d = (bottom + 25.0);
gendoubletext(b[j],d,15,a[j],green);
cstringformat("%1f,a[j]",s2);
gentext(b[j],d,15,s2,red);
endfor();
endif();
showrectangle(rect);
```

测量结果如图 9-3 所示。

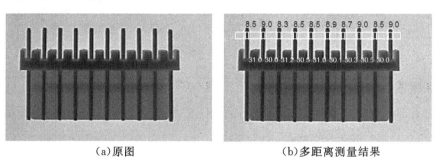

(a)原图　　　　　　　　(b)多距离测量结果

图 9-3　多距离测量

4. 宽度测量

在 XAVIS 软件中,距离测量还可以应用于对工件宽度的测量。该实例中测量对象为片状工件上、下边的间距,测量结果如图 9-4 所示。

XAVIS 程序代码为：

```
readimage(gongjian1.bmp,image);        //读取图像
showimage(image);         //显示图像
drawrectangle(rect);      //设置图像处理区域 rect
rectthresholdcovert(image,image1,rect,iterativethreshold,1);//区域二值化分割
rectpointinvert(image1,image2,rect);      //图像反色
rectedgeget(image2,image3,rect,contour);      //区域边缘提取
rectdistance(image3,rect,averagex,a,b,c);      //距离测量函数
/* 在源图像上标示处理结果 */
showimage(image);
setcolor(2,red);
```

```
rectconverttopoint(rect,left,top,right,bottom);
genline(left,b,right,b);
genline(left,c,right,c);
setcolor(2,red);
cstringformat("宽:%f,a",str);
gentext(10,10,20,str,green);
```

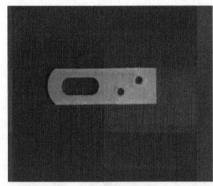
(a)工件原图

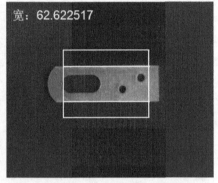
(b)工件宽度测量结果

图9-4 工件宽度测量

5. 圆弧测量

对于带有圆弧轮廓的图像,XAVIS提供了相应的函数可对圆弧进行测量,并标示出所测圆弧的直径,实例演示结果如图9-5所示。

XAVIS程序代码为:

```
readimage(test.bmp,image);         //读图
showimage(image);         //显示图像
drawrectangle(rect);         //设置图像处理区域
rectimageenhance(image,image1,rect,pointliner);         //区域图像增强,锐化
rectthresholdcovert(image1,image2,rect,distinguishthreshold,0);         //二值分割
rectpointinvert(image2,image3,rect);         //图像反色
rectedgeget(image3,image4,rect,contour);         //区域边缘提取
rectsmooth2(image4,image5,rect,bsmooth);         //区域平滑
rectharrislinecircle(image5,image6,rect,0,0,0,a,b,c,d,e,f,g,h);
                                                       //Harris弧线测量
/*在源图像上对处理结果进行标示*/
showimage(image);
getdlength(f,p);
setcolor(2,red);
genlines(b,c,d,e);
gencircles(g,h,f);
```

```
for(i = 0,p,1);
setcolor(1,green);
m = (h[i] - f[i] - 10);
gentext(g[i],m,15,C,green);
n = (g[i] + 7);
cstringformat("%d,i",string);
m1 = (g[i] + 8);
gentext(m1,m,15,string,green);
w = (i * 20 + 5.0);
gentext(10,w,20,半径 C,red);
cstringformat("%d,i",s1);
gentext(60,w,20,s1,red);
gendoubletext(80,w,20,f[i],red);
endfor();
```

 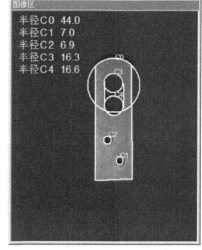

(a)原图　　　　　　　　(b)圆弧测量结果

图 9-5　圆弧测量

值得注意的是,代码中的 RectHarrisLineCircle 为采用 Harris 角点检测方法进行圆弧分离的核心函数,将此函数替换为 RectHoughLineCircle 即为哈夫变换的检测过程。此外,这两种测量方法都要求前端采集的图像必须清楚,即目标轮廓边缘越清楚,处理效果越好。因此对于工程图处理效果较好,而对于现场采集的图像若直接应用效果较差,必须对采集图像进行相应的预处理。

6. 动态宽度测量

在 XAVIS 中,还提供了针对动态图像的线测量。该实例演示了如何对煤流图像中的散煤宽度进行动态测量,运行结果如图 9-6 所示。

XAVIS 程序代码为：

```
for(i=350,11181,1);          //For 循环
cstringformat("sanmei\%d.bmp,i",name);    //对名称为"name"的字符串赋值
readimage(name,img0);        //读取图片
convertgray(img0,img0);      //灰度变换
setrect(50,101,145,105,rect);   //设置测量区域 rect
rectthresholdcovert(img0,img,rect,fixthreshold,100);    //煤块阈值分割
thresholdcovert(img0,img111,fixthreshold,100);
rectimageproject(img111,rect,1,2,a,b,count,img11);   //测量区域投影
t=(0);
if(count>1);
t=(count-1);
endif();
len=(b[t]-a[0]);             //计算动态宽度
zoomsize(img,3,0,img);       //图像大小变换
/*在源图像上对处理结果进行标示*/
showimage(img);
cstringformat("散煤宽度为:%d,len",str);
gentext(0,0,30,str,red);
sleep(100);
endfor();
```

(a)煤流图像　　　　　(b)散煤宽度测量结果

图 9-6　煤流动态宽度测量

7. 间距测量

对物体边缘内侧间距的测量，在 XAVIS 中可按以下实例操作实现。该实例演示了如何测量保险丝引脚间距，运行结果如图 9-7 所示。

XAVIS 程序代码为：

```
readimage(保险丝\halogen_bulb_01.png,image);
zoomsize(image,0.5,0,image);    //图像大小比例变换
```

```
convert8bits(image,image0);        //24/8 位灰度变换
setrect(50,328,600,360,rect);      //设置测量区域 rect
rectthresholdcovert(image0,image1,rect,iterativethreshold,1);//区域二值化分割
rectpointinvert(image1,image2,rect);     //区域图像反色
rectedgeget(image2,image3,rect,contour);     //区域边缘检测
rectdistance(image3,rect,averagey,a,b,c);    //距离测量
setcolor(5,green);
rectconverttopoint(rect,left,top,right,bottom);     //区域坐标提取
/*在源图像上标示测量结果*/
showrectangle(rect);
setcolor(2,red);
m = (b + 26.5);
genline(m,top,m,bottom);
n = (c - 26.5);
genline(n,top,n,bottom);
cstringformat("宽:%f,a - 53",str);
gentext(10,10,20,str,red);
sleep(1000);
```

  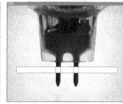 

(a)原图　　　　(b)区域二值化　　　(c)边缘提取　　　(d)测量结果

图 9-7　保险丝引脚间距测量结果

9.2　面积测量

1. 多孔面积测量

该实例为一个具有多个漏孔的片状工件,利用区域标记的方法来测量其中每个漏孔的面积,从而检测出不符合尺寸规格的漏孔。XAVIS 软件中 RectMucharea 函数就是区域标记的核心函数,这里设置其中最小面积阈值参数取 10,最大面积阈值参数取 1000。

XAVIS 程序代码为:

```
readimage(a.bmp,image);     //读图
showimage(image);           //显示图像
drawrectangle(rect);        //设置图形处理区域 rect
```

```
rectthresholdcovert(image,image1,rect,iterativethreshold,1);  //区域二值化分割
imagefilter(image1,image2,medianfilter);        //图像滤波
rectpointinvert(image2,image3,rect);/图像反色
rectmucharea(image3,rect,10,1000,a,b,c,d,n,w,p);     //区域标记函数
/*在源图像上对处理结果进行标示*/
showimage(image);
for(i = 0,b,1);
e = (c[i] + 6.0);
f = (d[i] + 6.0);
setcolor(1,green);
genrectangle(c[i],d[i],e,f);
g = (d[i] - 15.0);
h = (c[i] - 15.0);
gendoubletext(h,g,15,a[i],red);
endfor();
```

测量结果如图9-8所示。

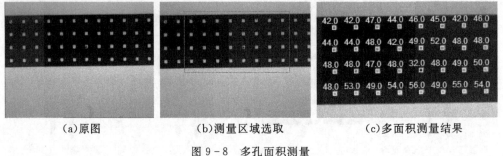

(a)原图　　　　　　(b)测量区域选取　　　　　(c)多面积测量结果

图9-8　多孔面积测量

同时,该方法还可得到图9-8中工件漏孔的个数与位置信息,具体获得方法参见RectMucharea函数。

2. 联通域面积测量

对于数字图形中不规则区域的面积,可使用XAVIS软件中的ContourAreas或MuchArea为核心函数,求出目标的轮廓,然后计算其中每个联通域的面积,并标示出来。此处选取两个实例,来演示图像联通域面积测量方法。

零件面积测量

该例子演示如何测量图像中各不规则零件面积,并进行标记,处理结果如图9-9所示。XAVIS程序代码为:

```
readimage(nuts.bmp,i1);
showimage(i1);
thresholdcovert(i1,i2,iterativethreshold,150);     //图像二值化分割
showimage(i2);
```

```
pointinvert(i2,i22);        //图像反色
showimage(i22);
contourareas(i22,1,0,i3,num,x,y,area);    //轮廓提取函数
showimage(i3);
for(i = 0,num,1);
h = (x[i] + 20.0);
v = (y[i] + 0.0);
cstringformat(" %1f,area[i]",s);
gentext(h,v,15,s,red);
endfor();
```

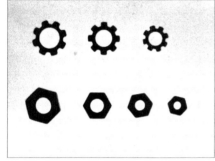
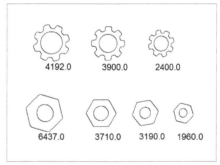

(a)零件原始图　　　　　　　　(b)面积测量结果图

图 9-9　零件连通域面积测量

3.药品灌装高度测量

该实例演示了如何对生产线上采集的瓶装液体药品图像进行灌装高度测量,测量结果如图 9-10 所示。

XAVIS 程序代码为：

```
readimage(药水液位\ampoules_02.png,image);
showimage(image);
thresholdcovert(image,image0,iterativethreshold,150);    //图像二值化分割
imageenhance(image,image0,pointliner);         //图像增强
doubthresh(image0,225,250,image00);           //双阈值分割
contrastenhance(image,66,180,1,254,image_enhance);       //对比度增强
cvmorph(image_enhance,image_dila,1.5,dilation);
cvmorph(image_dila,image_ero,1,erosion);         //图像闭操作
contrastenhance(image,53,180,1,254,image_enhance1);
cvsub(image_enhance1,image_ero,image_sub,20);        //CV差运算
smoothfilter(image_sub,1,5,image_smooth);         //平滑滤波
pointinvert(image_smooth,image_inver);          //图像反色
mucharea_del(image_inver,2000,9000,image_del);        //面积滤波
```

```
mucharea(image_del,10,s,num,x,y,label,w,h);    //联通域标记
contrastenhance(image,53,180,1,254,image_enhance3);
contrastenhance(image,76,180,1,254,image_enhance2);
cvmorph(image_enhance2,image_dila1,4,dilation);
cvmorph(image_dila1,image_ero1,1,erosion);
cvsub(image_enhance3,image_ero1,image_sub1,20);
smoothfilter(image_sub1,1,5,image_smooth1);
pointinvert(image_smooth1,image_inver1);
mucharea_del(image_inver1,2820,2900,image_del1);
mucharea(image_del1,10,s2,num2,x2,y2,label2,w2,h2);
/*在源图像上对处理结果进行标示*/
showimage(image);
ymax=(0);
ymin=(130);
for(i=0,num,1);
doubletoint(h[i],height);
cstringformat("%d,height",str);
gentext(x[i],y[i],20,str,red);
endfor();
doubletoint(h2[0],height);
cstringformat("%d,height",str);
gentext(x2[0],y2[0],20,str,red);
```

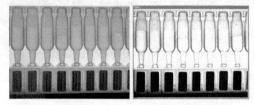 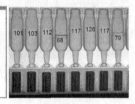

(a)原图　　　　(b)对比度增强　　　　(c)面积滤波　　　　(d)测量结果

图 9-10　药品灌装高度测量结果

4. 多圆面积测量

XAVIS 还可进行多圆的测量与标记,其核心为轮廓提取、多圆拟合、多圆测量 3 个步骤。实例演示了对图像中存在的多个圆形进行面积测量,测量结果如图 9-11 所示。

XAVIS 程序代码为：

```
readimage(hough.bmp,image);
convertgray(image,image);    //灰度变换
showimage(image);
houghcircle(image,image4,x,y,r,num);    //Hough 圆检测函数
```

```
getdlength(r,p);        //获取数组长度
setcolor(3,red);
for(i = 0,p,1);
gencross(x[i],y[i]);    //标示圆心
a = (x[i]);
b = (y[i] - r[i] + 5);
gentext(a,b,20,C,green);
c = (a + 10);
cstringformat(" % d,i",s1);
gentext(c,b,20,s1,green);
gencircle(x[i],y[i],r[i]);  //标示圆轮廓
d = (i * 20);
gentext(10,d,20,面积,blue);
cstringformat(" % d,i",s2);
gentext(55,d,20,s2,red);
pi = (3.1416);
rc = (r[i]);
area = (pi * rc * rc);  //计算圆面积
cstringformat(" % f,area",s3);
gentext(100,d,20,s3,red);
endfor();
```

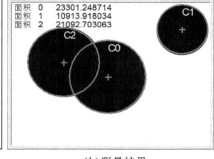

(a)原图　　　　　　　　　(b)测量结果

图 9 - 11　多圆测量

不难看出,图 9 - 11 中圆形虽然存在重叠区域,但单圆 3/4 以上的圆弧轮廓还被保留,因此使用该测量方法可以准确地将两个圆形分割开;当重叠区域面积过大,造成单圆外轮廓信息丢失太多时,此方法不再适合。

9.3 角度测量

1. 工件角度测量

在工业零件视觉检测的应用中,经常需要对工件中的一些角度进行测量,如螺母正视图中相邻两边夹角的大小,零件底面与侧面的垂直度检测等,都是比较常见的角度测量应用。下面与工业上经常使用的六角螺母作为测量对象,举例说明 XAVIS 软件中角度测量过程。

XAVIS 程序代码如下:

```
readimage(test9.bmp,image);
showimage(image);
drawrectangle(rect);         //设置图像处理区域 rect
rectthresholdcovert(image,image2,rect,iterativethreshold,0); //区域二值化分割
rectedgeget(image2,image3,rect,erosioncontour);  //区域边缘提取
rectmuchlines(image,rect,0,1800,30,n,a,b,c);     //多线段测量函数
/*在源图像上标示分离的各个线段*/
showimage(image);
setcolor(2,green);
genpolyline(b,c);
getdlength(a,length);
for(i=0,length,1);
iii=(i+1);
if(iii<6);
f=(b[i]+b[iii]);
d=(c[i]+c[iii]);
endif();
if(iii=6);
f=(b[i]+b[0]);
d=(c[i]+c[0]);
endif();
f=(f/2);
f1=(f-45.0);
if(f1<0);
f1=(0);
endif();
f2=(f+45.0);
d=(d/2);
d1=(d-45.0);
if(d1<0);
```

```
    d1 = (0);
    endif();
d2 = (d + 45.0);
ff = (f + 0.0);
dd = (d + 0.0);
setrect(f1,d1,f2,d2,rec);        //设置角度检测的区域
B = (0 - A);
rectminiang(image3,rec,A);       //最小二乘法检测角度
if(iii = 1);
    D = (0 - A);
    endif();
if(iii>1);
    C = (A + B);
    if(C<0);
        C = (0 - C);
        endif();
    if(C<100);
        C = (180 - C);
        endif();
    cstringformat("%1f,C",s3);
    gentext(b[i],c[i],20,s3,red);
    endif();
if(iii = 6);
    C = (D + A);
    if(C<0);
        C = (0 - C);
        endif();
    if(C<100);
        C = (180 - C);
        endif();
    cstringformat("%1f,C",s3);   //显示角度结果
    gentext(b[0],c[0],20,s3,red);
    endif();
endfor();
```

测量结果如图 9-12 所示。

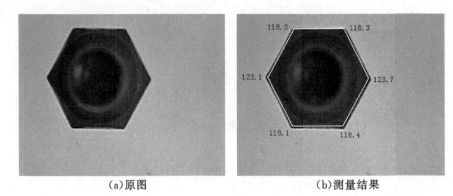

(a)原图　　　　　　　　　(b)测量结果

图 9-12　角度测量结果图

第 10 章 目标检测实例

10.1 图像特征检测

1. 工件轮廓检测

物体的轮廓在图形处理中有非常重要的意义,可以很据轮廓确定物体表面缺陷,还可以确定跟踪目标。本例以工件为例,检测工件拐角、工件直线轮廓、工件圆弧轮廓三种特征。

工件拐角代码如下:

```
readimage(test.bmp,image);
showimage(image);
drawrectangle(rect);        //区域选择
rectimageharris(image,image1,rect,3,2500,0,0,a,b);//用 harris 算法提取区域特征点
```

工件直线轮廓代码如下:

```
readimage(test.bmp,image);
showimage(image);
thresholdcovert(image,image1,fixthreshold,100);      //阈值分割
showimage(image1);
edgedetect(image1,image2,canny1);      //边缘检测
showimage(image2);
imagethining(image2,image3);      //图像细化
showimage(image3);
edgehough(image3,image4);        //Hough 边缘检测
showimage(image4);
```

工件圆弧轮廓代码如下:

```
readimage(image.bmp,image);
showimage(image);
thresholdcovert(image,image1,otsuthreshold,0);        //阈值分割
showimage(image1);
imagemorph(image1,image1,dilation,1);        //膨胀腐蚀
showimage(image1);
imagemorph(image1,image1,erosion,1);
```

```
showimage(image1);
edgedetect(image1,image2,erosioncontour);    //边缘检测
showimage(image2);
circle_detect(image2,xc,yc,rc,ec,start,end,1,1,0.5);    //圆弧检测
showimage(image);
setcolor(1,red);
gencircles(xc,yc,rc);    //多圆表示
```

实验图像如图 10-1 所示。

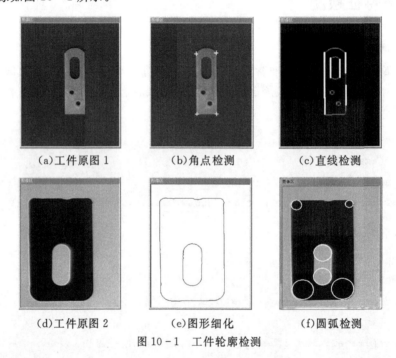

图 10-1 工件轮廓检测

2. 血管形状检测

血管检查是医学图像处理中很重要的一个领域,主要是指检查血管有没有狭窄、闭塞或者血栓等病变,血管形状检测可以为一些血管疾病的诊断提供良好的依据。下面介绍的实例是将心血管图片当中的血管分布状况提取出来,实现简单的血管识别。

XAVIS 代码如下:

```
readimage(vas0.bmp,img1);
showimage(img1);
niblack(img1,img2);        //用 niblack 方法对原始图像作图像分割
showimage(img2);
pointinvert(img2,img3);    //对图像分割的结果取反
showimage(img3);
expand(img3,img4);         //对取反的结果作图像扩展
showimage(img4);
```

```
select_area(img4,150,10000,img5);      //面积滤波
showimage(img5);
select_area_division(img5,0.168,img6);    //多联通面积滤波
showimage(img6);
pointinvert(img6,img7);         //对面积滤波的结果取反
imagethining(img7,img8);        //图像细化
showimage(img8);
findcontours(img6,img9);        //边界提取
invertcolor(img9,img10);        //图像反色
showimage(img10);
```

实验前后图像对比如图 10-2 所示。

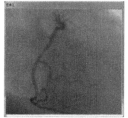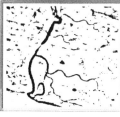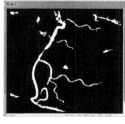

(a)处理前的图像　　(b)niblack 阈值分割　　(c)面积滤波　　(d)检测结果

图 10-2　图像处理前后对比

3. 轮毂定位

一个轮毂包括了很多参数，而且每一个参数都会影响到车辆的使用，所以在改装和保养轮毂之前，先要确认好这些参数。本实验主要测量轮毂上 4 个孔位的直径以及位置信息并判定是否合格。

XAVIS 代码如下：

```
readimage(轮毂\r.png,image0);
threshdivision(image0,0,128,0,image);     //阈值分割
imagefilter(image,image,removenoise);     //图像滤波
edgedetect(image,image,canny);        //边缘检测
showimage(image0);
l[4] = ([374,391,490,668]);
t[4] = ([77,261,401,459]);
m[4] = ([504,499,618,754]);
n[4] = ([205,372,525,546]);
for(i = 0,4,1);
setrect(l[i],t[i],m[i],n[i],rect);
rectcircle(image,rect,minicircle,x,y,r);   //单圆测量
setcolor(2,red);
```

```
gencircle(x,y,r);           //多圆表示
cstringformat("%d,i+1",s1);
gentext(x,y,20,s1,red);
d=(i*40+400.0);
gentext(0,d,40,半径:,green);        //文本标记
cstringformat("%d,r[i]",s3);
gentext(80,d,40,s3,green);
gentext(120,d,40,坐标:,green);
cstringformat("x%d,x[i]",s4);
gentext(200,d,40,s4,green);
cstringformat("y%d,y",s5);
gentext(280,d,40,s5,green);
if(r[i]>30);
gentext(370,d,40,合格,green);
endif();
if(r[i]<30);
gentext(370,d,40,不合格,green);
endif();
endfor();
```

实验图像如图10-3所示。

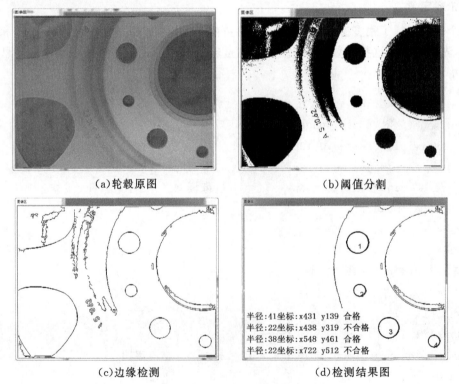

(a)轮毂原图　　　　　　　　　(b)阈值分割

(c)边缘检测　　　　　　　　　(d)检测结果图

图10-3　轮毂定位图

4. 梳形钥匙参数检测

XAVIS 中提供了模糊测量这一函数,该函数可以测量类似于梳形钥匙的齿宽和齿间宽度,可用于判断齿间宽度有无变化。

XAVIS 代码如下:

```
readimage(switch.bmp,image0);
convertgray(image0,image);        //对图像进行灰度变换
showimage(image);
imageenhance(image,image,pointliner);   //图像增强
showimage(image);
thresholdcovert(image,image1,fixthreshold,233);   //阈值分割
showimage(image1);
edgeget(image1,image11,contour);    //边缘提取
showimage(image11);
setrect(192,250,217,400,rect1);    //区域定义
showrectangle(rect1);
rectfuzzydistance(11,0,40,136,4,image11,image2,rect1,11); //所选区域中模糊测量
```

实验过程图像如图 10-4 所示。

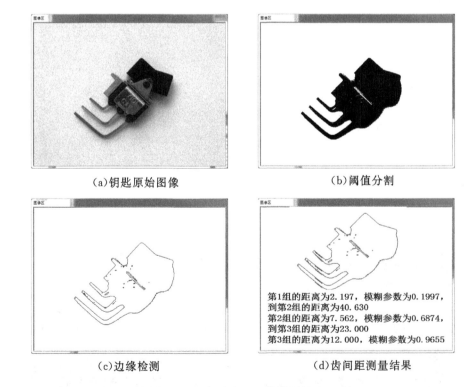

(a)钥匙原始图像　　(b)阈值分割

(c)边缘检测　　(d)齿间距测量结果

图 10-4　钥匙齿间距模糊测量过程

5. 煤流煤块检测

由于煤块太大会影响以后的使用,在传送过程中及时检测出大煤块将会省去很多人力和物力。本例将介绍煤流传送过程中煤块的检测。

XAVIS 代码如下:

```
for(i=1,7004,1);
readimage(meikuai\500.bmp,img_in);
cstringformat("meikuai\%d.bmp,i",name);
readimage(name,img0);
convertgray(img0,img0);          //灰度变换
convertgray(img_in,img_in);
setrect(53,70,118,97,rect);
zoomsize(img0,3,0,img);           //图像大小变换
rectthresholdcovert(img0,img11,rect,fixthreshold,110);    //区域阈值分割
rectthresholdcovert(img_in,img12,rect,fixthreshold,110);
imgdiff(img0,img_in,128,imgout,imgout1);    //图像差异显示
pointinvert(imgout,imgout);
imageproject1(imgout,1,0,X,Y,count,IMGX);    //积分投影
zoomsize(img0,3,0,img);
showimage(img);
if(count=0);
gentext(0,0,30,没有大煤块,green);
endif();
if(count>0);
gentext(0,0,30,有大煤块,red);
endif();
sleep(100);
endfor();
```

实验检测如图 10-5 所示。

(a)检测结果 1　　　　　　　(b)检测结果 2

图 10-5　煤流煤块检测

10.2 缺陷检测

1. 污点检测

污点检测是计算机视觉中的一个常见问题,它主要解决如何在图像中发现一些比周围区域更亮或更暗的点或区域。本例主要检测物体表面的污点并输出其像素值。

XAVIS 代码如下:

```
readimage(crystal1.png,image);
showimage(image);
rgb2gray(image,image1);            //彩色图转为灰度图
threshdivision(image1,0,128,0,binary);     //阈值分割
erosion(binary,0,2,1,ero);         //腐蚀
dilation(ero,0,2,1,dila);          //膨胀
pointinvert(dila,dila_inver);      //图像反色
gray_dilation(dila_inver,3,dila_inver);    //灰度膨胀
fill_up_area(dila_inver,1.4000,dila_inver_fill); //对满足面积要求的图像进行填充
pointinvert(dila_inver_fill,dila_fill);
mucharea(dila_fill,40,s,sum,x,y,label,w,h);showimage(image);   //图像标记
for(i = 0,num,1);
l1 = (w[i]/2);
l2 = (h[i]/2);
hori1 = (x[i] + l1);
verti1 = (y[i] + l2);
gencircle(hori1,verti1,20);
hori2 = (x[i]);
doubletoint(s[i],s1);
cstringformat("%d,s1",str);
gentext(hori2,verti1,15,str,red);
endfor;
```

实验图像如图 10-6 所示。

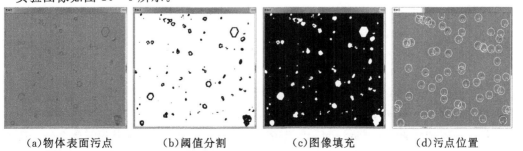

(a)物体表面污点　　(b)阈值分割　　(c)图像填充　　(d)污点位置

图 10-6　物体表面污点检测

2. 纸杯检测

随着纸杯在食品包装中的应用越来越广泛，对纸杯的要求也越来越高。本例用 XAVIS 检测纸杯是否合格，包括检测纸杯是否有褶皱以及杯口、杯底、侧壁是否有缺陷和污点等。

XAVIS 代码如下：

```
for(index = 0,10,1);
cstringformat("纸杯\%d.bmp,index",imagename);
readimage(imagename,zhibei);        //读取图像
showimage(zhibei);
gentext(45,45,50,待测图像,white);
upalldetect(zhibei,out);            //纸杯检测
showimage(out);
gentext(45,45,50,结果图像,white);
sleep(1500);                        //程序休眠
endfor();
```

实验检测结果如图 10-7 所示。

 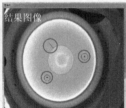  

(a)待测图像1　　　(b)检测结果1　　　(c)待测图像2　　　(d)检测结果

图 10-7　纸杯缺陷检测

3. 瓶盖缺陷检测

在现代化生产中，对于高质量要求的瓶装物来说，其瓶身及瓶盖的印刷质量也是极为重要的。在流水线生产中，实现瓶盖印刷缺陷检测需要达到两个要求：一是实现饮料瓶盖印刷图案的缺陷检测；二是要快速判定瓶盖的质量是否合格，即要兼顾速度和准确度。

XAVIS 代码如下：

```
readimage(0.bmp,rgbimage_std);                          //读取图像
convertdepth24to8(rgbimage_std,rgb2grayimage_std);      //灰度变换
showimage(rgbimage_std);
for(index = 0,6,1);
cstringformat("%d.bmp,index",imagename);
readimage(imagename,rgbimage_defect);
convertdepth24to8(rgbimage_defect,rgb2grayimage_defect); //24位图转成8位灰度图
graystatdefect(rgb2grayimage_std,rgb2grayimage_defect,10,result); //灰度差统计
```

```
showimage(rgbimage_defect);
if(result = 1);
gentext(5,5,50,合格,red);
endif();
if(result = 0);
gentext(5,5,50,不合格,red);
endif();
sleep(1500);
endfor();
```

实验检测结果如图 10-8 所示。

(a)待测图像 1　　　　(b)检测结果 1　　　　(c)待测图像 2　　　　(d)检测结果 2

图 10-8　瓶盖的缺陷检测

4. 表面划痕检测

现如今各种器件的表面都做的光滑无比,尤其是各种产品的外壳,但是如果一个不小心就会被利器划伤,留下难看的疤痕。因此,对有关部件的缺陷、疲劳裂纹的产生、扩展进行检测尤为必要,有必要寻求行之有效的检测技术。

划痕检测的基本分析过程分为两步:首先,确定待检测的产品表面是否有划痕,其次,检测出划痕并计算出较大的划痕的长和宽。

XAVIS 代码如下:

```
readimage(划痕\surface_scratch.png,image);        //读取图像
smoothfilter(image,1,7,image_mean);               //平滑滤波
imgdiff(image, image_mean,5,image_dark,csimage);  //图像差异显示
select_area(image_dark,100,1000,image_area);      //面积选择
expand(image_area,out)                            //图像扩展
showimage(out);
invertcolor(out,out11);                           //图像反色
erosion(out11,1,5,out111);                        //腐蚀
showimage(out111);
mucharea(out111,100,s11,n11,x11,y11,m11,w11,h11); //图像标记
showimage(image);
```

```
for(i = 0,n11,1);
u = (x11[i] + w11[i]);
v = (y11[i] + h11[i]);
setcolor(1,red);        //颜色设置
genrectangle(x11[i],y11[i],u,v);      //单框表示
w = (w11[i] * w11[i])
h = (h11[i] * h11[i])
l = (w + h);
doubletoint(l,ll);      //DI 类型转换
x0 = (ll/2);
xx(ll/x0);
g = (x0 + xx);
x1 = (g/2);
ff = (x1 - x0);
if(ff<0);
t = (-ff);
ff = (t);
endif();
end();        //计算划痕长度
edgedetect(out11,out13,canny);      //边缘检测
setrect(x11[i],y11[i],u,v,rect);
if(h11[i]>w11[i]);
rectdistance(out13,rect,AVERAGEY,b,x00,y00);      //距离测量
endif();
if(h11[i]<w11[i]);
rectdistance(out13,rect,AVERAGEX,b,x00,y00);
endif();       //计算划痕宽度
cstringformat("%d,x0",L);
f = (u - 75);
g = (u - 50);
gentext(f,v,30,长,green);
gentext(g,v,30,L,green);
cstringformat("%d,b",B);
r = (u + 22);
gentext(u,v,30,宽,green);
gentext(r,v,30,B,green);
endfor();      //结果输出
```

实验图像如图 10-9 所示。

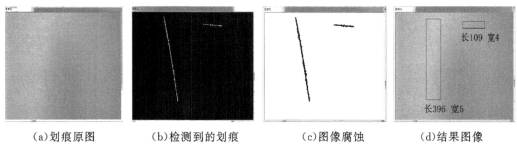

(a)划痕原图　　　(b)检测到的划痕　　　(c)图像腐蚀　　　(d)结果图像

图 10-9　划痕检测与长宽计算

5. 商标字符缺陷检测

现代生活中,人们对商标的要求越来越高,商标字符也包含越来越多的产品信息,所以商标字符的检测是其生产中必不可少的环节。本实验以啤酒瓶盖为例来检测瓶盖字符。

XAVIS 代码如下:

```
readimage(bottle_cap\0.bmp,rgbimage_std);
showimage(rgbimage_std);
gentext(10,10,50,标准图像,blue);
sleep(1000);
convertdepth24to8(rgbimage_std,rgb2grayimage_std);        //灰度变换
showimage(rgbimage_std);
i = (180);
k = (i * 2);
houghcircle(rgb2grayimage_std,rgbimage_std_rect,x1,y1,r1,num1);    //圆检测
offset = (r1 + i);
lx1 = (x1[0] - offset);
ly1 = (y1[0] - offset);
rx1 = (x1[0] + offset);
ry1 = (y1[0] + offset);
setrect(lx1,ly1,rx1,ry1,rect0);        //区域定义
setcolor(1,blue);
genrectangle(lx1,ly1,rx1,ry1);
imageunitybyrect(rgb2grayimage_std,rgb2grayimage_std_rect,rect0,k,k);
                                        //图像归一化
for(pic_num = 0,4,1);
cstringformat("bottle_cap\ %d.bmp,pic_num",pic_name);
readimage(pic_name,rgbimage_defect);
convertdepth24to8(rgbimage_defect,rgb2grayimage_defect);
showimage(rgbimage_defect);
```

```
houghcircle(rgb2grayimage_defect,rgbimage_defect_rect,x2,y2,r2,num2);
offset = (r2 + i);
lx2 = (x2[0] - offset);
ly2 = (y2[0] - offset);
rx2 = (x2[0] + offset);
ry2 = (y2[0] + offset);
setrect(lx2,ly2,rx2,ry2,rect1);
setcolor(1,blue);
genrectangle(lx2,ly2,rx2,ry2);
imageunitybyrect(rgb2grayimage_defect,rgb2grayimage_defect_rect,rect1,k,k);
graystatdefect(rgb2grayimage_std_rect,rgb2grayimage_defect_rect,5,result);
                                                                                //灰度差统计
if(result = 1);
gentext(5,5,50,合格,green);
gentext(5,50,50,TIANJIN BEER,red);
endif();
if(result = 0);
dyn_threshold(rgb2grayimage_std_rect,rgb2grayimage_defect_rect,50,img_out,
not_equal);        //动态阈值分割
showimage(img_out);
showimage(rgb2grayimage_defect_rect);
show_result(rgb2grayimage_defect_rect,2,red,img_out);
gentext(5,5,50,不合格,red);
endif();
sleep(1800);
endfor();
```

实验图像如图 10 - 10 所示。

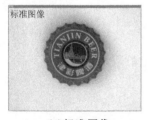
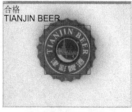

(a)标准图像　　　　　(b)识别结果 1　　　　　(c)识别结果 2

(d)待识别图　　　　　(e)动态阈值分割　　　　　(f)识别结果3

图 10-10　瓶盖字符缺陷识别

6. IC位置缺陷检测

IC现在广泛应用于电脑、手机和其他数字电器以及现代计算,交流,制造和交通系统,包括互联网,也全都依赖于IC。IC检测在其工业生产上有着很重要的作用。本例主要检测电路板上IC位置并判断有无缺失。

XAVIS代码如下:

```
for(k = 0,2,1);
readimage(IC\ic0.bmp,image);
cstringformat("IC\ic%d.bmp,k",imagename);
readimage(imagename,image1);
convertdepth24to8(image,imagee);        //灰度变换
convertdepth24to8(image1,image1e);
graystatdefect(imagee,image1e,0,result);    //灰度差统计
imgdiff(imagee,image1e,50,out1,out2);     //图像差异显示
threshdivision(out1,0,50,0,out1);         //阈值分割
dilation(out1,0,2,2,out1);               //膨胀
edgedetect(out1,out1,canny1);            //边缘检测
showimage(image);
if(result = 1);
convertdepth24to8(image,out);
threshdivision(out,0,50,0,out);
erosion(out,0,2,10,out);                //腐蚀
edgedetect(out,out,canny1);
mucharea(out,200,s,m,x1,y1,i,w,h);      //图像标记
gentext(6,10,20,合格,green);
if(m>0);
setcolor(2,green);
gencrosses(x1,y1);              //多点标示
gentext(6,30,20,所有IC坐标:,green);
for(t = 0,m,1);
```

```
tt = (30 + t * 30);
cstringformat(" % d,t + 1",str0);
gentext(100,tt,20,str0,green);
cstringformat("x: % f,x1[t]",str1);
gentext(120,tt,20,str1,green);
cstringformat("y: % f,y1[t]",str2);
gentext(225,tt,20,str2,green);
endfor();
if(m = 0);
gentext(6,30,20,没有 IC,red);
endif();
endif();
endif();
if(result = 0);
showimage(image1);
mucharea(out1,500,s0,m0,x0,y0,i0,w0,h0);           //图像标记
gentext(6,10,20,不合格,red);
gentext(6,30,20,出错 IC 坐标:,red);
setcolor(2,red);
gencrosses(x0,y0);
for(k = 0,m0,1);
kk = (30 + k * 30);
cstringformat(" % d,k + 1",str0);
gentext(105,kk,20,str0,red);
cstringformat("x: % f,x0[k]",str1);
gentext(120,kk,20,str1,red);
cstringformat("y: % f,y0[k]",str2);
gentext(225,kk,20,str2,red);
endfor();
endif();
sleep(500);
endfor();
```

实验图像如图 10-11 所示。

当 IC 正确时检测出电路板上所有 IC,并标注出每个 IC 的位置及每个 IC 的坐标信息;当 IC 出错(遗漏)时,输出"不合格"信息,并标注出出错 IC 的位置。由于待测图像 1 中有多个 IC 不方便一一标出,在图 10-11(b)中选了第一个 IC 位置坐标作为示例,图 10-11(d)中给出的是出错位置坐标。

　　(a)待测图像 1　　　　(b)图像 1 检测结果　　　　(c)待测图像 2　　　　(d)图像 2 检测结果

图 10-11　IC 位置检测

7. 药品分装检测

药品是我们的日常生活中的必需品，药品的正确分装有着重大的意义。快速检验药品分装是否满足要求，将会给药品生产厂家带来极大的便利。本例主要检测药品分装是否合格以及错误药粒数量。

XAVIS 代码如下：

```
for(k = 1,7,1)
cstringformat("blister_0%d.bmp",k,image_path);
readimage(image_path,image);
showimage(image);
readimage(blister_01.bmp,image1);
apartrgb(image,r,g,b);           //把 R、G、B 的三分量分别输出
apartrgb(image1,r1,g1,b1);
pointinvert(b,b_inver);
pointinvert(b1,b1_inver);
cvsub(b1_inver,b_inver,b_sub,20);     //对两个图像做差并做结果图像做阈值分割
erosion(b_sub,0,3,2,b_sub_ero);       //腐蚀
pointinvert(b_sub_ero,b_sub_ero_inver);   //图像反色
mucharea_del(b_sub_ero_inver,1650,4000,b_sub_ero_r);   //图像标记
mucharea(b_sub_ero_r,20,ss,nn,xx,yy,ll,ww,hh);
doublethresh(b,80,200,thresh_b);      //双阈值分割
erosion(thresh_b,0,3,2,ero_b);
pointinvert(ero_b,ero_b1);
mucharea(ero_b1,50,s,number,x,y,label,width,height);
mucharea_del(ero_b1,200,4000,b1);
pointinvert(b1,b2);
dilation(b2,0,4,2,dila_b2);          //膨胀
pointinvert(dila_b2,dila_b21);
mucharea(dila_b21,50,s1,nuber1,x1,y1,label1,width1,height1);
```

```
sum = (0);
for(i = 0,number1,1);
sum = (sum + si[i]);
endfor();
aver = (sum/number1);
line = (aver/4 * 3);
showimage(image);
if(nn>0)
for(j = 0,nn,1)
h11 = (xx[j] - 10);
h12 = (xx[j] + 110);
v11 = (yy[j] - 10);
v12 = (yy[j] + 50);
genrectangle(h11,v11,h12,v12);        //单框表示
setcolor(2,red);        //颜色设置
endfor;
endif;
t = (0);
for(i = 0,number1,1);
if(s1[i]<line);
h1 = (x1[i] - 60);
h2 = (x1[i] + 60);
v1 = (y1[i] - 10);
v2 = (y1[i] + 50);
genrectangle(h1,v1,h2,v2);
setcolor(2,red);
t = (t + 1);
endif;
endfor;
cw = (15 - number1 + t);
if(cw>0);
gentext(550,0,50,不合格,red);
gentext(590,50,50,错:,red);
cstringformat("%d,cw",str);
gentext(650,50,50,str,red);
endif();
if(t = 0);
if(number1 = 15);
```

```
gentext(550,0,50,合格,red);
endif();
endif();
sleep(3000);
endfor();
```

实验图像如图 10-12 所示。

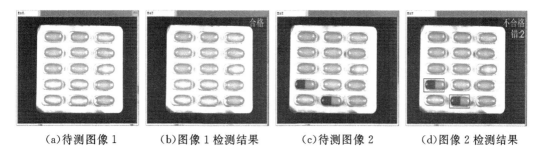

(a)待测图像 1　　(b)图像 1 检测结果　　(c)待测图像 2　　(d)图像 2 检测结果

图 10-12　药品分装检测

第 11 章 模式识别实例

11.1 图形识别

1. 齿轮识别

工件识别是指对经过处理的目标进行分类识别,其主要目的是在有非目标对象的干扰下,在一幅包含一个或多个目标的图像中将目标对象识别并提取出来,或将目标对象的状态识别出来。通常情况下,需要在不同的工件中识别选定的工件。本例实现的是在图像中识别齿轮。

XAVIS 代码如下:

```
readimage(rings\rings_1.bmp,image);        //读取图像
showimage(image);
drawrectangle(rect);         //选择区域
createshapemodel(image,360,1,3,rect,modelflag);     //低尺度模板创建
readimage(rings\rings_2.bmp,image1);
showimage(image1);
findtargetarea(image1,3,areanum,topleftx,toplefty,areawidth,areaheight);
                                                   //目标区域搜索
findshapemodelrect(image1,360,1,3,modelflag,0.7,topleftx,toplefty,areawidth,
areaheight,areanum,targetnum,modelangle);      //低尺度目标识别
creatorigmodel(image,modelangle,targetnum,rect,oreinmodelhandle,
modelhandle);       //原尺度模板创建
signtarget(oreinmodelhandle);       //显示模板
exactrecog(image1,modelhandle,3,targetnum,0.45,areanum,topleftx,toplefty,
areawidth,areaheight,finaltargetnum,finaltargetangle,finaltargetoffsetx,
finaltargetoffsety);        //原尺度目标识别
markmodelshape(oreinmodelhandle,finaltargetnum,finaltargetangle,
finaltargetoffsetx,finaltargetoffsety,xstart,ystart,xend,yend);  //标记目标
setcolor(2,red);
genlines(xstart,ystart,xend,yend);
```

齿轮识别图像如图 11-1 所示。

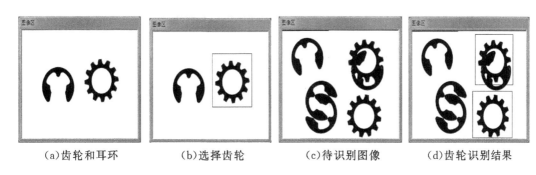

(a)齿轮和耳环　　　(b)选择齿轮　　　(c)待识别图像　　　(d)齿轮识别结果

图 11-1　齿轮识别过程

2. 耳环识别

本例类似于是从齿轮和耳环的图像中识别出耳环,只需将上例程序中 exactrecog 函数中的匹配阈值改为 0.53,即

exactrecog(image1,modelhandle,3,targetnum,0.53,areanum,topleftx,toplefty,areawidth,areaheight,finaltargetnum,finaltargetangle,finaltargetoffsetx,finaltargetoffsety);

识别结果如图 11-2 所示。

(a)选择耳环　　　　　　　　　　(b)识别结果

图 11-2　耳环识别

3. 形状识别分类

当图像中含有多种类型目标且目标之间有尺度变化及角度旋转情况时,XAVIS 软件也可以从中识别出同类目标。本例介绍了齿轮和螺母的识别。

XAVIS 代码如下:

```
readimage(nuts.bmp,image);
showimage(image);
drawrectangle(rect);
savetargfeature(image,rect,feature);        //目标特征保存
thresholdcovert(image,image1,iterativethreshold,1);    //阈值分割
showimage(image1);
```

```
imagefilter(image1,image2,medianfilter);      //图像滤波
showimage(image2);
recogtarget(image,feature,rect,num,topleftx,toplefty,areawidth,areaheight);
//目标识别
for(i=0,num,1);
marktarget(image,topleftx[i],toplefty[i],areawidth[i],areaheight[i],x,y,x1,y1);
//轮廓标记
setcolor(3,red);
genlines(x,y,x1,y1);
endfor();
```

实验图像如图 11-3 所示。

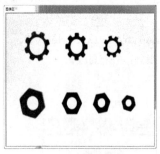 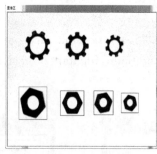 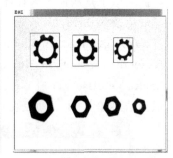

(a)待识别原图　　　　　　(b)螺母识别结果　　　　　　(c)齿轮识别结果

图 11-3　形状识别

4.细胞识别

机器视觉技术可以对医学影像数据进行统计和分析,如利用数字图像的边缘提取与分割技术用于自动统计细胞个数,不仅节省人力,还大大提高了准确率和效率。本例所讲述的细胞识别主要解决复杂背景下微小细胞粒子的检测问题,目的是要检测出除了大目标以外的在背景中杂乱分布的小细胞粒子并计算其面积。

XAVIS 代码如下:

```
readimage(particle1.png,image1);
showimage(image1);
thresholdcovert(image1,thre,fixthreshold,110);      //阈值分割
showimage(thre);
cvmorph(thre,mask,7.5,dilation);         //CV 形态处理
showimage(mask);
reducedomain(image1,mask,domain);        //与操作
cvmeanimage(image1,lmean,31,31);         //均值滤波
reducedomain(lmean,mask,mean);
cvsub(domain,mean,minus,2);
```

```
cvmorph(minus,dilate,2.5,erosion);
cvmorph(dilate,blob,2.5,dilation);
reducedomain(image1,blob,result);      //开运算
cvstatistics(blob,stat,num,sum,ave,max,min);      //面积计算
reducedomain(image1,stat,cont);
showimage(cont);
cstringformat("目标数:%d,num",str);
cstringformat("总面积:%d,sum",str1);
cstringformat("面积均值:%d,ave",str2);
cstringformat("面积最大值:%d,max",str3);
cstringformat("面积最小值:%d,min",str4);
gentext(300,380,0,str,green);
gentext(300,400,0,str1,green);
gentext(300,420,0,str2,green);
gentext(300,440,0,str3,green);
gentext(300,460,0,str4,green);
```

细胞识别如图 11-4 所示。

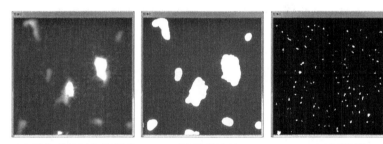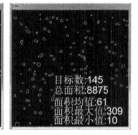

(a)复杂背景下细胞图片　　(b)均值滤波　　(c)开运算　　(d)计算面积

图 11-4　细胞识别过程图

5. PCB 板线段缺陷识别

在电子工业中,印刷电路板(PCB)是各种电子产品的主要部件,因此 PCB 板缺陷识别是 PCB 应用厂商质量控制不可缺少的环节,本例主要介绍 PCB 板线段缺陷识别。

XAVIS 代码如下:

```
readimage(pcb.bmp,image);       //读取图片
showimage(image);
gray_erosion(image,5,image1);      //灰度腐蚀
gray_dilation(image1,5,image2);    //灰度膨胀
gray_dilation(image,5,image3);
gray_erosion(image3,5,image4);
showimage(image4);
```

```
dyn_threshold(image2,image4,75,image5,not_equal);    //动态阈值分割
showimage(image5);
showimage(image);
show_result(image,3,green,image5);
```

实验图像如图11-5所示。

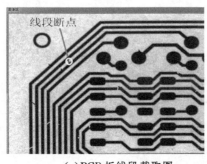
(a)PCB板线段截取图

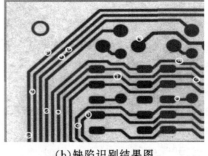
(b)缺陷识别结果图

图11-5 PCB板线段缺陷识别过程图

6. PCB板焊点识别定位

在进行焊点检测之前有一个重要的步骤是焊点位置的确定,确定了焊点的位置才能进行特征提取,本例主要介绍PCB板焊点识别定位。

XAVIS代码如下:

```
readimage(solder/solder1.bmp,bond);
showimage(bond);
threshdivision(bond,0,50,0,wires);       //阈值分割
morph(wires,9.5,1,single);        //焊点形态变化
morph(single,9.5,0,image);
invertcolor(image,image1);        //图像反色
showimage(image1);
selectshape(image1,1,0.9,1,selected);    //形状选择
showimage(selected);
morph(wires,15.5,1,aa);
morph(aa,15.5,0,ball);
andimage(selected,ball,0,image2);     //图像与运算
invertcolor(image2,image3);
selectshape(image3,1,0.8,0,selball);
showimage(selball);
showimage(bond);
andimage(bond,selball,0,result);
showimage(result);
```

实验过程图像如图 11-6 所示。

 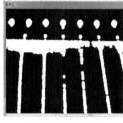 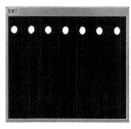 

(a)PCB 板原始图像　　(b)反色后图像　　(c)形状选择输出图　　(d)焊点定位结果图

图 11-6　PCB 板焊点识别定位过程图

7. 焊点缺陷识别分类

PCB 焊点通常分为两类:合格焊点和不合格焊点。其中不合格焊点又分为 9 类:桥接焊点、焊料过量焊点、焊料不足焊点、无引脚焊点、空焊盘焊点、漏焊焊点、冷焊焊点、拉尖焊点、不湿润焊点。本例主要实现了焊点缺陷识别并对缺陷进行分类。

XAVIS 代码如下：

```
for(index = 1,31,1);
    cstringformat("solder_class\show\ % d.bmp,index",imagename);
    readimage(imagename,oriimage);
    rgb2gray(oriimage,grayimage);          //转换为灰度图
    sampling(grayimage,0,sampimage);       //采样
    valuenorm(sampimage,255);              //值归一化
    intenadjust(sampimage,adjustimage);
    grayfeatures(adjustimage,grayf);       //灰度特征
    gausecurve(adjustimage,gaussf);        //高斯曲率特征
    inertial(adjustimage,grayf[0],IF);     //惯性特征
    symmcount(adjustimage,SF);             //对称特征
    medfilter3(adjustimage,adjustimage1);  //中值滤波
    showimage(adjustimage1);
    thresholdcovert(adjustimage1,bwimage,otsuthreshold,0);   //阈值分割
    bwlabel(bwimage,numobject);            //二值图标记
    maxlabelarea(bwimage,numobject,maxarea);  //最大标记区域
    connectregion(bwimage,maxarea,CF);     //连通特征
    project(bwimage,PF);                   //投影特征
    getfeatures(grayf,gaussf,IF,SF,maxarea,CF,PF,features);  //图像特征获取
    classifysolder(features,result);       //焊点分类
    showimage(oriimage);
    gentext(50,20,30,result,green);
    sleep(1500);
```

```
endfor();
```

实验图像如图 11-7 所示。

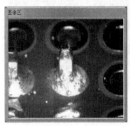
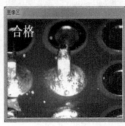
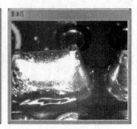
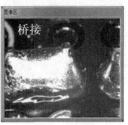

(a)待识别图 1　　　(b)图 1 识别结果　　　(c)待识别图 2　　　(d)图 2 识别结果

图 11-7　焊点识别分类图

8. 插齿缺陷识别

在实际缺陷检测中，通常是检测出人眼能够识别的缺陷就可满足要求，工件的缺陷定位可以方便我们快速判断该工件是否合格，本例采用图像差分法来检测插齿上有没有歪齿，并定位图像上歪齿的位置。

XAVIS 代码如下：

```
readimage(ImgInit1.bmp,image);
gentext(10,10,0,基准图像,blue);
setrect(10,130,350,165,rect);           //设置区域
showrectangle(rect);
readimage(ImgInit1-5.bmp,image1);
showimage(image1);
gentext(10,10,0,待测图像1,blue);
calimgcent(image,centx,centy);          //质心计算
calimgcent(image1,centx1,centy1);
calimgangle(image,angle);               //主轴计算
calimgangle(image1,angle1);
genaffinepara(centx,centy,centx1,centy1,angle,angle1,affpara,affpara1);
                                        //生成变换矩阵
affinetransimage(image,image1,affpara,affpara1,1);   //仿射变换
showimage(image1);
gentext(10,10,0,结果图像,blue);
setcolor(1,red);
showrectangle(rect);
modeldetect(image,image1,rect,126,faultx,faulty);    //差异检测
getdlength(faultx,len);     //D向量数目提取
if(len=0);
gentext(10,40,0,合格,green);
```

```
endif();
sleep(1000);
readimage(ImgSamp1.bmp,image2);
gentext(10,10,0,待测图像2,blue);
calimgcent(image2,centx2,centy2);
calimgangle(image2,angle2);
genaffinepara(centx,centy,centx2,centy2,angle,angle2,affpara2,affpara3);
affinetransimage(image,image2,affpara2,affpara3,1);
showimage(image2);
gentext(10,10,0,结果图像,blue);
setcolor(1,red);
showrectangle(rect);
modeldetect(image,image2,rect,126,faultx1,faulty1);
getdlength(faultx1,len1);
gencrosses(faultx1,faulty1);
gentext(faultx1[0],faulty1[0],0,FS,red);
gentext(10,40,0,缺陷:FS,red);
```

识别结果如图 11-8 所示。

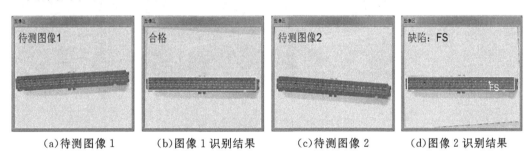

(a)待测图像1　　(b)图像1识别结果　　(c)待测图像2　　(d)图像2识别结果

图 11-8　插齿定位图

9. 排线颜色识别

随着现代工业生产向高速化、自动化方向的发展,颜色识别已广泛应用于各种工业检测和自动控制领域,如产品包装检测,固体和液体颜色检测,彩色印刷检测等。在 XAVIS 应用中,我们实现了颜色的定位、辨色和计数。

排线,也叫软性电路板(FPC),主要用于电子制作中的线路连接。而彩色排线的不同颜色有不同的功能,所以对排线颜色的识别在生产中也尤为重要。本例主要识别排线中的黄颜色的线。

XAVIS 代码如下:

```
readimage(cable.bmp,img);
showimage(img);
rgbtohsv(img,imgh,imgs,imgv);        //RGB/HSV 转换
```

```
showimage(imgh);
showimage(imgs);
showimage(imgv);
doubthresh(imgs,100,255,highimgs);            //双阈值分割
showimage(highimgs);
lowgrayimage(imgh,highimgs,huehighimgs);      //灰度图像逻辑对比
showimage(huehighimgs);
doubthresh(huehighimgs,20,70,cyellow);
showimage(cyellow);
binaryimagemorph(cyellow,yellow1,erosion,1);  //二值图形态处理
showimage(yellow1);
binaryimagemorph(yellow1,yellow,dilation,1);
showimage(yellow);
lowcolorimage(img,yellow,result);
showimage(result);
```

实验如图 11-9 所示。

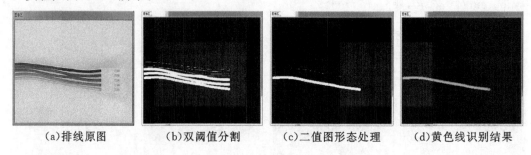

(a)排线原图　　　(b)双阈值分割　　(c)二值图形态处理　　(d)黄色线识别结果

图 11-9　排线黄色线识别过程图

10. 水果识别分类

水果不仅有人体所必需的维生素、矿物质等,还能提供丰富的植物营养素,这些颜色各异的化学物质有不同的功能,本例通过颜色不同检测出不同的水果并输出混杂的水果的数量。

XAVIS 代码如下:

```
valuestart[5] = ([1,15,55,135,195]);
valueend[5] = ([15,50,90,10,230]);            //颜色区域初始化
for(index = 1,5,1)
number[0] = (0);
number[1] = (0);
number[2] = (0);
number[3] = (0);
number[4] = (0);
cstringformat("fruits\ % d.bmp,index",imgname);
```

```
readimage(imgname,img);
showimage(img);
rgbtohsv(img,imgh,imgs,imgv);        //使 RGB 转化为 HSV 分别输出
showimage(imgh);
showimage(imgs);
showimage(imgv);
doubthresh(imgs,100,255,highimgs);   //双阈值分割
showimage(highimgs);
lowgrayimage(imgh,highimgs,huehighimgs);    //灰度图像逻辑对比
showimage(huehighimgs);
for(i=0,5,1);
doubthresh(huehighimgs,valuestart[i],valueend[i],s_color);
showimage(s_color);
binaryimagemorph(s_color,color1,erosion,1);    //二值图形态处理
showimage(color1);
binaryimagemorph(color1,color,dilation,1);
showimage(color);
lowcolorimage(img,color,result);     //彩色图像逻辑对比
showimage(result);
thresholdcovert(showimg,showimg1,fixthreshold,1);    //阈值分割
dilation(showimg1,0,5,2,showimg1);    //膨胀
showimage(showimg1);
connection(showimg1,outimg,num);     //联通标记
showimage(outimg);
regionstatistics(outimg,area,xl,yl,xr,yr);    //局域统计
for(j=0,num,1);
if(area[j]>8500);
number[i]=(number[i]+1);
endif();
endfor();
endfor();
showimge(img);
cstringformat("红色数目:%d,number[0]",redstr);
gentext(0,0,0,redstr,red);
cstringformat("橘黄色数目:%d,number[1]",orgstr);
gentext(0,20,0,orgstr,red);
cstringformat("黄色数目:%d,number[2]",yelstr);
gentext(0,40,0,yelstr,red);
cstringformat("绿色数目:%d,number[3]",grestr);
```

```
gentext(0,60,0,grestr,red);
cstringformat("蓝色数目：%d,number[4]",blustr);
    //当背景为该颜色时,不能使用
gentext(0,80,0,blustr,red);
lowcolorimage(img,color,result);
sleep(3000);
endfor();
```

实验图像如图 11-10 所示。

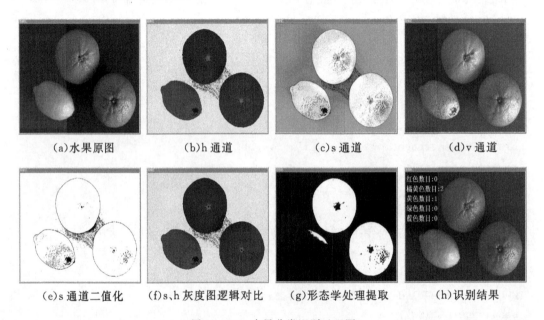

(a)水果原图　　(b)h 通道　　(c)s 通道　　(d)v 通道

(e)s 通道二值化　(f)s、h 灰度图逻辑对比　(g)形态学处理提取　(h)识别结果

图 11-10　水果分类识别过程图

11. 彩色零件识别分类

在机械生产中零件的识别与定位是一项极为重要的技术,本实例中我们用 XAVIS 将彩色零件进行识别分类,即根据颜色区分出不同的零件并统计各种颜色的零件数量,最终将数量进行输出。

XAVIS 代码如下：

```
valuestart[5] = ([1,15,55,135,195]);
valueend[5] = ([15,50,90,170,230]);
for(index = 1,3,1)
number[0] = (0);
number[1] = (0);
number[2] = (0);
number[3] = (0);
number[4] = (0);
```

```
cstringformat("color_fuses_0%d.png,index",img1);
readimage(img1,img);
showimage(img);
rgbtohsv(img,imgh,imgs,imgv);         //使RGB转化为HSV分别输出
showimage(imgh);
showimage(imgs);
showimage(imgv);
doubthresh(imgs,100,255,highimgs);      //双阈值分割
showimage(highimgs);
lowgrayimage(imgh,highimgs,huehighimgs);      //灰度图像逻辑对比
showimage(huehighimgs);
for(i=0,5,1);
doubthresh(huehighimgs,valuestart[i],valueend[i],cyellow);
showimage(cyellow);
binaryimagemorph(cyellow,yellow1,erosion,1);      //二值图形态处理
showimage(yellow1);
binaryimagemorph(yellow1,yellow,dilation,1);
showimage(yellow);
lowcolorimage(img,yellow,result);      //彩色图像逻辑对比
showimage(result);
rgb2gray(result,showimg);        //将彩色图像转换为灰度图像
showimage(showimg);
thresholdcovert(showimg,showimg1,fixthreshold,1);      //阈值分割
dilation(showimg1,0,5,2,showimg1);
showimage(showimg1);
connection(showimg1,outimg,num);      //联通标记
regionstatistics(outimg,area,xl,yl,xr,yr);      //局域统计
for(j=0,num,1);
if(area[j]>1000);
number[i]=(number[i]+1);
endif();
endfor();
endfor();
showimage(img);
cstringformat("红色:%d,number[0]",redstr);
gentext(650,510,50,redstr,red);
cstringformat("橘黄色:%d,number[1]",orgstr);
gentext(650,560,50,orgstr,red);
cstringformat("黄色:%d,number[2]",yelstr);
```

```
gentext(650,610,50,yelstr,red);
cstringformat("绿色:%d,number[3]",grestr);
gentext(650,660,50,grestr,red);
cstringformat("蓝色:%d,number[4]",blustr);
gentext(650,710,50,blustr,red);
sleep(3000);
endfor();
```

实验图像如图 11-11 所示。

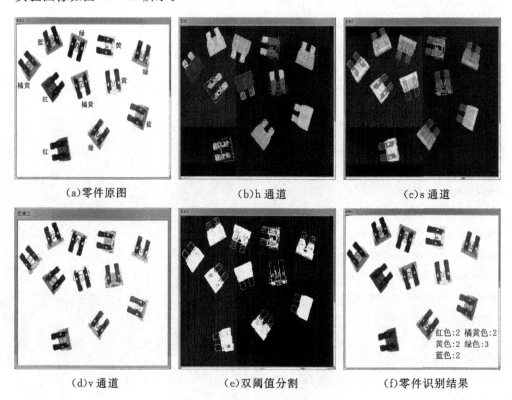

(a)零件原图　　(b)h 通道　　(c)s 通道

(d)v 通道　　(e)双阈值分割　　(f)零件识别结果

图 11-11　彩色零件识别分类图

11.2　字符识别

1. 印刷体字符识别

印刷体字符的原始图像是通过光电扫描仪、CCD 器件或电子传真机等获得的二维图像信号,可以是灰度或二值图像。本例主要介绍印刷体字符的识别。

XAVIS 代码如下:

```
readimage(out\ocring\ocring2.bmp,image1a);
showimage(image1a);
```

```
convertdepth24to8(image1a,image1b);        //灰度变换
thresholdcovert(image1b,image1c,fixthreshold,174);     //阈值分割
imagemorph(image1c,image1e,erosion,1);        //腐蚀
imagemorph(image1e,image1d,dilation,5);       //膨胀
imageproject2(image1d,image2,vproject,15,a,b,count1);    //垂直投影
imageproject2(image1d,image3,hproject,15,a,b,count1);    //水平投影
j1 = (0.0);
k1 = (0.0);
y = (count2);
z = (count1);
while(j1<y);;
doubleoint(j1,j);
num1 = (d[j] - c[j]);
while(k1<z);
doubleoint(k1,k);
num2 = (b[k] - a[k]);
if(num1>20);
if(num2>20);
timebegin(t1);       //计时开始
for(i = 0,10,1);
cstringformat("out\ocring\%d.bmp,i",bmpname);
readimage(bmpname,image111);
convertdepth24to8(image111,image11);
thresholdcovert(image11,image1,fixthreshold,128);
setrect(a[k],c[j],b[k],d[j],rect);       //设置区域
imageunitybyrect(image1d,image4,rect,60,100);    //图像归一化
setrect(0,0,60,100,rect1);
model_match(image1,image4,rect1,i,10,1,result);    //模板匹配
endfor();
timeend(t1,t2);      //计时开始
endif();
endif();
k1 = (k1 + 1);
end();
k1 = (0);
j1 = (j1 + 1);
end();
showimage(img1m);
setcolor(2,red);
```

```
gentext(10,10,30,result,red);
cstringformat("",result);
```

实验图像如图 11-12 所示。

(a)印刷体字符　　(b)阈值分割　　(c)膨胀腐蚀　　(d)检测结果

图 11-12　印刷体字符识别

2. 瓶身字符检测

日常生活中,消费者都会留意商品的生产日期,所以对产品表面印刷的生产日期的检测非常重要。本例用于检测啤酒瓶身的生产日期。

XAVIS 代码如下:

```
readimage(out\bottle\bottle.bmp,image1a);
showimage(image1a);
convertgray(image1a,image1b);              //灰度变换
thresholdcovert(image1b,image1c,fixthreshold,90);     //阈值分割
imagemorph(image1c,image1d,erosion,3);      //膨胀腐蚀
imagemorph(image1d,image1e,dilation,3);
imagemorph(image1e,image1f,erosion,3);
imagemorph(image1f,image1g,dilation,3);
mucharea_del(image1g,150,2000,image1h);     //面积滤波
imageproject2(image1h,image2a,vproject,12,a,b,count1);    //图像投影
imageproject2(image1h,image2b,hproject,10,c,d,count2);
j1 = (0.0);
k1 = (0.0);
y = (count2);
z = (count1);
while(j1<y);
doubletoint(j1,j);
num1 = (d[j] - c[j]);
while(k1<z);
doubletoint(k1,k);
num2 = (b[k] - a[k]);
```

```
if(num1>10);
if(num2>10);
for(i=0,10,1);
cstringformat("out\bottle\%d.bmp,i",bmpname);
readimage(bmpname,image3a);
convertgray(image3a,image3b);
thresholdcovert(image3b,image3c,fixthreshold,128);
setrect(a[k],c[j],b[k],d[j],rect);
imageunitybyrect(image1h,image4,rect,30,40);        //图像归一化
setrect(0,0,30,40,rect1);
model_match(image3c,image4,rect1,i,10,1,result);    //模板匹配
endfor();
endif();
endif();
k1=(k1+1);
end();
k1=(0);
j1=(j1+1);
end();
showimage(image1a);
gentext(1,1,30,result,red);
```

实验图像如图 11-13 所示。

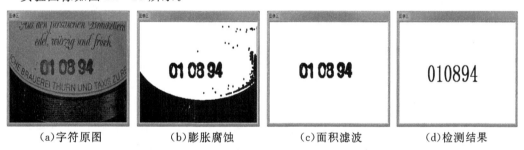

(a)字符原图　　　(b)膨胀腐蚀　　　(c)面积滤波　　　(d)检测结果

图 11-13　生产日期检测

3.条形码识别

条码技术是在计算机应用实践中生产和发展起来的一种自动识别技术,广泛应用于各种计算机管理领域,如图书管理、生产流程管理、商品流通管理等。条码有一维条码和二维条码。本实验以国际统一商品代码 EAN-13 码和国际标准书号为例,实现条码的识别。

EAN-13 码识别 XAVIS 代码如下:

```
readimage(bar\ean13\tm1.bmp,image);     //读入图像
convertdepth24to8(image,image1);        //转灰度图
```

```
showimage(image1);
graytobit(image1,bit);          //灰度转二值图
smoothfilter(bit,1,3,bit);      //平滑滤波
showimage(bit);
find1dbar(bit,bar);             //一维码区域查找
showimage(bar);
decode1d(bar,jg);               //一维解码
showimage(image);
gentext(0,0,40,jg,green);
```

实验图像如图 11-14 所示。

(a)EAN-13 码　　　(b)平滑滤波　　　(c)提取的条码　　　(d)识别结果

图 11-14　EAN-13 码识别实例

国际标准书号识别 XAVIS 代码如下：

```
max = (0);
location = (0);
readimage(条码\tea_box_01.png,image1);
showimage(image1);
thresholdcovert(image1,image2,otsuthreshold,0);   //阈值分割
showimage(image2);
erosion(image2,0,5,1,erodimage);      //腐蚀
showimage(erodimage);
rectangledetect(erodimage,xx,yy,ll,ww,ag);   //最大矩形检测
if(ag = 41);
rotatermb(image1,image1,ag);          //图像旋转
endif();
if(ag<41);
angle = (90 - ag);
rotatermb(image1,image1,angle);
endif();
if(ag>41);
angle1 = (180 - ag);
```

```
rotatermb(image1,image1,angle1);
endif();
showimage(image1);
graytobit(image1,bit);          //灰度图转为二值图
smoothfilter(bit,1,3,bit);      //平滑滤波
showimage(bit);
find1dbar(bit,bar);             //一维码区域查找
showimage(bar);
decode1d(bar,jg);               //一维解码
showimage(image1);
gentext(0,0,0,jg,red);
```

实验结果如图 11-15 所示。

(a)书号原图　　　　(b)图像旋转　　　　(c)平滑滤波　　　　(d)识别结果

图 11-15　国际标准书号识别

4. 二维码识别

二维码是在一维条码的基础上扩展出另一维具有可读性的条码,使用黑白矩形图案表示二进制数据,被设备扫描解码后可获取其中所包含的信息。其中矩阵式二维码——QR 码,以其可储存汉字、响应速度快及解码扫描无需对准等特点,在我国各行业广泛应用。XAVIS 软件提供 QR 码解码函数 QRcodeDecoder,可实现对二维码版本、纠错级别、二维码信息的解码。下面以包含网址信息的 QR 码为输入图像,举例说明 XAVIS 软件中二维码的解码过程。

XAVIS 程序为:

```
readimage(QR.jpg,image);        //读取图片
showimage(image);
gentext(10,10,60,二维码图像,black);
convertgray(image,image2gray);  //灰度变换
thresholdcovert(image2gray,image2binary,fixthreshold,Thre);    //二值化
imageproject1(image2binary,1,22,a,b,count1,ImgX);   //图片水平投影
imageproject1(image2binary,0,22,c,d,count2,ImgY);   //图片竖直投影
offset = (10);
a[0] = (a[0] - offset);
b[0] = (b[0] + offset);
```

```
c[0] = (c[0] – offset);
d[0] = (d[0] + offset);
setrect(a[0],c[0],b[0],d[0],rect1);    //截取识别区域
w1 = (b[0] – a[0]);
h1 = (d[0] – c[0]);
imageunitybyrect(image2gray,image_in,rect1,w1,h1);
convert8to24(image_in,image_in1);   //8 位图像转换为 24 位图像
QRcodeDecoder(image_in1,version,level,codeinfo,image1);    //二维码解码
showimage(image1);    //显示定位图像
/ * 在原图像上对解码结果进行标示 * /
showimage(image);
cstringformat("版本：%d,version",Version);
gentext(10,10,45,Version,black);
cstringformat("纠错等级：",Level);
gentext(10,55,45,Level,black);
gentext(200,55,45,level,black);
cstringformat("二维码信息：",Codeinfo);
gentext(10,360,40,Codeinfo,black);
gentext(10,400,22,codeinfo,black);
```

实验结果如图 11 – 16 所示。

(a)待测图像 1   (b)二值图像   (c)分格图像   (d)解码信息

(e)待测图像 2   (f)二值图像   (g)分格图像   (h)解码信息

图 11 – 16 QR 码解码

5. 人民币编号识别

每张人民币都一个唯一的编码，通过图像识别的方法快速可靠地识别出人民币的编码，可以验证纸币的真伪。本实验的目的是在纸币以任意姿态平铺放置时，通过获取其完整的清晰图像，研究出快速而可靠地识别出编码的数字码的方法。

本实验循环读入 37 幅人民币图像,提取其字符区域并识别显示。
XAVIS 代码如下:

```
timebegin(tbegin);
for(index = 1,37,1);
cstringformat("rmb\原图\%d.bmp,index",imagename);
readimage(imagename,img0);
showimage(img0);
convertgray(img0,img);        //灰度变换
threshdivision(img,0,45,0,img1);        //阈值分割
areafilter(img1,100000,1000000000,255,img2,rec);        //面积滤波
lineangle(img2,ang);        //直线角度求取
rotatermb(img2,img4,ang);        //图像旋转
showimage(img4);
rotatermb(img,img5,ang);
showimage(img5);
findrmbregion(img4,rect);
showimage(img4);
findnumregion(img5,rect,img6);        //区域寻找
showimage(img6);
threshdivision(img6,0,100,0,img7);
invertcolor(img7,img7);        //图像反色
zoomsize(img0,0.5,0,img0);        //图像大小变换
rmbrecognize(img7,result);        //字符识别
gentext(0,0,50,result,red);
sleep(3000);
endfor();
timeend(tbegin,tend);
```

实验图像如图 11-17 所示。

　(a)人民币原图　　　(b)人民币旋转　　　(c)字符阈值分割　　　(d)识别结果

图 11-17　人民币编号识别

6. 产品序列号识别

在工业产品中,印刷体序列号随处可见,如产品的生产日期、产品型号等都与数字序列号相关。对不同的序列号区域进行分割、采集和快速识别是产品流水线生产的必需环节。

XAVIS 代码如下:

```
readimage(bottle\num4-1.bmp,image1a);
showimage(image1a);
size(image1a,wid,hei);              //图像尺寸提取
convertdepth24to8(image1a,image1b);
thresholdcovert(image1b,image1e,fixthreshold,200);   //阈值分割
mucharea_del(image1e,100,10000,image1h);             //面积滤波
imageproject1(image1h,0,30,c,d,count2,image2b);      //积分投影
for(i=0,10,1);
cstringformat("bottle\%d.bmp,i",bmpname);
readimage(bmpname,model[i]);
convertdepth24to8(model[i],model[i]);
endfor();
y=(count2+0.0);
row=(0.0);
k1=(0.0);
cstringformat(" ",result);
while(row<y);
doubletoint(row,row1);              //ID 类型转换
linewid=(d[row1]-c[row1]);
wid1=(wid-4.0);
if(linewid>30);
setrect(0,c[row1],wid1,d[row1],rect);
showimage(image1h);
setcolor(2,red);
showrectangle(rect);
rect_clear(image1h,imagerect,rect,0,255);   //区域清除
showimage(imagerect);
imageproject1(imagerect,1,0,a,b,count1,image2a);
z=(count1);
while(k1<z);
doubletoint(k1,k);
setrect(a[k],c[row1],b[k],d[row1],rect);
showimage(image1b);
showrectangle(rect);
```

```
rect_match(image1e,rect,outrect,10);        //矩形匹配
showrectangle(outrect);
imageunitybyrect(image1e,image4,rect,86,65);        //图像归一化
showimage(image4);
setrect(0,0,86,65,rect1);
for(i = 0,10,1);
model_match(model[i],image4,rect1,i,10,2,result);        //模板匹配
endfor();
rectconverttopoint(rect,top,left,bottom,right);        //区域坐标提取
k1 = (k1 + 1);
end();
endif();
row = (row + 1);
k1 = (0.0);
showimage(image1a);
end();
gentext(1,1,30,result,red);
cstringformat(" ",result);
```

实验图像如图 11-18 所示。

(a)产品序列号原图　　(b)积分投影　　(c)区域清除　　(d)识别结果

图 11-18　产品序列号字符识别图

7. 喷码字符识别

喷码字符识别与检测在当今社会已经有了广泛的应用,本实验对读入的一幅图像进行图像的处理与模式识别,最终可以得到该图像上的字符序列,达到印刷体字符识别的目的。

XAVIS 代码如下:

```
readimage(dot\penma.bmp,image1a);
showimage(image1a);
convertdepth24to8(image1a,image1b);        //灰度变换
threshdivision(image1b,0,140,0,image1c);        //阈值分割
showimage(image1c);
erosion(image1c,0,5,1,image1d);        //腐蚀
```

```
showimage(image1d);
imageproject1(image1d,0,10,c,d,count2,image3);        //积分投影
showimage(image3);
j = (0);
k = (0);
y = (count2);
while(j<y);
num1 = (d[j] - c[j]);
if(num1>10);
s = (c[j] - 1);
t = (d[j] + 1);
showimage(image1d);
inttodouble(s,s1);          //ID 类型转换
inttodouble(t,t1);
setrect(1,s1,639,t1,rect);          //区域定义
genrectangle(1,s1,639,t1);
rectimageproject(image1d,rect,1,2,a,b,count1,image2);         //区域积分投影
showimage(image2);
z = (count1);
while(k<z);
num2 = (b[k] - a[k]);
if(num2>10);
if(num2<25);
p = (z - 1);
if(k<p);
q = (k + 1);
a[q] = (a[k]);
k = (k + 1);
z = (z - 1);
endif();
endif();
for(i = 0,12,1);
cstringformat("dot\ %d.bmp,i",bmpname);
readimage(bmpname,image111);
convertdepth24to8(image111,image11);
threshdivision(image11,0,128,0,image111);
erosion(image111,0,5,1,image1);
setrect(a[k],c[j],b[k],d[j],rect);
imageunitybyrect(image1d,image4,rect,64,64);         //图像归一化
```

```
showimage(image4);
setrect(0,0,64,64,rect1);
model_match(image1,image4,rect1,i,12,1,result);        //模板匹配
endfor();
endif();
k = (k + 1);
end();
endif();
k = (0);
j = (j + 1);
end();
showimage(image1a);
gentext(1,1,35,result,red);
```

实验图像如图 11-19 所示。

(a)喷码字符原图　　　(b)阈值分割　　　(c)图像腐蚀　　　(d)字符识别结果

图 11-19　喷码字符识别

8. 车牌字符识别

作为汽车"身份证"的汽车车牌,是在公众场合能够唯一确定汽车身份的凭证,本实验可对行驶车辆的牌照进行自动识别,从而完成自动收费、无人停车服务以及监控各个车辆的情况,提高车辆的管理效率,缓解公路上的交通压力。

XAVIS 代码如下:

```
for(index = 1,5,1);
cstringformat("\车牌\车牌号码0%d.bmp,index",imagef);       //字符初始化
readimage(imagef,image1b);         //读取图片
convertdepth24to8(image1b,image1a);      //灰度转换
threshdivision(image1a,2,128,2,image1c);       //阈值分割
imagemorph(image1c,image1e,erosion,1);        //膨胀腐蚀
imagemorph(image1e,image1d,dilation,1);       //膨胀腐蚀
areafilter(image1d,100,2000,0,img1c,rec);      //面积滤波
imageproject2(img1c,image3,hproject,2,c,d,count2);         //垂直投影
```

```
imageproject2(img1c,image2,vproject,5,a,b,count1);        //水平投影
j1 = (0.0);
k1 = (0.0);
y = (count2);
z = (count1);
while(j1<y);
doubleoint(j1,j);
num1 = (d[j] - c[j]);
while(k1<z);
doubleoint(k1,k);
num2 = (b[k] - a[k]);
if(num1>5);
if(num2>5);
timebegin(t1);
for(i = 0,38,1);
cstringformat("cp\oo\%d.bmp,i",bmpname);
readimage(bmpname,image111);
thresholdcovert(image111,image1,fixthreshold,150);
setrect(a[k],c[j],b[k],d[j],rect);      //设定区域
imageunitybyrect(image1d,image4,rect,50,230);        //图像归一化
setrect(0,0,50,230,rect11);
model_match(image4,image1,rect11,i,38,0,result);        //模板匹配
endfor();
timeend(t1,t2);
endif();
endif();
k1 = (k1 + 1);
j1 = (j1 + 1);
end();
showimage(image1a);
ab = (15);
s = (a[0] - ab);
v = (d[0] + ab);
t = (c[0] - ab);
p = (b[7] + ab);
genrectangle(s,t,p,v);
gentext(1,1,60,result,red);      //结果显示
cstringformat("",result);
sleep(2000);
```

```
endfor();
```

实验过程图如图 11-20 所示。

(a)车牌原图

(b)膨胀腐蚀

(c)面积滤波

(d)识别结果

图 11-20 车牌字符识别

9. 标签字符识别

标签是用来标志目标的分类或内容,便于自己和他人查找和定位自己目标的工具。字符标签可以使产品快速分类,避免混淆,还可以使消费者快速查找产品,所以标签字符的识别在人们的生活中有很大的意义。本例主要介绍了标签字符的识别。

XAVIS 代码如下:

```
for(index = 1,7,1);
cstringformat("标签字符\dongle_0%d.png,index",image11a);      //字符初始化
readimage(image11a,image1a);         //读取图片
threshdivision(image1a,0,45,1,image1c);         //阈值分割
areafilter(image1c,100000,1000000000,255,img1c,rec);      //面积滤波
lineangle(img1c,ang);
rotatermb(img1c,image1h,ang);
showimage(image1h); rotatermb(image1a,imge1m,ang);      //图像旋转
threshdivision(img1m,2,20,4,img1n);       //阈值分割
imagemorph(img1n,image1e,erosion,1.7);       //膨胀腐蚀
imagemorph(image1e,image1d,dilation,1.9);       //膨胀腐蚀
areafilter(image1d,450,1200,0,image1z,rec);       //面积滤波
imageproject2(image1z,image2,vproject,5,a,b,count1);       //垂直投影
imageproject2(image1z,image3,hproject,5,c,d,count2);       //水平投影
j1 = (0.0);
k1 = (0.0);
y = (count2);
z = (count1);
while(j1<y);
doubleoint(j1,j);
num1 = (d[j] - c[j]);
while(k1<z);
doubleoint(k1,k);
```

```
num2 = (b[k] - a[k]);
if(num1>20);
if(num2>20);
timebegin(t1);
for(i = 0,10,1);
cstringformat("bq\%d.bmp,i",bmpname);
readimage(bmpname,image111);
thresholdcovert(image111,image1,fixthreshold,150);
setrect(a[k],c[j],b[k],d[j],rect);        //设定区域
imageunitybyrect(image1d,image4,rect,50,230);     //图像归一化
setrect(0,0,50,230,rect11);
model_match(image4,image1,rect11,i,10,1,result);   //模板匹配
endfor();
timeend(t1,t2);
endif();
endif();
k1 = (k1 + 1);
j1 = (j1 + 1);
end();
showimage(img1m);
setcolor(2,red);
out_num = (count2 - 1);
c_out = (c[out_num]);
d_out = (d[out_num]);
ab = (8);
p = (c_out - ab);
s = (a[0] - ab);
v = (b[4] + ab);
q = (d_out + ab);
genrectangle(s,p,v,q);
gentext(1,1,60,result,red);       //结果显示
cstringformat("",result);
sleep(3000);
endfor();
```

实验结果如图 11 - 21 所示。

(a)标签原图　　　　　(b)旋转后图像　　　　　(c)面积滤波　　　　　(d)识别结果

图 11-21　标签字符识别图

10. 万用表屏幕识别

万用表是电力电子等部门不可缺少的测量仪表，一般以测量电压、电流和电阻为主要目的。大部分万用表都用液晶屏幕显示测量值、档位以及单位，本实例中 XAVIS 实现了万用表液晶屏上显示的字母和数字的识别。

XAVIS 代码如下：

```
readimage(wyb\1.bmp,img_src);
size(img_src,src_w,src_h);            //获取图像尺寸
setrect(0,0,src_w,src_h,rect_src);
convertgray(img_src,img_src2gray);     //灰度变换
imageunitybyrect(img_src2gray,img_src0,rect_src,1024,800); //图像尺寸归一化
thresholdcovert(img_src0,img_src11,FIXTHRESHOLD,128);    //二值化
smoothfilter(img_src11,1,3,img_src1);    //平滑滤波
pointinvert(img_src1,img_src2);        //图像反色
/*提取屏幕显示区域*/
imageproject1(img_src2,0,50,ta,tb,t_count1,imgX);
imageproject1(img_src2,1,50,tc,td,t_count2,imgY);
offset = (10);
ta[0] = (ta[0] + offset);
tb[0] = (tb[0] - offset);
tc[0] = (tc[0] + offset);
td[0] = (td[0] - offset);
setrect(tc[0],ta[0],td[0],tb[0],rect_IOR);
imageunitybyrect(img_src1,img1c,rect_IOR,850,400);
erosion(img1c,0,6,1,img1cc);
drawrectangle(rect1);         //选取识别区域
/*识别字符分割*/
rectconverttopoint(rect1,lx,ly,rx,ry);
rectimageproject(img1cc,rect1,0,3,a,b,count1,imgX);
j = (0);
k = (0);
```

```
x = (count1);
while(j<x);
num1 = (b[j] - a[j]);
if(num1<6);
p1 = (x - 1);
if(j<p1);
q1 = (j + 1);
a[q1] = (a[j]);
endif();
endif();
if(num1>6);
s = (a[j] - 1);
t = (b[j] + 1);
inttodouble(s,s1);
inttodouble(t,t1);
setrect(lx,s1,rx,t1,rect2);
rectimageproject(img1c,rect2,1,5,c,d,count2,imgY);
z = (count2);
while(k<z);
num2 = (d[k] - c[k]);
if(num2<12);
p = (z - 1);
if(k<p);
q = (k + 1);
c[q] = (c[k]);
endif();
endif();
if(num2>12);
setrect(c[k],a[j],d[k],b[j],rect1a);
imageunitybyrect(img1c,result2,rect1a,64,64);
cstringformat("multimeter\ %d.bmp,k",savename);
writeimage(savename,result2);
for(i = 0,51,1);
cstringformat("multimeter\molde\ %d.bmp,i",moldename);
readimage(moldename,image111);
setrect(0,0,64,64,rect3);
model_match(image111,result2,rect3,i,51,0,result3);    //模板匹配,字符识别
endfor();
endif();
```

```
k = (k + 1);
end();
endif();
k = (0);
j = (j + 1);
end();
imageunitybyrect(img_src2gray,img_src00,rect_src,580,350);
showimage(img_src00);
gentext(5,5,30,result3,red);         //输出识别结果
```

识别结果如图 11-22 所示。

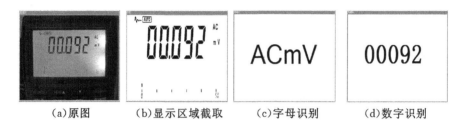

(a)原图　　　(b)显示区域截取　　　(c)字母识别　　　(d)数字识别

图 11-22　万用表屏幕识别

11. IC 字符识别

IC 的字符是其根本标识,类似人的身份证,根据字符我们可以知道 IC 的规格、作用和功能等,所以字符识别对 IC 尤为重要。本例实现了 IC 字符的定位和识别,并判断印刷是否合格。

XAVIS 代码如下:

```
for(input = 1,5,1);
cstringfotmat("IC\ %d.bmp,input",bmpname);
readimage(bmpname,img);
i = (5);      //角度初始化
while(i>4);
convertgray(img,img1);       //灰度变换
pointinvert(img1,img11);       //图像反色
threshdivision(img11,0,50,0,img2);        //固定阈值分割
thresholdcovet(img1,srcbinary,fixthreshold,50);      //阈值分割
cvmorph(srcbinary,mask,5,erosion);       //CV 形态处理
pointinvert(srcbinary,srcreverse);
reducedomain(img2,mask,out1);         //图像与运算
cvmorph(out1,mask1,8.7,erosion);
areafilter(mask1,19000,10000000,0,mask2,rec);      //面积滤波
```

```
areafilter(mask2,10000,1000000000,255,mask3,rec1);
cvmorph(mask3,mask4,10,erosion);
imageproject1(mask4,1,5,Xa,Xb,num_x,imgX1);        //积分投影
imageproject1(mask4,0,5,Ya,Yb,num_y,imgY1);
pointinvert(mask4,mask5);
offset = (25);
s = (Xa[0] + offset);s1 = (Xb[0] − offset);s2 = (Ya[0] + offset);s3 = (Yb[0] − offset);
fillpixel(mask5,s,s1,s2,s3,255,mask6);        //像素填充
cvmorph(mask6,mask7,7.5,dilation);
areafilter(mask7,20000,10000000,0,mask71,rec2);
setrect(s,s2,s1,s3,rect_rotate);
w1 = (s1 − s);h1 = (s3 − s2);
imageunitybyrect(mask71,mask711,rect_rotate,w1,h1);        //图像归一化
pointinvert(mask711,mask8);
lineangle(mask8,ang);        //直线角度求取
rotatermb(mask71,mask72,ang);        //图像旋转
rotatermb(img,img111,ang);
i = (ang);
readimage(img111,img);
end();
threshdivision(mask72,0,50,0,mask73);
imageproject1(mask73,0,50,a,b,num,imgX);
imageproject1(mask73,1,50,c,d,num1,imgY);
setcolor(2,red);
genrectangle(c[0],a[0],d[0],b[0]);
setrect(c[0],a[0],d[0],b[0],rect1);
convertgray(img111,img111togray);
imageunitybyrect(img111togray,cut,rect1,560,200);
thresholdcovert(cut,cut1a,fixthreshold,50);
pointinvert(cut1a,cut2a);
size(cut2a,width,height);
imagemorph(cut2a,image1d,erosion,1.9);        //膨胀腐蚀
imagemorph(image1d,image1e,dilation,1.7);
imagemorph(image1e,image1f,erosion,1.9);
imagemorph(image1f,image1g,dilation,1.7);
setrect(0,80,width,height,rect_ROI);
height1 = (height − 80);
imageunitybyrect(image1g,image1g1,rect_ROI,width,height1);
mucharea_del(image1g1,65,1530,image1h);        //面积滤波
```

```
imageproject2(image1h,image2h,hproject,12,pro_a,pro_b,count1);
setrect(0,pro_a[0],width,pro_b[0],pro_rect1);
rectimageproject(image1h,pro_rect1,1,4,pro_c,pro_d,count2,pro_imgY);
                                                          //区域积分投影
j=(0);k=(0);
y=(count2);z=(count1);
while(k<z);
setrect(0,pro_a[k],width,pro_b[k],pro_rect2);
rectimageproject(image1h,ro_rect2,1,4,pro_c,pro_d,count2,pro_imgY);
while(j<y);
num1=(pro_d[j]-pro_c[j]);
if(num1<9);
p=(y-1);
if(j<p);
q=(j+1);
pro_c[q]=(pro_c[j]);
endif();
endif();
if(num1>9);
setrect(pro_c[j],pro_a[k],pro_d[j],pro_b[k],pro_rect3);
imageunitybyrect(image1h,result1,pro_rect3,64,64);
for(ii=0,51,1);
cstringformat("IC\ic_detect%d\%d.bmp,k,ii",moldname);
readimage(moldname,image3a);
setrect(0,0,64,64,rect3);
model_match(image3a,result1,rect3,ii,51,0,result);        //模板匹配
endfor();
endif();
j=(j+1);
end();
j=(0);k=(k+1);
end();
showimage(img);
sleep(800);
setcolor(2,red);
showimage(img111);
genrectangle(c[0],a[0],d[0],b[0]);
gentext(1,1,30,result,red);
cstringformat("",result);
```

```
    sleep(1500);
endfor();
```

实验图像如图 11-23 所示。

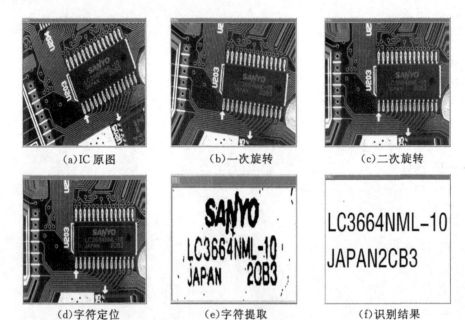

图 11-23 IC 字符识别

12. 拨码开关状态识别

拨码开关是被广泛应用在机械、工程设备、交通设备、医疗设备、汽车生产流水线等自动化控制领域的一种开关。本实验旨在通过对读入图像的学习和处理来达到自动识别拨码开关状态的功能。

XAVIS 代码如下：

```
readimage(dial switch\test0.bmp,image);
showimage(image);
setrect(117,246,171,272,rect);        //设置区域
showrectangle(rect);
setrect(121,322,460,349,rect1);
showrectangle(rect1);
readimage(dial switch\dip_switch_01.bmp,image0);
showimage(image0);
robertedgedetect(image,image1);       //边缘检测
showimage(image1);
robertedgedetect(image0,image01);
showimage(image01);
```

```
threshdivision(image1,0,10,0,image2);        //阈值分割
threshdivision(image01,0,10,0,image02);
select_area(image2,60,10000,image3);         //面积选择
select_area(image02,60,10000,image03);
pointinvert(image3,image4);                  //图像反色
pointinvert(image03,image04);
threshdivision(image4,0,10,0,image5);
threshdivision(image04,0,10,0,image05);
smoothfilter(image5,0,3,image6);             //平滑滤波
smoothfilter(image05,0,3,image06);
threshdivision(image6,0,100,0,image61);
edgeget(image61,image62,contour);
threshdivision(image62,0,100,0,image63);
edgeget(image63,image7,edgetrace);           //边缘提取
threshdivision(image06,0,100,0,image061);
edgeget(image061,image062,contour);
threshdivision(image062,0,100,0,image063);
edgeget(image063,image07,edgetrace);
showimage(image07);
getrectdirection(image7,angle);              //矩形偏转角计算
getrectdirection(image07,angle0);
getcontourcent(image7,pointx,pointy);        //区域重心计算
getcontourcent(image07,pointx0,pointy0);
threshdivision(image1,0,30,0,image22);
showimage(image22);
threshdivision(image01,0,30,0,image022);
showimage(image022);
select_area(image22,50,10000,image33);
showimage(image33);
select_area(image022,50,10000,image033);
invertcolor(image33,image44);                //图像反色
showimage(image44);
getfeature(image44,rect,rect1,featurehandle);   //特征获取
invertcolor(image033,image044);
showimage(image044);
showimage(image0);
findtargetarea(image07,1,areanum,topleftx,toplefty,areawidth,areaheight);
    //目标区域搜索
creatfeaturemodel(featurehandle,angle0,3,modelhandle);       //模板特征创建
```

```
findfeaturemodelrect(image044,3,modelhandle,0.69,topleftx,toplefty,areawidth,
areaheight,areanum,targetnum,targetangle);        //特征模板搜索
getaffpara(pointx,pointy,pointx0,pointy0,targetnum,targetangle,featurehandle,
pdbsp2bsaffpara,pdbbs2spaffpara);        //仿射系数计算
showimage(image0);
for(i = 0,12,1);
a = (120 + i * 28);
b = (146 + i * 28);
inttodouble(a,ad);
inttodouble(b,bd);
setrect(ad,273,bd,320,rect2);
rectedgeget(image44,image45,rect2,edgetrace);        //区域边缘检测
calimgcentrect1(image45,rect2,centpointx,centpointy);        //重心计算
pointaffine(centpointx,centpointy,pdbsp2bsaffpara,centpointxaff,centpointyaff);
                                                        //单点仿射变换
pointaffine(ad,273,pdbsp2bsaffpara,topleftx01,toplefty01);
pointaffine(ad,320,pdbsp2bsaffpara,leftbottomx01,leftbottomy01);
pointaffine(bd,320,pdbsp2bsaffpara,rightbottomx01,rightbottomy01);
pointaffine(bd,273,pdbsp2bsaffpara,toprightx01,toprighty01);
setcolor(2,red);
genline(topleftx01,toplefty01,toprightx01,toprighty01);        //单线表示
genline(topleftx01,toplefty01,leftbottomx01,leftbottomy01);
genline(leftbottomx01,leftbottomy01,rightbottomx01,rightbottomy01);
genline(toprightx01,toprighty01,rightbottomx01,rightbottomy01);
modelcreate(image044,topleftx01,toplefty01,toprightx01,toprighty01,
leftbottomx01,leftbottomy01,rightbottomx01,rightbottomy01,image045);
                                                        //模板生成
calimgcentrect2(image044,image045,centpointx2,centpointy2);
dialrecognize(image044,centpointx2,centpointy2,centpointxaff,centpointyaff,
result);        //拨码判别
cstringformat("%d,result",str);
gentext(25,420,25,识别结果:,red);
c = (125 + i * 15);
inttodouble(c,cd);        //ID 类型转换
gentext(cd,420,25,str,red);
array[i] = (result);        //ID 变量定义
endfor();
digtostr(array,result_str);        //将整型数组转化为字符串
```

实验图像如图 11-24 所示。

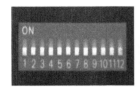  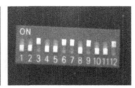 

(a)模板原图　　　　　(b)区域提取　　　　　(c)待测图像　　　　　(d)识别结果图

图 11-24　拨码开关状态识别过程图

第 12 章 目标跟踪实例

12.1 实时图像采集

结合 VS1200 机器视觉教学创新实验平台,XAVIS 软件可以实现实时图像采集。具体做法为:打开摄像头及转盘电机,通过摄像头摄入电机载物平台上的物体,并实时将图像交由个人 PC 中的 XAVIS 软件进行实时显示及相应处理,以达到实时处理图像的目的。具有较好的实用性。实时采集结果如图 12-1 所示。

XAVIS 程序代码为:

```
openframe(640,480,1,80,ccd);      //打开相机
openstepmotor(0,0.05,128,0);      //启动电机
i=(0);
while(i<100);
waitmotor(step);      //电机等待
i=(i+1);
grabframe(640,480,img0);      //获取一帧图像,存为 img0;其中,参数 1 与参数 2 尽量
                              //与 Openframe 参数 1、参数 2 保持一致
showimage(img0);
end();
stopframe();      //关闭相机
```

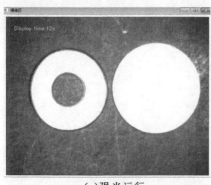
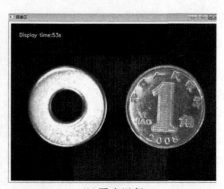

(a) 强光运行　　　　　　　　　　(b) 弱光运行

图 12-1 实时图像采集结果

程序中 OpenFrame 函数运行时会在摄像区实时显示采集结果；GrabFrame 函数可抓取采集图像中的一帧,并在软件图像区显示。

12.2 目标跟踪

1. 交通路口车辆检测与跟踪

针对背景模型不具有自适应更新的非回归型动态目标跟踪,常用的建模法为中值滤波和基于统计理论背景恢复,其算法流程如图 12-2 所示。

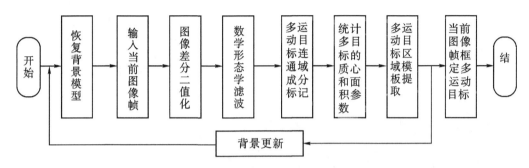

图 12-2 非回归背景模型背景恢复的差分算法流程

此处,根据上述算法流程,在 XAVIS 环境中,实现对十字路口运动车辆的检测。
XAVIS 程序代码为：

```
for(index = 184,223,1);         //for 循环
cstringformat("track\xing184 - 243\xing % d.bmp,index",imagename1);//字符串初始化
readimage(imagename1,image1);       //读取图像
restorebackground(imagename1,20,10,backimage1);      //背景恢复
showimage(backimage1);      //显示图像
index = (index + 1);
cstringformat("track\xing184 - 243\xing % d.bmp,index",imagename2);//字符串初始化
readimage(imagename2,image2);       //读取图像
accudifference(backimage1,image2,t1);     //差分统计
t2 = (30);
t = (t2 - t1);
detectminus(backimage1,image2,image3,t);      //图像差分
binaryimagemorph(image3,image4,erosion,1);      //腐蚀
binaryimagemorph(image4,image5,dilation,1);      //膨胀
connection(image5,labelimage,num);      //联通区域标记
regionstatistics(labelimage,area,leftupperx,leftuppery,
rightlowerx,rightlowery);       //区域统计
```

```
showimage(image1);
setcolor(2,green);        //颜色设置
genrectangles(leftupperx,leftuppery,rightlowerx,rightlowery);    //多框显示
endfor();
```

部分中间及最终检测结果如图 12-3 所示。

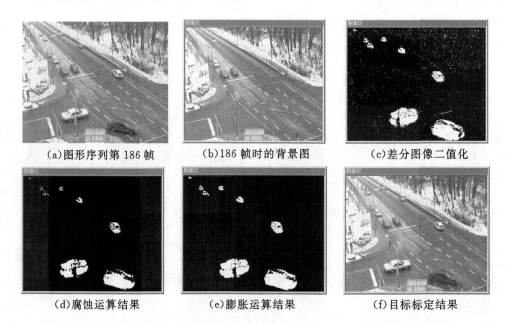

图 12-3　基于统计理论恢复背景模型的交通路口车辆检测与跟踪

图 12-3(a)为交通路口监控录像中第 186 帧图像,图 12-3(b)是此刻的背景图。将这两幅图像做差分和二值化运算得到图 12-3(c);对图 12-3(c)进行数学形态学处理,提取出连通区域,然后对联通区域面积进行统计,将面积大于一定阈值的连通区域作为运动目标提取结果,并用矩形窗在原图上标记出来,如图 12-3(f)所示。

2. 篮球跟踪

本实例实现对运动篮球的检测与跟踪。对球场上球员的打球过程进行拍摄,然后对球员运球和投篮过程中的篮球进行跟踪。选取的概率密度分布函数为 RGB 空间特征颜色直方图,选取的储位数为 16×16。针对这组视频序列,设归一化尺寸 $h_x=10, h_y=11$,核窗宽 $h=17$, $e=1$,核函数为 Epanechnikov,跟踪目标为篮球。

XAVIS 程序代码为:

```
readimage(basketball\f332.jpg,image);     //读入图像
showimage(image);      //显示图像
drawrectangle(rect);
initial_meanshift(image,rect,16);    //初始化均值漂移
for(index = 333,487,1);     //for 循环
```

```
cstringformat("basketball\f%d.jpg,index",imagename);      //字符串初始化
readimage(imagename,image1);       //读入图像
run_meanshift(image1,centroidx,centroidy,left,top,right,bottom);//运行均值漂移
inttodouble(centroidx,centroidx1);      //Int数据类型向Double数据类型转换
inttodouble(centroidy,centroidy1);
inttodouble(left,left1);
inttodouble(right,right1);
inttodouble(top,top1);
inttodouble(bottom,bottom1);
showimage(image1);
setcolor(2,red);        //颜色设置
genrectangle(left1,top1,right1,bottom1);       //单框标示
endfor();
close_meanshift();       //关闭均值漂移
```

该程序运行时,首先选出目标模板,初始化均值漂移算法的相关数据集,然后运行均值漂移算法实现跟踪,并在每帧图像上标记出目标位置。此处要强调的是,在选取目标模板时,尽可能将目标范围缩小,这样后续跟踪过程将更加精准。

部分帧跟踪结果如图 12-4 所示。

(a)图像序列第 333 帧　　(b)图像序列第 339 帧　　(c)图像序列第 344 帧

(d)图像序列第 369 帧　　(e)图像序列第 456 帧　　(f)图像序列第 483 帧

图 12-4　篮球跟踪结果

3. 背景提取

基于非回归型背景建模的背景差分法不具备自适应性,为了适应背景模型存在的渐变,需要在目标检测算法中引入反馈机制,进行背景更新。

但由于图像采集过程中必然存在一些噪声,若直接将当前帧检测到的背景区域更新到背景模型中,势必同时将噪声引入,因此需要使用滤波器降低这种噪声的干扰。XAVIS 中提供了使用 HR 滤波器的背景更新方法,下面以交通十字路口背景更新为例,进行演示说明。

XAVIS 程序代码为:

```
restorebackground(track\xing184-243\xing184.bmp,20,10,init);    //背景恢复
showimage(init);         //显示图像
for(index = 184,223,1);         //for 循环
cstringformat("track\xing184-243\xing%d.bmp,index",imagename1); //字符串初始化
readimage(imagename1,image1);        //读入图像
accudifference(image1,init,t1);      //差分统计
t2 = (8);
t = (t1 + t2);
detectminus(image1,init,image4,t);    //图像差分
binaryimagemorph(image4,image7,erosion,1);    //腐蚀
binaryimagemorph(image7,image8,dilation,3);   //膨胀
updatebackground(init,image1,image8,0.99);    //背景更新
showimage(init);
sleep(1000);
endfor();
```

程序运行过程及最终结果如图 12-5 所示。

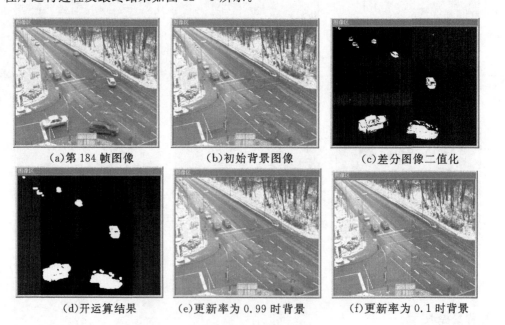

(a)第 184 帧图像　　(b)初始背景图像　　(c)差分图像二值化

(d)开运算结果　　(e)更新率为 0.99 时背景　　(f)更新率为 0.1 时背景

图 12-5　背景提取结果示意图

图 12-5(a)为第 184 帧图像,图 12-5(b)为此时刻对应的背景图片,图 12-5(c)为二者做差分运算及二值化处理后的结果,图 12-5(d)为形态学开运算的结果。当更新率较大时(如 0.99),背景图像具有比较明显的更新,在图 12-5(e)所显示的背景中会出现运动车辆的模糊轮廓;当更新率取值较小时(如 0.1),背景更新不明显,如图 12-5(f)所示。

4. 行人交叉阻挡跟踪

在目标跟踪的实际应用中,经常存在跟踪目标在运动过程中被部分或完全遮挡的现象。针对这种情况,XAVIS 中的 Run_Meashift 函数仍然能实现对目标良好的跟踪效果。本实例演示对交叉行进中某行人的检测和跟踪。实例中为球场上两人交叉行进的视频,其中包括一人被另一个人完全遮挡的过程。

XAVIS 程序代码为:

```
readimage(cross\f1.jpg,image);        //读取图片
showimage(image);
drawrectangle(rect);        //选取跟踪目标区域
initial_meanshift(image,rect,16);        //初始化均值漂移
for(index = 2,302,1);        //for 循环
cstringformat("cross\f%d.jpg,index",imagename);        //字符串初始化
readimage(imagename,image1);
run_meanshift(image1,centroidx,centroidy,left,top,right,bottom);        //运行均值漂移
inttodouble(centroidx,centroidx1);        //Int 数据类型向 Double 数据类型转换
inttodouble(centroidy,centroidy1);
inttodouble(left,left1);
inttodouble(right,right1);
inttodouble(top,top1);
inttodouble(bottom,bottom1);
showimage(image1);
setcolor(2,white);
genrectangle(left1,top1,right1,bottom1);        //单框标示跟踪目标
endfor();
close_meanshift();        //关闭均值漂移
```

选取的跟踪目标模型如图 12-6(a)所示。跟踪对象为图像中左侧的行人,该人在运动过程中有一段时间完全被另一行人遮挡。连续跟踪 300 帧图像序列,部分跟踪结果如图 12-6(b)~(f)所示。

从结果可知,即使目标在运动过程的一段时间内被完全遮挡,例如第 25 帧所示,XAVIS 软件提供的相应函数也可以正确地捕获目标。值得注意的是,因对跟踪物体采取了特征提取,特征的提取主要依赖于给定区域的大小,所以为了保证较好的跟踪结果,在选取目标模型时,可以使用人体的外接矩形。

(a)目标模型的选取　　(b)图像序列第16帧　　(c)图像序列第25帧

(d)图像序列第30帧　　(e)图像序列第43帧　　(f)图像序列第52帧

图12-6　行人交叉阻挡跟踪结果

12.3　三维重构

1. 轮毂三维圆测量

在工程图像处理中,有时只知道图像中平面参数信息是不够的,例如汽车轮毂的定位,需要得知轮毂的二维坐标及轮毂深度。本实例演示了,在XAVIS环境下,如何根据模拟相机的参数信息对轮毂进行三维圆测量。

XAVIS程序代码为:

```
readimage(rim.bmp,image);
showimage(image);
doubthresh(image,60,120,image2);        //双阈值分割
select_area(image2,1300,10000,image1);  //面积滤波
fill_up_area(image1,1,1000,image4);     //面积填充
smallest_circle(image4,x,y,r);          //最小包圆获取
setcolor(2,green);
gencircles(x,y,r);                      //多圆标示
gen_camparam(0.0122,261.04,7.39,7.4,303.12,234.17,652,494,camparam);
                                        //相机参数设置
LargeRadius = (0.01025);
for(i = 1,4,2);
get_circle_pos(x[i],y[i],r[i],camparam,0.01025,pose);  //圆三维坐标测量
x_str = (x[i] - 100.0);
y_str = (y[i] - 100.0);
```

```
cstringformat("X:%f,pose[0]",str);
gentext(x_str,y_str,24,str,blue);
y_str = (y[i] - 80.0);
cstringformat("Y:%f,pose[1]",str);
gentext(x_str,y_str,24,str,blue);
y_str = (y[i] - 60.0);
cstringformat("Z:%f,pose[2]",str);
gentext(x_str,y_str,24,str,blue);
endfor();
SmallRadius = (0.00591);
for(i = 0,4,2);
get_circle_pos(x[i],y[i],r[i],camparam,0.00591,pose);    //圆三维坐标测量
x_str = (x[i] - 100.0);
y_str = (y[i] - 80.0);
cstringformat("X:%f,pose[0]",str);
gentext(x_str,y_str,24,str,blue);
y_str = (y[i] - 60.0);
cstringformat("Y:%f,pose[1]",str);
gentext(x_str,y_str,24,str,blue);
y_str = (y[i] - 40.0);
cstringformat("Z:%f,pose[2]",str);
gentext(x_str,y_str,24,str,blue);
endfor();
```

测量结果如图 12-7 所示。

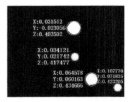

(a)轮毂原图　　(b)双阈值分割结果　　(c)面积滤波结果　　(d)三维圆测量结果

图 12-7　轮毂三维圆测量结果

2.雕塑三维重建

XAVIS 组态软件提供了三维重构功能，下面以莫扎特头像雕塑为例，演示该软件的三维重建操作过程。在重构过程中，首先需要两幅基础图片用以合成。该实例中合成这些图像的成像模型和参数如下：像素大小为 0.1mm×0.1mm，焦距 $f=25$mm，图像大小均为 128×128 像素，物体背景平面与光心距离为 250mm。

XAVIS 程序代码为：

```
readimage(3drestructure\mozart_face.bmp,image);          //读取正面图像
readimage(3drestructure\mask_mozart_face.bmp,imagemask); //读取轮廓图像
showimage(image);
showimage(imagemask);
generatemask(imagemask,mask,50);         //根据阈值生成感兴趣区域图像
showimage(mask);
const3d(image,mask,mode,25,2,250,2,9217);   //SFS三维重构粘性结算法
show3dimage(mode);        //显示三维模型
setlightcolor(mode,255,255,0);    //设置光照颜色
show3dimage(mode);
```

实验过程如图 12-8 所示。

(a)原始图像　　　　　(b)轮廓图像　　　　　(c)恢复出的三维模型

图 12-8　莫扎特头像雕塑的三维重构效果

第13章 基于C/C++的XAVIS库函数扩充

XAVIS具有开放式结构的特点,允许用户添加自定义算法函数,实现算法库的扩展。本章将详细介绍软件的算法库接口,并通过一实例形象地展示自定义算法的添加过程。值得注意的是,本章的接口说明及示例,面向具有程序开发经历并具备数字图像处理基础知识的开发人员;开发环境为 Visual Studio 6.0(英文版 preferred)+ Windows XP sp2(中文版 preferred);必需的接口文件为 CImage.h 和 CImage.lib,见软件当前目录下 exten 文件夹。此文件夹下有本章第二节的 demo 程序,其中图像与运算和图像旋转为普通开发例程,灰度变换为 OpenCV 开发例程。若无,请与软件开发方协商。

13.1 自定义库函数接口

算法库接口类的基类为 XBase 类,所有的应用类都将由 XBase 类派生,包括已定义的基本数据类型类和用户将要自定义的算法类。

CImage.h 文件中定义了 13 种基本数据类型,13 种参数类型,28 种函数类型,供用户使用,详见 CImage.h 文件。

表 13-1 基本数据类型

基本数据类型	对应参数类型	说明
XBase	KBASE	基类
XInt	KINT	整型
XDouble	KDOUBLE	双精度浮点型
XString	KSTRING	字符串
XRect	KRECT	矩形区域
X2DImage	K2DIMAGE	二维图像数据
X3DImage	K3DIMAGE	三维模型数据
XInts	KINTS	整型数组
XDoubles	KDOUBLES	双精度浮点型数组
XString	KSTRINGS	字符串数组
XRects	KRECTS	矩形区域数组
X2DImages	K2DIMAGES	二维图像数组
X3DImages	K3DIMAGES	三维模型数组

表 13-2 函数类型

函数类型	说明	函数类型	说明
F_FILE	文件操作	F_VARIABLE	变量定义
F_CONTROL	控制语句	F_DISPLAY	图形标示
F_PREPRO	图像变换	F_THRESHOLD	阈值分割
F_FILTER	图像滤波	F_EDGEGET	边缘检测
F_MORPH	形态处理	F_HISTPRO	直方处理
F_WAVELET	小波变换	F_MEASUREMENT	图像测量
F_MATCH	图像匹配	F_AMALGAMATION	图像融合
F_MOSAIC	图像拼接	F_BARCODE	条码识别
F_OCR	字符识别	F_NICBUG	缺陷检测
F_WELDINGLINE	特征检测	F_TRACK	目标跟踪
F_3DMODEL	三维建模	F_CAMERA	工业相机
F_SMARTCAMERA	智能相机	F_ROBOT	教学机器人
F_INDUSTRYROBOT	工业机器人	F_MACHINELEARNING	机器学习
F_COMMUNICATION	网络通信	F_USER	自定义

按照接口标准,用户可以在工程中自定义算法类,并在此算法类中添加若干类成员函数,在成员函数中实现自定义算法,并将此种成员函数声明为外部接口函数,即可按照用户意愿扩展软件的算法库。如新建 XXXFunclib 工程,则必须至少满足三方面:

①新建 XXXFunclib 工程,并完成相应配置;
②定义 CDibXXXfunc 算法类及其成员算法函数;
③在工程类 CXXXFunclibApp 的构造函数中声明 CDibXXXfunc 算法类外部接口函数。

13.2 自定义库函数算法

在简单了解算法库接口的基础上,按照本节所示的步骤,便可自定义算法函数,并将其导入软件算法库。示例中的 XXX 为字母通用符,用户可根据需要替换为自定义名称。

1. 新建工程及算法类

(1)打开 VS2013,创建一个名为 XXXFunclib 的 MFC AppWizard(dll)工程,点击确定。

第 13 章 基于 C/C++ 的 XAVIS 库函数扩充

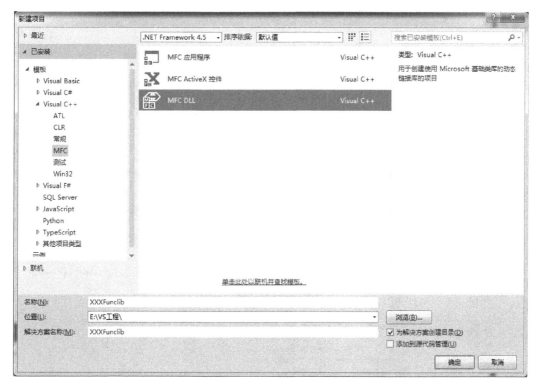

图 13-1 新建工程

(2)应用程序设置 DLL 类型中,选择使用共享 MFC DLL 的规则 DLL(D),点击完成。

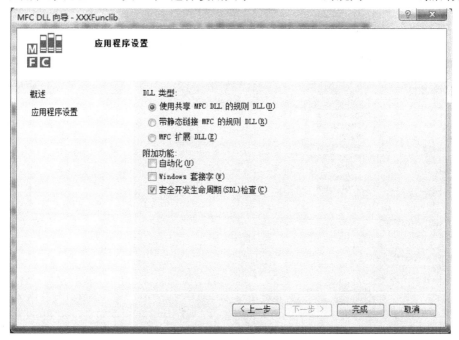

图 13-2 工程配置

(3) 工程设置为 Win32,Release 模式。

图 13-3　配置工程类型菜单项

(4) 配置工程参数。打开工程属性页,配置选择为 Release;配置属性→常规→输出目录：.\Release\;配置属性→常规→中间目录：.\Release\;配置属性→常规→字符集类型：使用 Unicode 字符集;配置属性→链接器→输入→附加依赖项：CImage.lib。

图 13-4　配置工程菜单项

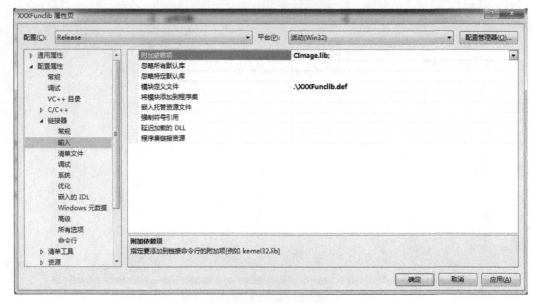

图 13-5　配置工程参数

(5)将接口文件 CImage.h、CImage.lib 复制至自定义工程当前目录下。并添加 CImage.h 文件至工程目录。

图 13-6 添加接口文件菜单项

(6)添加新的自定义算法类。右键点击工程,选择类向导,点击添加类,类名为 CDibXXX-func,基类写 XBase,访问选 public。

图 13-7 打开类向导

图 13-8 添加自定义算法类

图 13-9 定义算法类

(7) 更改 CDibXXXfunc 算法类的导入导出关系。文件为：DibXXXfunc.h，过程如下：

原代码为 class CDibXXXfunc : public XBase

更改为

#ifdef   DLL_CDIBXXXfunc
class   _declspec(dllexport)   CDibXXXfunc : public XBase
#else
class   CDibXXXfunc : public XBase
#endif

(8) 在 XXXFunclib.cpp 文件的头部添加头文件 DibXXXfunc.h。

#include "DibXXXfunc.h"

注意：若算法类中需要使用开源图像处理算法库 OpenCv，请配置 OpenCv2.4.13 版本。

2. 算法类中添加算法函数

自定义算法类 CDibXXXfunc 中的算法函数分为两类：内部函数和外部接口函数。内部函数指只在 CDibXXXfunc 类内部调用的函数，外部接口函数指通过算法库接口，可添加到算法库中，并通过 XAVIS 软件来调用的函数，即提供给用户自定义的算法函数。对于内部函数只要符合类函数基本写法均可，但是对于外部接口函数，在定义，函数参数，类型上均有特定的写法。下面将详细说明：

外部接口函数有如下几点要求：

(1) 返回类型必须是 BOOL，调用方式为_cdecl，函数应返回 TRUE，除非出现致命错误导致程序异常终止时才允许返回 FALSE；

函数名首字母应该大写；

(2) 接口函数的参数必须为 13 种基本数据类型之一，并且均以指针形式出现，参数总个数不超过十六个。

例如，函数声明在 DibXXXfunc.h 文件的 CDibXXXfunc 类中：

public：

BOOL_cdecl ConvertGray(X2DImage * imageIn, X2DImage * imageOut);

函数定义在 DibXXXfunc.cpp 文件中：

BOOLCDibXXXfunc::ConvertGray(X2DImage * imageIn, X2DImage * imageOut)

{

......

return TRUE;

}

3. 声明外部接口函数

以上完成了自定义算法类中接口函数的定义，但要将此接口函数加入算法库，还需在工程中声明。如添加如下代码至 XXXFunclib.cpp 文件中的 CXXXFunclibApp 工程类构造函数中。

CXXXFunclibApp::CXXXFunclibApp()

{

```
XBase object;
//1.转灰度图
int temp1[8]={K2DIMAGE,K2DIMAGE};
CString temp1F[8]={"输入图像","输出图像"};
CString temp1B[8]={"input","output"};
tFuncInfo info1("ConvertGray","demo 转灰度",2,F_USER,
temp1,temp1F,temp1B,(PFUNC)CDibXXXfunc::ConvertGray);
object.AddFunction(info1);
……
}
```

注:声明中的关键接口类 tFuncInfo 简要摘自 CImage.h 文件:

```
//接口类构造函数
tFuncInfo(Cstring m_funcname ,CStringm_chName,intparamCount,
FUNCTIONKIND funckind,int *paramkind,CString *paramstaticF,CString
*paramstaticB,PFUNC pFunction,BOOL bmenu=TRUE);
```

表 13-3 接口类构造参数

参数类型	形参名称	说明
Cstring	m_funcname	代码区函数名
Cstring	m_chName	菜单函数名
Int	m_paramCount	参数个数
FUNCTIONKIND	m_funckind	函数类型(见表 13-2)
Int	m_paramkind[MAX_PARAM]	函数各参数类型(见表 13-1)
Cstring	m_paramstaticF[MAX_PARAM]	函数各参数说明(前置)
Cstring	m_paramstaticB[MAX_PARAM]	函数各参数说明(后置),当参数为输出参数时必须设为 output
PFUNC	m_pFunction	函数指针
BOOL	m_bmenu	函数是否加入菜单

13.3 自定义库函数导入

1.导入算法库

为确保工程类生成的最终 XXXFunclib.dll 文件存在,将 XXXFunclib.dll 文件复制在 XAVIS\dll 目录中。(非联合调试时,该目录下可能不存在此文件,则应手动拷贝)然后点击工程—选项,调出选项窗口,点击导入,选择默认目录(XAVIS\dll)下工程类生成的链接库文件,将其导入到算法库中。

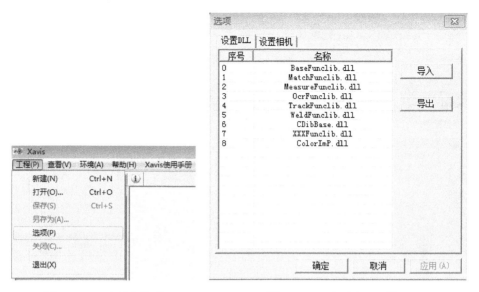

图 13-10 选项菜单项　　　　图 13-11 选项窗口下导入

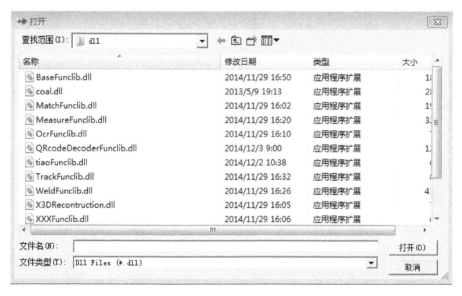

图 13-12 选择导入

关闭并重新打开软件,即可看到算法组态框架中函数—自定义菜单中已经出现了我们的例程算法函数灰度变换、图像与运算和图像旋转。

2. 联合调试

在添加自定义算法过程中,为方便程序调试和修改,可采用联合调试的办法。另外,XAVIS 软件支持 OpenCV,即在用户自定义算法中可以调用 OpenCV 库中的优秀算法。本节简述一下联合调试与利用 OpenCV 库进行算法库扩展时应注意的相关问题。

① 当需要与 XAVIS 软件进行联合调试时,可将 XAVIS 软件拷贝至当前工程目录下 release 子目录(必要时将软件当前目录下的 cv 与 win 文件夹中的文件全部移动至上层目录)。

并更改配置,如图 13-13,13-14 所示,工程属性页 Release 下的配置属性→调试→命令:.\Release\XAVIS\XAVIS.exe;配置属性→链接器→常规→输出文件:.\Release\XAVIS\dll\XXXFunclib.dll。

图 13-13 更改工程配置 1

图 13-14 更改工程配置 2

②利用 OpenCV 算法库进行自定义开发时,需安装 OpenCV2.4.13 版,并在 VS2013 开发环境中完成相关配置。利用 OpenCV 开发的算法函数的例程参见 demo 中的 demo 转灰度函数。

a. 右键点击工程选择属性,在 Release 模式下,配置属性→VC++目录中,包含目录中添加文件路径信息，如图 13-15 所示。

图 13-15　添加 OpenCV 库路径信息 1

b. 配置属性→VC++目录中，库目录中添加文件路径信息，如图 13-6 所示。

图 13-16　添加 OpenCV 库路径信息 2

c. 在配置属性→链接器→输入→附加依赖项中添加如下信息：

```
opencv_calib3d2413.lib
opencv_contrib2413.lib
opencv_core2413.lib
opencv_features2d2413.lib
opencv_flann2413.lib
```

```
opencv_gpu2413.lib
opencv_highgui2413.lib
opencv_imgproc2413.lib
opencv_legacy2413.lib
opencv_ml2413.lib
opencv_nonfree2413.lib
opencv_objdetect2413.lib
opencv_ocl2413.lib
opencv_photo2413.lib
opencv_stitching2413.lib
opencv_superres2413.lib
opencv_ts2413.lib
opencv_video2413.lib
opencv_videostab2413.lib
```

图 13-17 添加 OpenCV 库信息

13.4 自定义灰度变换库函数

本节将结合应用实例,自定义算法库 UserFunclib,添加图像灰度变换函数,进一步说明自定义库函数扩充的具体实施。

(1)根据本章 13.2 节步骤,新建 MFC DLL 工程 UserFunclib,配置工程环境,新建 CDibUserfunc 类,并为工程配置 OpenCv2.4.13,如图 13-18 所示。

第 13 章 基于 C/C++ 的 XAVIS 库函数扩充

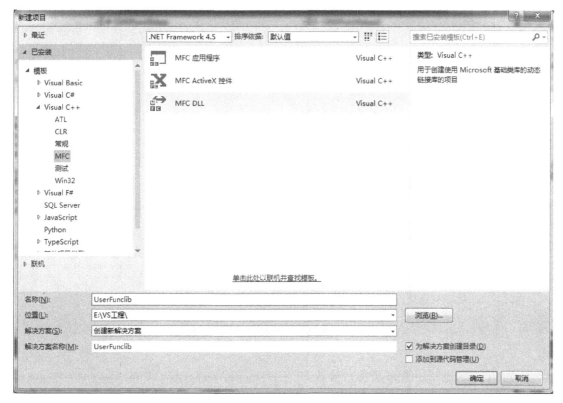

图 13-18 新建工程图

(2)修改 DibUserfunc.h 头文件如下：

原代码：class CDibUserfunc :public XBase

更改为：

#ifdef   DLL_CDIBUserfunc

class   _declspec(dllexport)   CDibUserfunc:public XBase

#else

class   CDibUserfunc:public XBase

#endif

(3)在文件 UserFunclib.cpp 文件头部添加 DibUserfunc.h：

#include "DibUserfunc.h"

(4)在 DibUserfunc.h 文件中添加图像灰度变换函数的声明如下：

BOOL _cdecl ConvertGray(X2DImage * imageIn,X2DImage * imageOut);

(5)在 DibUserfunc.cpp 文件中添加图像灰度变换函数的定义如下：

```
BOOLCDibUserfunc::ConvertGray(X2DImage * imageIn,X2DImage * imageOut)
{
    if(NULL = = imageIn→m_pImg)
    {
```

```
        ErrorMessage("图像为空,请核对图像句柄");
        return FALSE;
    }
    if(imageIn->m_pImg->nChannels! = 3)
    {
        ErrorMessage("不是彩色图");
        return FALSE;
    }
    IplImage * src = cvCloneImage(imageIn->m_pImg);
    IplImage * dst = cvCreateImage(cvGetSize(src),src->depth,1);
    cvCvtColor(src,dst,CV_RGB2GRAY);
    imageOut->SetData(dst);
    cvReleaseImage(&src);
    cvReleaseImage(&dst);
    return TRUE;
}
```

(6)在 CUserFunclibApp 类构造函数 CUserFunclibApp::CUserFunclibApp()中添加库函数接口定义,此处定义灰度变换函数类型为用户自定义 F_USER,代码如下:

```
CUserFunclibApp::CUserFunclibApp()
{
    XBase object;
    int temp1[8] = {K2DIMAGE,K2DIMAGE};
    CString temp1F[8] = {"输入图像","输出图像"};
    CString temp1B[8] = {"input","output"};      //指定每个参数的输入输出类型
    tFuncInfo info1("convertgray","灰度变换",2,F_USER,temp1,temp1F,temp1B,
    (PFUNC) CDibUserfunc::ConvertGray);
    object.AddFunction(info1);
}
```

(7)编译生成 UserFunclib.dll 文件,复制 UserFunclib.dll 至 XAVIS/dll 目录下,根据13.3 节所述步骤,将 UserFunclib.dll 文件导入 XAVIS 算法库;

(8)按照 XAVIS/help 目录下函数说明 txt 文档格式,完成描述灰度变换函数的说明文档 convertgray.txt,并将文档放至 XAVIS/help/自定义目录下;

(9)重新开启 XAVIS 软件,新建 XAVIS 工程,在函数→自定义菜单下可见灰度变换函数,如图 13-19 所示。

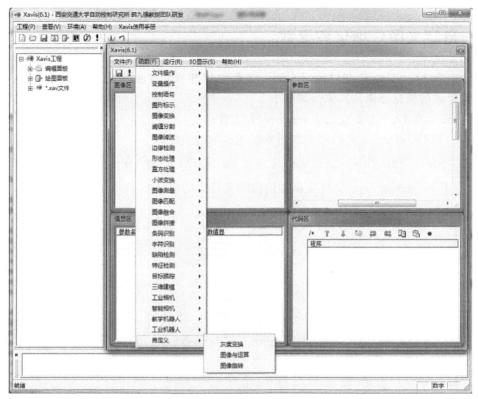

图 13-19　灰度变换函数图

(10)XAVIS 调用自定义的灰度变换函数进行彩色图像的灰度转换,调试验证函数功能,代码如下:

```
XAVIS CODE:
readimage(9\bottle_cap\0.bmp,rgbimage_std);
showimage(rgbimage_std);
convertgray(rgbimage_std,rgb2grayimage_std);
showimage(rgbimage_std);
```

程序运行及结果如图 13-20 所示。

(a)彩色原图　　　　　　　　　　(b)灰度图

图 13-20　灰度变换结果图

13.5 自定义图像细化库函数

结合本章 13.4 节内容,在 UserFunclib 工程中添加自定义的图像细化函数,实现对二值图中目标对象的细化处理。具体步骤如下:
(1)打开本章 13.4 节新建的 UserFunclib 工程;
(2)在 DibUserfunc.h 文件中添加图像细化函数的声明如下:

```cpp
BOOL _cdecl ImageThining(X2DImage * image_origin,X2DImage * image_edge)
```

(3)在 DibUserfunc.cpp 文件中添加图像细化函数的定义如下:

```cpp
BOOLCDibUserfunc::ImageThining(X2DImage * image_origin,X2DImage * image_edge)
{
    int nWidth = image_origin->GetDimensions().cx;
    int nHeight = image_origin->GetDimensions().cy;
    int lLineBytes = (((nWidth * 8) + 31)/32 * 4);
    unsigned char * pUnchImage = new unsigned char[lLineBytes * nHeight];
    X2DImage image(CSize(nWidth,nHeight),8);
    int x,y;
    //    int n = * kind;
    for(y = 0; y<nHeight; y++)
    {
        for(x = 0; x<nWidth; x++)
        {
            pUnchImage[y * lLineBytes + x] = (unsigned char)
    image_origin->m_lpImage[y * lLineBytes + x];
        }
    }
    * image_edge = image;
    ThiningDIB((char *)pUnchImage, lLineBytes, nHeight);
    for(y = 0; y<nHeight; y++)
    {
        for(x = 0; x<nWidth; x++)
        {
image_edge->m_lpImage[y * lLineBytes + x] = pUnchImage[y * lLineBytes + x];
        }
    };
    delete []pUnchImage;
    pUnchImage = NULL;
    return TRUE;
}
```

(4)在 CUserFunclibApp 类构造函数 CUserFunclibApp::CUserFunclibApp()中添加库函数接口定义,此处定义图像细化函数类型为缺陷检测 F_NICBUG,代码如下:

```
CUserFunclibApp::CUserFunclibApp()
{
    XBase object;
    //图像细化函数
    int temp2[8] = {K2DIMAGE,K2DIMAGE};
    CString temp2F[8] = {"原图像","输出图像"};
    CString temp2B[8] = {"Origin Image","output"};
    tFuncInfo info2("imagethining","图像细化",2,F_NICBUG,temp2,
    temp2F,temp2B,(PFUNC)&CDibUserfunc::ImageThining);
    object.AddFunction(info2);
}
```

(5)编译生成 UserFunclib.dll 文件,复制 UserFunclib.dll 至 XAVIS/dll 目录下,根据 13.3 节所述步骤,将 UserFunclib.dll 文件导入 XAVIS 算法库;

(6)按照 XAVIS/help 目录下函数说明 txt 文档格式,完成描述图像细化函数的说明文档 imagethining.txt,并将文档放至 XAVIS/help/缺陷检测目录下;

(7)重新开启 XAVIS 软件,新建 XAVIS 工程,在函数→缺陷检测菜单中可见图像细化函数,如下图 13-21 所示;

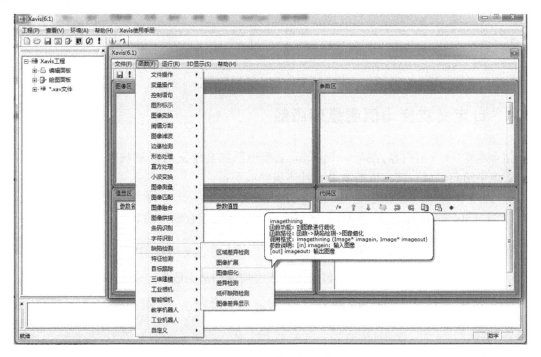

图 13-21 图像细化函数图

(8) XAVIS 调用自定义的图像细化函数进行图像细化,以调试验证函数功能,代码如下:

```
XAVIS CODE:
readimage(7\predict sample\xihua.bmp,image1);
convertgray(image1,image1);
showimage(image1);
gentext(5,5,20,原始图像,black);
sleep(800);
imagethining(image1,image2);
showimage(image2);
gentext(5,5,20,细化图像,black);
```

程序运行及结果如图 13-22 所示。

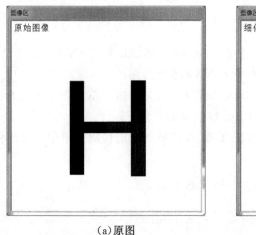
(a)原图

(b)细化图

图 13-22 图像细化结果图

13.6 自定义灰度均值测量库函数

结合本章 13.4 节内容,在 UserFunclib 工程中添加自定义的区域灰度均值测量函数,实现对图像中给定区域灰度均值的测量。具体步骤如下:

(1) 打开本章 13.4 节新建的 UserFunclib 工程。
(2) 在 DibUserfunc.h 文件中添加区域灰度均值测量函数的声明如下:

```
BOOL _cdecl rectgrayaverage(X2DImage * imageIn,XRect * rect,XDouble * AverageGray);
```

(3) 在 DibUserfunc.cpp 文件中添加区域灰度均值测量函数的定义如下:

```
BOOLCDibUserfunc::rectgrayaverage(X2DImage * imageIn,XRect * rect,XDouble * AverageGray)
{
    if(NULL = = imageIn→m_pImg)
    {
```

```cpp
        ErrorMessage("图像为空,请核对图像句柄");
        return FALSE;
}
if(imageIn->GetBitCount()!=8)
{
        ErrorMessage("请输入灰度图");
        return FALSE;
}
IplImage * image = cvCloneImage(imageIn->m_pImg);
uchar * data = (uchar *)image->imageData;
int step = image->widthStep / sizeof(uchar);
int nWidth = image->width;
int nHeight = image->height;
IplImage * invpimage = cvCreateImage(cvGetSize(image), 8, 1);
int i = 0, j = 0;
for(j = 0; j<nHeight; ++j)
    for(i = 0; i<nWidth; ++i)
    {
        invpimage->imageData[(nHeight - 1 - j) * step + i] = data[j * step + i];
        invpimage->imageData[(nHeight - 1 - j) * step + i] = data[j * step + i];
        invpimage->imageData[(nHeight - 1 - j) * step + i] = data[j * step + i];
    }
CRect nrect = rect->GetValue();
double grayData = 0;
int count = 0;
for (int h = nrect.top; h <= nrect.bottom; h++)
    for (int w = nrect.left; w <= nrect.right; w++)
    {
        if (h<480 && w<640 && h>0 && w>0)
        {
    unsigned char data = (unsigned char)invpimage->imageData[h * step + w];
            grayData = grayData + data;
            count++;
        }
    }
grayData = grayData / count;
AverageGray->SetValue(grayData);
cvReleaseImage(&invpimage);
cvReleaseImage(&image);
```

```
    return TRUE;
}
```

(4) 在 CUserFunclibApp 类构造函数 CUserFunclibApp::CUserFunclibApp() 中添加库函数接口定义,此处定义区域灰度均值测量函数类型为图像测量 F_MEASUREMENT,代码如下:

```
CUserFunclibApp::CUserFunclibApp()
{
    XBase object;
    //区域灰度均值测量函数
    int temp3[8] = {K2DIMAGE,KRECT,KDOUBLE};
    CString temp3F[8] = {"输入图像","区域","灰度均值"};
    CString temp3B[8] = {"input","input","output"};
    PFUN getpix3 = (PFUN) CDibUserfunc::rectgrayaverage;
    tFuncInfo info3("rectgrayaverage","区域灰度均值",3,
    F_MEASUREMENT,temp3,temp3F,temp3B,(PFUNC)&CDibUserfunc::rectgrayaverage);
    object.AddFunction(info3);
}
```

(5) 编译生成 UserFunclib.dll 文件,复制 UserFunclib.dll 至 XAVIS/dll 目录下,根据 13.3 节所述步骤,将 UserFunclib.dll 文件导入 XAVIS 算法库;

(6) 按照 XAVIS/help 目录下函数说明 txt 文档格式,完成描述区域灰度均值函数的说明文档 rectgrayaverage.txt,并将文档放至 XAVIS/help/图像测量目录下;

(7) 重新开启 XAVIS 软件,新建 XAVIS 工程,在函数→图像测量菜单中可见区域灰度均值函数,如图 13 - 23 所示;

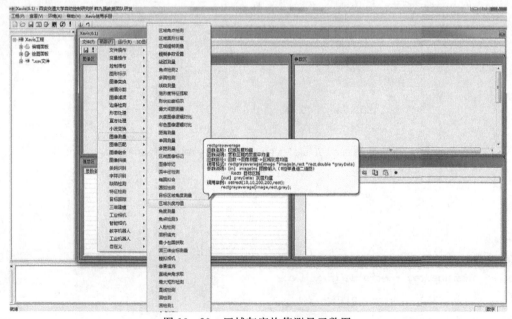

图 13 - 23　区域灰度均值测量函数图

(8)XAVIS 调用自定义的区域灰度均值函数,调试验证函数功能,代码如下:

```
XAVIS CODE:
readimage(A.jpg,img);
showimage(img);
convertdepth24to8(img,imggray);
drawrectangle(rect);
rectgrayaverage(imggray,rect,graydata);
showimage(img);
cstringformat("区域灰度均值:%f,graydata",str);
gentext(20,40,25,str,blue);
rectconverttopoint(rect,lx,ly,rx,ry);
genrectangle(lx,ly,rx,ry);
```

程序运行及结果如图 13-24 所示。

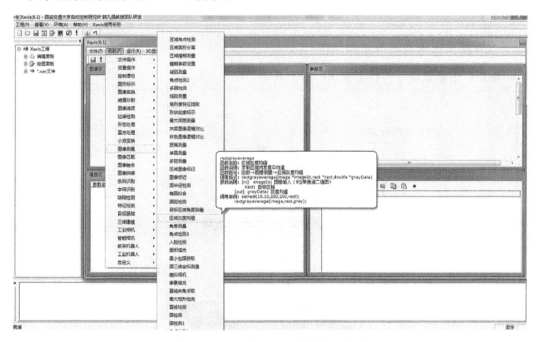

图 13-24 区域灰度均值测量结果图

第 14 章　基于智能相机的实验系统及工业应用

智能相机的实验系统是一款基于智能相机和 XAVIS 机器视觉智能组态软件的实验系统平台,它集尺寸测量、缺陷检测、模式识别等多项视觉检测功能于一体,可满足多种工业自动化应用场景需求。本章结合智敏智能相机 ZM-VS1300W 的应用来说明智能相机的实验系统和工业应用。

14.1　智能相机实验系统简介

14.1.1　智能相机实验系统平台结构

智能相机实验系统平台结构如图 14-1 所示。

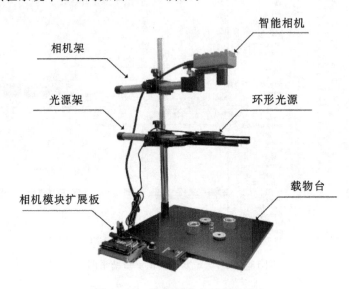

图 14-1　智能相机实验系统平台

(1) 相机架:调节相机视场角和物距,可水平或竖直移动,且竖直方向可微调。
(2) 光源架:用于调整光源相对于待检测物体的位置,可水平或竖直移动。
(3) 相机 IO 模块扩展板:IO 接口、USB 接口等模块扩展。
(4) ZM-VS1300W 智能相机:用于图像采集、处理、通信等。
(5) 环形光源:为待检测物体提供合适的光照条件,并且可以根据不同场景更换不同类型的光源。

(6) 载物台:用于放置待检测对象。

14.1.2 ZM-VS1300W 智能相机结构

ZM-VS1300W 智能相机是一款集成高速图像传感器和 Intel 四核处理器的智能相机,其面板接口结构如图 14-2 所示。

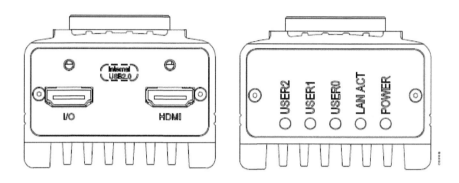

图 14-2 ZM-VS1300W 智能相机面板接口图

(1) HDMI 接口:用于相机显示,通过 HDMI 转 VGA 转换器连接显示器。
(2) I/O 接口:用于外接 I/O 模块扩展板。
(3) POWER 指示灯:用于指示相机系统状态,常亮指示设备正常工作。
(4) LAN ACT 指示灯:用于指示相机系统网络连接。

ZM-VS1300W 智能相机系统 I/O 模块扩展板接口如图 14-3 所示。

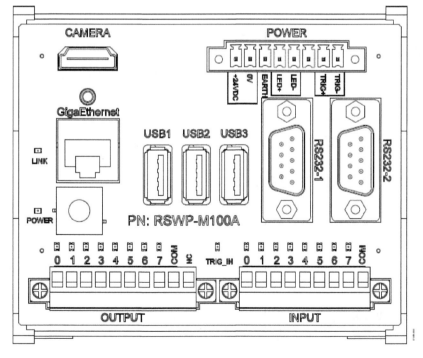

图 14-3 ZM-VS1300W 智能相机 I/O 模块接口图

(1) CAMERA 接口:用于连接相机的 I/O 接口。
(2) USB 接口:用于相机连接外设,如键盘、鼠标、U 盘等。
(3) POWER 接口:用于 24V 电源接口、Trigger 接口、LED 接口。TRIG＋接触发输入信号,TRIG－接地。
(4) 千兆网接口:用于相机系统网络连接。
(5) 电源开关:用于开关相机电源。
(6) INPUT 接口:智能相机的外接输入接口。
(7) OUTPUT 接口:智能相机的输出接口。
(8) RS232 接口:只有 RX 和 TX 两个信号,用于连接 PLC 等外部设备,支持的波特率(bps):230400、153600、115200、57600、19200、9600、4800、2400、600、300。

14.1.3 智能相机实验系统操作

1. 智能相机实验平台搭建

(1) 装配实验平台:根据第一节图 14-1 装配实验平台。
(2) 固定智能相机:用实验平台上的相机夹具水平固定智能相机,相机镜头朝下,相机散热片朝上,注意拧紧夹具两边旋钮,防止相机坠落。但不要过于用力,避免滑丝。
(3) 连接智能相机:先将相机 HDMI 接口连接显示器,相机 I/O 接口连接模块扩展板,将电源适配器一端相机电源线接头插入相机电源接口,注意接头方向。最后,将电源适配器另一端接入 100~240 V,50/60 Hz 的交流电中。然后打开 I/O 模块扩展板电源。

2. 智能相机实验平台操作

(1) 智能相机使用:智能相机运行 Win8 64 位系统,装有 XAVIS 软件可实现图像采集,图像处理,结果显示等。
(2) 相机位置调整:通过水平或竖直移动相机架可调整相机位置,同时相机架上设有微调旋钮,可实现相机竖直方向的微小调整。
(3) 焦距光圈调整:智能相机镜头焦距和光圈可调,并可更换合适的镜头,满足不同工业场景需求。

3. 智能相机实验平台编程、运行

智能相机实验系统的编程和运行,基于机器视觉智能组态软件 XAVIS。

14.2 工件尺寸测量实验案例

针对图 14-4 所示工件,利用 ZM-VS1300W 智能相机的实验系统进行工件宽度尺寸测量,编程实现的主要步骤如下:
(1) 打开 XAVIS 软件:将超级狗插入智能相机 USB 接口,双击桌面 XAVIS 软件;
(2) 图像采集编程:根据 XAVIS 软件编写代码如下:

```
opencamera(0,1300W);
setparameter(0,0,40000,2,1,0);
sleep(1000);
```

```
getframe(image);
showimage(image);
```

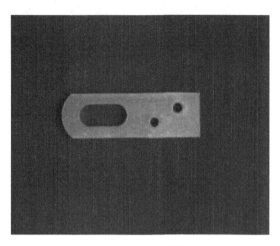

图 14-4 工件图

因为相机打开后,刚开始得到的几帧图像较暗,所以让相机多捕获几帧图像后,再根据采集到的图像处理。

(3)尺寸测量编程:在上一步 XAVIS 代码中增加尺寸测量的代码如下:

```
drawrectangle(rect);
rectthresholdcovert(image,image1,rect,iterativethreshold,1);
rectpointinvert(image1,image2,rect);
rectedgeget(image2,image3,rect,contour);
rectdistance(image3,rect,averagex,a,b,c);
showimage(image);
setcolor(2,red);
rectconverttopoint(rect,left,top,right,bottom);
genline(left,b,right,b);
genline(left,c,right,c);
setcolor(2,white);
showrectangle(rect);
cstringformat("宽:%f,a",str);
gentext(10,10,20,str,green);
```

(4)运行:将编写完成的 XAVIS 工程保存并运行,选择工件尺寸测量区域,测量工件宽度尺寸,测量结果如图 14-5 所示。

(5)结束工程:点击 XAVIS 工程复位按钮。

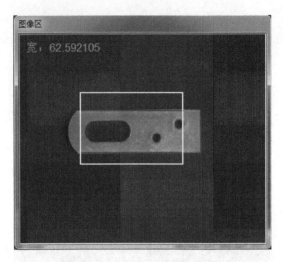

图 14-5　宽度尺寸测量结果图

14.3　形状识别分类实验案例

针对图 14-6 所示的三种不同形状工件,利用 ZM-VS1300W 智能相机的实验系统进行不同形状类型的识别分类,编程实现的主要步骤如下:

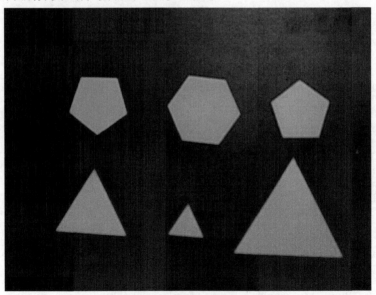

图 14-6　三种不同形状工件图

(1)打开 XAVIS 软件:将超级狗插入智能相机 USB 接口,双击桌面 XAVIS 软件。
(2)图像采集编程:根据 XAVIS 软件编写代码如下:

```
opencamera(0,1300W);
setparameter(0,0,40000,2,1,0);
```

```
sleep(1000);
getframe(image);
showimage(image);
```

(3)形状识别分类编程:在上一步 XAVIS 代码中增加形状识别的代码如下:

```
drawrectangle(rect);
rgb2gray(image,image);
thresholdcovert(image,image1,iterativethreshold,1);
showimage(image1);
select_area(image1,1000,100000,image2);
showimage(image2);
getrectfeature(image2,rect,0,1000000,feature);
gettargcontour(image,image2,feature,0.03,0.03,number,image3);
showimage(image3);
```

(4)运行:将编写完成的 XAVIS 工程保存并运行,选择待识别的工件类别区域。识别结果如图 14-7 所示。

图 14-7 形状识别分类结果图

(5)结束工程:点击 XAVIS 工程复位按钮。

14.4 药品分装缺陷检测工业应用案例

针对图 14-8 所示的药品包装,利用 ZM-VS1300W 智能相机的实验系统检测药品分装

的缺陷,编程实现的主要步骤如下:

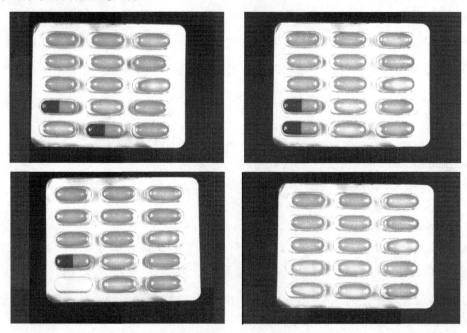

图 14-8　药品包装图

(1)打开 XAVIS 软件:将超级狗插入智能相机 USB 接口,双击桌面 XAVIS 软件;
(2)图像采集编程:根据 XAVIS 软件编写代码如下:

```
opencamera(0,1300W);
setparameter(0,0,40000,2,1,0);
sleep(1000);
getframe(image);
showimage(image);
```

(3)药品分装缺陷检测编程:在上一步 XAVIS 代码中增加缺陷检测的代码如下:

```
readimage(9\药品\blister_01.bmp,image1);
apartrgb(image,r,g,b);
apartrgb(image1,r1,g1,b1);
pointinvert(b,b_inver);
pointinvert(b1,b1_inver);
cvsub(b1_inver,b_inver,b_sub,20);
erosion(b_sub,0,3,2,b_sub_ero);
pointinvert(b_sub_ero,b_sub_ero_inver);
mucharea_del(b_sub_ero_inver,1650,4000,b_sub_ero_r); mucharea(b_sub_ero_r,20, ss,nn,xx,yy,ll,ww,hh);
doubthresh(b,80,200,thresh_b);
```

```
erosion(thresh_b,0,3,2,ero_b);
pointinvert(ero_b,ero_b1);
mucharea(ero_b1,50,s,number,x,y,label,width,height);
mucharea_del(ero_b1,200,4000,b1);
pointinvert(b1,b2);
dilation(b2,0,4,2,dila_b2);
pointinvert(dila_b2,dila_b21);
mucharea(dila_b21,50,s1,number1,x1,y1,label1,width1,height1);
sum = (0);
for(i = 0,number1,1);
   sum = (sum + s1[i]);
endfor();
aver = (sum/number1);
line = (aver/4 * 3);
showimage(image);
if(nn>0);
   for(j = 0,nn,1);
      h11 = (xx[j] - 10);
      h12 = (xx[j] + 110);
      v11 = (yy[j] - 10);
      v12 = (yy[j] + 50);
      setcolor(2,red);
      genrectangle(h11,v11,h12,v12);
   endfor();
endif();
t = (0);
for(i = 0,number1,1);
   if(s1[i]<line);
      h1 = (x1[i] - 60);
      h2 = (x1[i] + 60);
      v1 = (y1[i] - 10);
      v2 = (y1[i] + 50);
      genrectangle(h1,v1,h2,v2);
      setcolor(2,red);
      t = (t + 1);
   endif();
endfor();
cw = (15 - number1 + t);
if(cw>0);
```

```
    gentext(550,0,50,不合格,red);
    gentext(590,50,50,错:,red);
    cstringformat(" %d,cw",str);
    gentext(650,50,50,str,red);
  endif();
  if(t = 0);
    if(number1 = 15);
      gentext(550,0,50,合格,red);
    endif();
  endif();
```

(4)运行:将编写完成的 XAVIS 工程保存并运行。检测结果如图 14-9 所示。

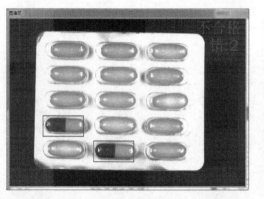

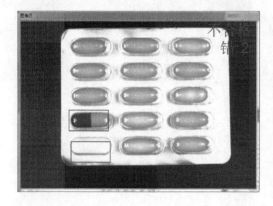
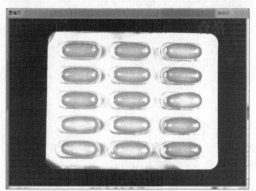

图 14-9 药品分装缺陷检测结果图

(5)结束工程:点击 XAVIS 工程复位按钮。

14.5 集装箱字符识别工业应用案例

针对图 14-10 所示集装箱图像,利用 ZM-VS1300W 智能相机的实验系统识别集装箱字符,编程实现的主要步骤如下:

图 14-10 集装箱图像

(1)打开 XAVIS 软件:将超级狗插入智能相机 USB 接口,双击桌面 XAVIS 软件;
(2)图像采集编程:根据 XAVIS 软件编写代码如下:

```
opencamera(0,1300W);
setparameter(0,0,40000,2,1,0);
sleep(1000);
getframe(img);
showimage(img);
```

(3)集装箱字符识别编程:在上一步 XAVIS 代码中增加集装箱字符识别的代码如下:

```
readimage(502.jpg,initimg);
convertdepth24to8(initimg,imggray);
showimage(imggray);
drawrectangle(rect);
setroi(imggray,rect,img);
showimage(img);
thresholdcovert(img,thr,otsuthreshold,30);
showimage(thr);
select_area(thr,50,5000,out1);
showimage(out1);
connection(out1,mark,num);
regionstatistics(mark,area,lx,ly,rx,ry);
for(i = 0,num,1);
    setrect(lx[i],ly[i],rx[i],ry[i],rect_temp);
```

```
    for(i=0,36,1);
        cstringformat("%d.bmp,i",bmpname);
        readimage(bmpname,modelimg);
        model_match(modelimg,image,rect_temp,i,36,0,result);
    endfor();
endfor();
showimage(initimg);
gentext(30,100,35,result,red);
```

(4)运行:将编写完成的 XAVIS 工程保存并运行。检测结果如图 14-11 所示。

图 14-11 集装箱字符识别结果图

(5)结束工程:点击 XAVIS 工程复位按钮。

14.6 磁环缺陷检测工业应用案例

针对图 14-12 所示磁环图像,利用 ZM-VS1300W 智能相机的实验系统检测磁环内外侧的缺陷,编程实现的主要步骤如下:

(1)打开 XAVIS 软件:将超级狗插入智能相机 USB 接口,双击桌面 XAVIS 软件;
(2)图像采集编程:根据 XAVIS 软件编写代码如下:

```
opencamera(0,1300W);
setparameter(0,0,40000,2,1,0);
sleep(1000);
getframe(img);
showimage(img);
```

图 14-12 磁环缺陷图

(3)磁环缺陷检测编程:在上一步 XAVIS 代码中增加磁环缺陷检测的代码如下:

```
setrect(0,0,800,2050,rect);
setilength(widehist,2050);
setilength(dishist,2050);
setilength(widedishist,2050);
setroi(img,rect,img1);
a=(100);
sobeldiff(img1,0,1,5,img4);
thresholdcovert(img4,img5,fixthreshold,250);
thresholdcovert(img1,imgwhitepoint,fixthreshold,250);
showimage(imgwhitepoint);
Otsu(img1,b);
thresholdcovert(img1,img2,fixthreshold,100);
showimage(img2);
shuangbianceliang1(widehist,diswidehist,dishist2,dishist,img2,img5);
shangweizhijisuan(dishist,weizhi);
xiaweizhijisuan(dishist,weizhi2);
weizhi1=(weizhi+200);
weizhi3=(weizhi+400);
weizhi4=(weizhi2-600);
weizhi5=(weizhi2-200);
setrect(0,0,800,weizhi1,rect11);
setrect(0,weizhi1,800,weizhi3,rect21);
setrect(0,weizhi3,800,weizhi4,rect31);
```

```
setrect(0,weizhi4,800,weizhi5,rect41);
setrect(0,weizhi5,800,2050,rect61);
b1 = (b - 78);
rectthresholdcovert(img1,img3,rect11,fixthreshold,b1);
showimage(img3);
b1 = (b - 90);
rectthresholdcovert(img3,img3,rect21,fixthreshold,b1);
showimage(img3);
b1 = (b - 95);
rectthresholdcovert(img3,img3,rect31,fixthreshold,b1);
showimage(img3);
b1 = (b - 94);
rectthresholdcovert(img3,img3,rect41,fixthreshold,b1);
showimage(img3);
b1 = (110);
rectthresholdcovert(img3,img3,rect61,fixthreshold,b1);
erosion(img3,1,3,1,img3);
dilation(img3,1,3,1,img3);
showimage(img3);
shuangbianceliang1(widehist,diswidehist,dishist2,dishist,img3,imgwhitepoint);
showimage(img3);
quexianjiance1(weizhi,weizhi2,dishist,widehist,diswidehist,img1,ngsflag,pdflag);
quexianjianceleixing1(weizhi,weizhi2,dishist,widehist,diswidehist,img1,ngsflag,pdflag);
shangbianyuanquchu(weizhi,weizhi2,dishist,widehist,img3);
sobelshangbianyuanquchu(10,dishist,dishist2,img5);
quexianjianceleixing1(weizhi,weizhi2,dishist,widehist,diswidehist,img1,ngsflag,pdflag);
erosion(img5,1,5,1,img6);
dilation(img6,1,3,2,img7);
quexianjiance2(weizhi,weizhi2,dishist,dishist2,widehist,img3,img1,img3,img7,num_ng);
quexianbiaozhu(weizhi,weizhi2,b,pdflag,ngsflag,num_ng,img1);
tuxiangfanzhuan(img1);
showimage(img1);
```

(4)运行:将编写完成的 XAVIS 工程保存并运行。检测结果如图 14-13 所示。

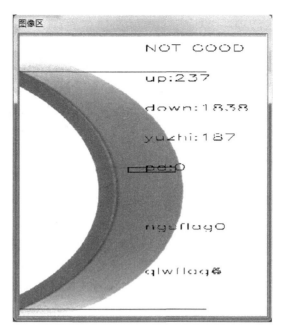

图 14-13 磁环缺陷检测结果图

(5)结束工程:点击 XAVIS 工程复位按钮。

第 15 章　群机器人物联网智动化系统教学实验平台

15.1　群机器人物联网智动化系统教学实验平台简介

　　智能时代的系统装备智能化已成为各行各业不可或缺的学习、研究、应用的重要内容,依据工业发展的类人比较规律,提出了一种生产线设计新思路和新模式,以适应小批量、多品种、个性化时代的柔性化生产需求,研制成功一种群机器人物联网智动化系统教学实验平台 XAVS-1800。

　　群机器人物联网智动化系统教学实验平台 XAVS-1800 是一款基于机器视觉智能组态软件 XAVIS,集工件图像采集、图像处理、模式识别和机器人控制等视觉测控于一体,可以由不同数量的自主智能机器人组成,既可实现机器人自主作业的智能,也可实现多机器人协同作业的群体智能。群机器人物联网智动化系统教学实验平台 XAVS-1800 可视教学实验场地大小或学生人数多少组态搭建群体机器人教学实验系统规模,也就是说群机器人物联网智动化系统教学实验平台可根据具体情况任意增加或减少系统中的自主智能设备数量,而不影响群机器人智动化系统教学实验平台的基本教学功能和智能化本质。

　　群机器人物联网智动化系统教学实验平台的群体智能包括群体之间命令识别与信息请求的智能、编排作业生产计划的设备调度智能、完成作业目标的优化智能等。要达到系统的群体智能,首先是系统设备的自主智能,群机器人智动化系统教学实验平台中的自主智能设备包括对现场动态对象识别的智能、对现场动态对象跟踪操控的智能、不受系统时序控制自主作业的智能、不影响系统作业自主进出系统的智能、以及对改变作业方式现场决策的智能等。群机器人智动化系统教学实验平台可开设的教学实验包括工件异步转移智能实验、工件色差分类智能实验、工件形体分类智能实验、工件尺寸分类智能实验、单视觉机器人工件自主装配智能实验、双机器人工件协作装配智能实验、工件虚拟加工同步智能实验等。

　　群机器人智动化系统教学实验平台适用于群体智能涉及的智能机器人、智能制造装备、智能测控系统等方向或领域的机器视觉、模式识别、图像处理、机器学习等课程的教学实验,也可作为智能制造的工件拆装、机器协同的象棋对决、群体竞争的麻将博弈等智动化系统演示实验。群机器人物联网智动化系统教学实验平台不仅适用于电子与信息领域相关学科专业本科生与研究生教学实验,也适用于机械和电器相关学科专业的本科生和研究生教学实验,也可供从事模式识别、机器学习、深度机器学习理论方法研究智能科学的工作者参考使用。

1. 系统功能

(1) 智能组态编程功能

　　群机器人物联网智动化系统教学实验平台具有机器视觉智能组态软件的离线组态编程功

能,可通过组态图像处理、模式识别、机器学习、机器人运动控制等库函数实现组态快速编程。

(2)算法库功能

群机器人智动化系统教学实验平台配套使用的机器视觉智能组态软件 XAVIS 包含图像测量、检测、定位、识别、控制等 300 多个库函数和 10 多个智能实验案例。

(3)基本实验功能

通过机器视觉智能组态软件 XAVIS 编程,群机器人智动化系统教学实验平台可实现工件的自主智能装配,群体协同装配,工件智能搬运转移,工件的模识分类,以及工件装配和拆卸等。

(4)实验扩展功能

采用 XAVIS 组态编程,群机器人智动化系统教学实验平台可实现对自定义工件的图像采集、图像识别、定位抓取、工件拆装的全过程。

(5)教学潜在功能

群机器人智能系统教学实验平台与《机器视觉技术及应用》、《机器视觉智能组态软件 XAVIS 及应用》和《数字图像处理》相结合,可用于高校开设工业机器人、机器视觉、模式识别、自动控制、机器学习等课程的教学实验。

2. 系统特点

(1)自主性强

群机器人智动化系统教学实验平台均采用视觉机器人,它不仅具备机器人应有的基本功能,还具有视觉功能,自主智能作业性强。

(2)系统性强

群机器人智动化系统教学实验平台采用的视觉机器人,不仅具有机器人的视觉能力,还具有物联网通信的群体机器人协同作业能力,系统性强。

(3)智能性强

群机器人智动化系统教学实验平台采用的所有视觉机器人,并受机器视觉智能组态软件 XAVIS 的支持,易于提高视觉机器人的自主智能。

(4)组态性强

群机器人智动化系统教学实验平台采用的视觉机器人具有物联网通信和机器视觉智能组态软件,易于实现不同规模机器人群体智动化作业系统。

(5)平台性强

群机器人智动化系统教学实验平台,对传统自动化系统结构进行了颠覆性的结构改造,实现小批量、多品种产品生产制造柔性组态平台特点显著。

(6)性价比高

群机器人智动化系统教学实验平台既可实现硬件结构柔性组态,也可实现软件智能组态,实现不同需求智动化系统性价比高。

3. 系统框图

在群机器人智动化系统教学实验平台结构原理示意图如图 15-1,其中虚线框中表示群体智能机器人协同作业的系统结构,环行线表示物料传送带,传送带周边包括加工机器、视觉机器人、AGV 小车等。该系统表示得到用户手机订货信息后,由业务主管人员一键启动智动化作业生产系统,待智能完成全部产品生产后,由移动视觉机器人搬运并装上物流车,送达目的地手机订货用户。

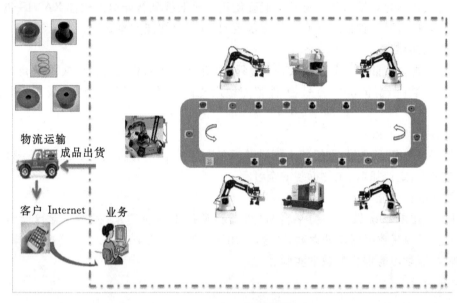

图 15-1　系统结构原理示意图

在群机器人物联网智动化系统教学实验平台模型图 15-2 中,四个视觉机械手就是四个完全相同的自主视觉机器人,它们分别在不同工位上完成相同或不同的作业任务;右侧就是一台移动视觉机器人 AGV 小车,主要负责环形流水线上的工件上料和成品下货,并将合格产品搬运装上物流车。在视觉机器人两端的显示器,分别表示两台虚拟加工中心,实现产品生产过

图 15-2　系统模型图

程的车铣钻冲虚拟加工过程,在虚拟加工上下料时,虚拟机械手与实际视觉机器人始终可保持同步。对于建立实际工业机器人智能制造系统时,将虚拟机床更换为实际数控加工中心,将教学机器人更换为工业机器人,在软件的支持下,即可实现工业产品的智能制造生产。

15.2 视觉机器人教学实验平台简介

视觉机器人教学实验平台 XAVS-1600 是一款基于 XAVIS 机器视觉智能组态软件的视觉机器人教学实验平台,也是群机器人物联网智动化系统教学实验平台 XAVS-1800 的重要组成单元,它集工件图像采集、图像处理、模式识别和机器人控制等视觉测控一体,用其可开设自动化、机械工程、计算机、机电一体化、机器人及测控仪器等专业的教学创新实验。

1. 视觉机器人组成结构

①相机:用于获取图像,调整机械臂末端位置可以调节相机视场角和物距。
②光源:为待检测物体提供合适的光照条件。
③气泵夹爪:用于抓取物体。
④控制器:与装有 XAVIS 软件的 PC 机连接,用于控制机器人运动。
⑤机器人:4 轴机器人。
⑥气泵盒:与控制器连接,用于控制气泵夹爪开合。

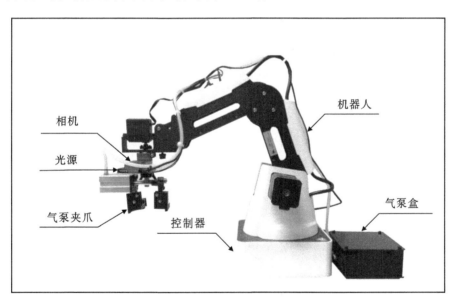

图 15-3 视觉机器人组成结构图

2. 视觉机器人教学实验平台模型

在视觉机器人教学实验平台 XAVS-1600 模型图 15-4 中,视觉机械手就是具有自主智能的机器人,基于机器视觉智能组态软件 XAVIS 进行开发,机械手右侧放置四个工件原料区,左侧放置一个工件装配区,该平台能够实现六种不同大小和不同颜色工件的识别、定位和抓取,也可实现对其进行智能化装配和拆卸。此外,采用 XAVIS 组态编程可实现对自选工件的图像采集、图像识别、定位抓取、甚至拆卸与装配。

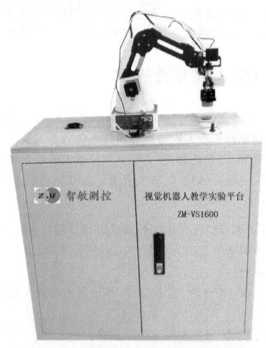

图 15-4　视觉机器人教学实验平台模型图

3. 视觉机器人工件识别移位实验案例

针对图 15-5 所示黑色工件，需要对黑色工件识别、定位、抓取并将其放至指定位置，编程实现的主要步骤如下。

图 15-5　黑色工件图

(1) 开启机器人：启动机器人。
(2) 打开 XAVIS 软件：双击桌面 XAVIS 软件；
(3) 黑色工件识别定位编程
XAVIS 软件程序代码如下：

```
setinput(image);
flagB = (-1);
```

```
convertdepth24to8(image,image_gray);
showimage(image);
imageenhance(image_gray,image_enhance,pointliner);
houghcircle(image_enhance,circle_image,centerx,centery,r,num);
if(num>0);
if(r[0]>30&r[0]<80);
gencircles(centerx,centery,r);
left = (centerx[0] - r[0]);
if(left<0);
left = (0);
endif();
right = (centerx[0] + r[0]);
if(right>639);
right = (639);
endif();
top = (centery[0] - r[0]);
if(top<0);
top = (0);
endif();
bottom = (centery[0] + r[0]);
if(bottom>479);
bottom = (479);
rectgrayaverage(image_gray,rect,gray);
endif();
setrect(left,top,right,bottom,rect);
rectgrayaverage(image_gray,rect,gray);
if(gray<80);
flagB = (1);
endif();
endif();
endif();
setoutput(flagB,centerx,centery);
```

(4) 黑色工件识别抓放编程

将上一步 XAVIS 代码保存为一个 XAVIS 工程，然后新建一个空工程，再仿照 12.3.2 例程编写 XAVIS 代码如下：

```
ConnectRobot(3000);
SetPTPStaticParams(200,200,200,200,1000,1000);
SetPTPDynamicParams(100,100);
```

```
CameraOpen();
posex = (256);
posey = (-90);
posez = (80);
poser = (-28.3);
PointToPoint(1,0,posex,posey,posez,poser,0,0);
RobotSleep(200);
flagCam = (0);
state = (0);
while(1);
GetFrame(image);
showimage(image);
if(flagCam = 0);
callfile(12.3.1黑色工件识别定位.xav,image,flagB,centerx,centery);
if(flagB = 1);
flagCam = (-1);
offsetx = (centery[0]-240);
offsetx = (offsetx*0.22);
offsety = (centerx[0]-320);
offsety = (offsety*0.22);
posex = (posex+5-offsetx);
posey = (posey+100-offsety);
posez = (-10);
PointToPoint(2,1,posex,posey,posez,poser,1,100);
RobotSleep(200);
posez = (80);
PointToPoint(2,0,posex,posey,posez,poser,1,0);
RobotSleep(100);
posex = (posex-50);
posey = (30);
posez = (-13);
PointToPoint(1,1,posex,posey,posez,poser,0,0);
RobotSleep(100);
posez = (80);
PointToPoint(2,1,posex,posey,posez,poser,0,0);
RobotSleep(100);
posex = (256);
posey = (-30);
posez = (80);
```

```
poser = ( - 28.3);
PointToPoint(1,0,posex,posey,posez,poser,0,0);
RobotSleep(200);
flagCam = (0);
state = (0);
endif();
if(flagB = -1);
if(state>3);
state = (0);
posex = (256);
posey = ( - 90);
posez = (80);
poser = ( - 28.3);
PointToPoint(1,0,posex,posey,posez,poser,0,0);
RobotSleep(200);
endif();
state = (state + 1);
posey = (posey + 30);
PointToPoint(2,0,posex,posey,posez,poser,1,0);
RobotSleep(200);
endif();
endif();
end();
```

(5) 运行：将编写完成的 XAVIS 工程保存并运行。

(6) 结束工程：点击 XAVIS 工程复位按钮。

(7) 关闭机器人：断开机器人电源。

注意：上述工程代码是根据实际环境测试通过的，机器人可以成功完成上述作业功能，如果在实际应用中还出现一些问题导致机器人不能顺利完成作业，则需要根据具体问题调整图像处理、图像识别、机器人运动控制等相关函数参数，从而保证机器人成功完成上述作业功能。

4. 视觉机器人自主装配与拆卸实验案例

根据视觉机器人教学实验平台 XAVS-1600 搭建视觉机器人自主装配与拆卸实验平台，进行工件的装配和拆卸工作。实验平台右侧的四个工位点放置待装配的四个工件，实验平台左侧是装配工位点。一个机器人通过循环扫描右侧四个工位点，寻找到目标工件并抓取至左侧装配工位点完成工件的装配。工件装配结束后，机器人在装配工位点拆卸工件并将工件随机放置在右侧的四个工位点。通过 XAVIS(6.0)控制机器人完成上述作业，实现工件的自主装配和拆卸实验。

(1) 开始：通过 USB 接口插入加密狗，打开 XAVIS 软件。将四种待装配工件随机放置于实验平台右侧的四个工位点，待装配四种工件如图 15-6 所示。

图 15-6 待装配工件

(2)工件装配和拆卸：视觉机器人工件装配和拆卸流程图如图 15-7 所示。

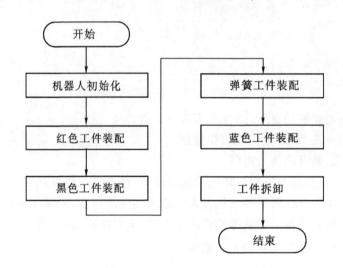

图 15-7 工件装配和拆卸流程图

(3)采用 XAVIS 软件编写工件装配和拆卸代码如下。

```
ConnectRobot(3000);
SetPTPStaticParams(200,200,200,200,1000,1000);
SetPTPDynamicParams(100,100);
CameraOpen();
```

```
state = (0);
mode = (0);
while(1);
   if(state = 0);
      callfile(红色工件装配(调用).xav);
      state = (state + 1);
   endif();
   if(state = 1);
      callfile(黑色工件装配(调用).xav);
      state = (state + 1);
   endif();
   if(state = 2);
      callfile(弹簧工件装配(调用).xav);
      state = (state + 1);
   endif();
   if(state = 3);
      callfile(蓝色工件装配(调用).xav);
      state = (0);
   endif();
   if(mode = 0);
      callfile(工件拆卸.xav);
   endif();
end();
```

(4)红色工件装配:视觉机器人红色工件装配流程图如图15-8所示。

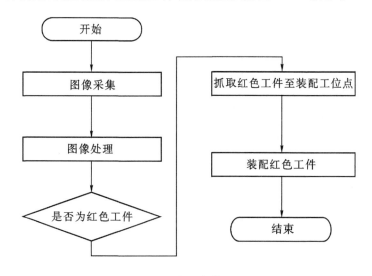

图15-8 红色工件装配流程图

(5) 采用 XAVIS 软件编写红色工件装配代码如下。

```
*ConnectRobot(3000);
*SetPTPStaticParams(200,200,200,200,1000,1000);
*SetPTPDynamicParams(100,100);
*CameraOpen();
posex[4] = ([70, -15.846, -96.206, -175.448]);
posey[4] = ([-250.5, -253.456, -253.456, -253.456]);
posez[4] = ([70,70,70,70]);
poser[4] = ([-123.275, -119.115, -117.115, -114.785]);
i = (0);
flagCatchA = (0);
flagCam = (0);
PointToPoint(1,0,posex[i],posey[i],posez[i],poser[i],0,0);
RobotSleep(200);
while(1);
  GetFrame(image);
  showimage(image);
  flagCam = (1);
  if(flagCatchA = 0&flagCam = 1);
    flagCam = (0);
    callfile(红色工件识别(调用).xav,image,flagA,Acenterx,Acentery,thetaA);
    if(flagA = 1&thetaA > -1);
      offsetx = (Acenterx - 300);
      offsetx = (offsetx * 0.2);
      offsety = (Acentery - 240);
      offsety = (offsety * 0.2);
      if(i = 0);
        tempposex = (posex[i] + 59 - offsetx);
        tempposey = (posey[i] + offsety + 2);
      endif();
      if(i = 1);
        tempposex = (posex[i] + 62 - offsetx);
        tempposey = (posey[i] + offsety);
      endif();
      if(i = 2);
        tempposex = (posex[i] + 67 - offsetx);
        tempposey = (posey[i] + offsety - 1);
```

```
endif();
if(i = 3);
   tempposex = (posex[i] + 67 - offsetx);
   tempposey = (posey[i] + offsety - 1);
endif();
tempposez = (2);
tempposer = (poser[i]);
PointToPoint(2,1,tempposex,tempposey,tempposez,tempposer,1,0);
RobotSleep(1000);
tempposez = (70);
PointToPoint(2,1,tempposex,tempposey,tempposez,tempposer,1,0);
RobotSleep(100);
tempposex = (-5.5);
tempposey = (248);
tempposer = (65.3);
PointToPoint(1,1,tempposex,tempposey,tempposez,tempposer,1,0);
RobotSleep(400);
tempposez = (4.5);
SetPTPDynamicParams(50,50);
PointToPoint(2,1,tempposex,tempposey,tempposez,tempposer,1,0);
RobotSleep(100);
thetaA = (thetaA % 120);
if(thetaA>100);
   tempposer = (tempposer + 75 - thetaA);
else();
   tempposer = (tempposer + 95 - thetaA);
endif();
PointToPoint(1,1,tempposex,tempposey,tempposez,tempposer,0,0);
RobotSleep(300);
tempposez = (70);
SetPTPDynamicParams(100,100);
PointToPoint(2,0,tempposex,tempposey,tempposez,tempposer,0,0);
RobotSleep(100);
flagCatchA = (0);
i = (0);
PointToPoint(1,0,posex[i],posey[i],posez[i],poser[i],0,0);
RobotSleep(300);
```

```
      break();
    endif();
    if(flagA = 0);
      i = (i + 1);
      if(i>3);
        i = (0);
        PointToPoint(1,0,posex[i],posey[i],posez[i],poser[i],0,0);
        RobotSleep(200);
      else();
        PointToPoint(2,0,posex[i],posey[i],posez[i],poser[i],0,0);
        RobotSleep(200);
      endif();
    endif();
  endif();
end();
```

(6)黑色工件装配:视觉机器人黑色工件装配流程图如图 15-9 所示。

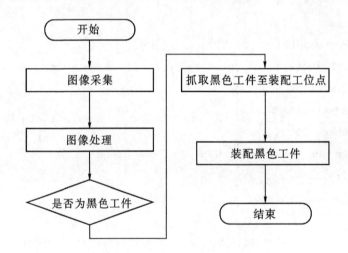

图 15-9 黑色工件装配流程图

(7)采用 XAVIS 软件编写黑色工件装配代码如下。

```
* ConnectRobot(3000);
* SetPTPStaticParams(200,200,200,200,1000,1000);
* SetPTPDynamicParams(100,100);
* CameraOpen();
posex[4] = ([70, -15.846, -96.206, -175.448]);
posey[4] = ([-250.5, -253.456, -253.456, -253.456]);
```

```
posez[4] = ([70,70,70,70]);
poser[4] = ([-123.275,-117.115,-117.115,-114.785]);
i = (0);
flagCatchB = (0);
flagCam = (0);
PointToPoint(1,0,posex[i],posey[i],posez[i],poser[i],0,0);
RobotSleep(200);
while(1);
   GetFrame(image);
   showimage(image);
   flagCam = (1);
   if(flagCatchB = 0&flagCam = 1);
      flagCam = (0);
      callfile(黑色工件识别新(调用).xav,image,flagB,Bcenterx,Bcentery);
      if(flagB = 1);
         offsetx = (Bcenterx - 300);
         offsetx = (offsetx * 0.2);
         offsety = (Bcentery - 220);
         offsety = (offsety * 0.2);
         if(i = 0);
            tempposex = (posex[i] + 105 - offsetx);
            tempposey = (posey[i] + offsety + 1);
         endif();
         if(i = 1);
            tempposex = (posex[i] + 106 - offsetx);
            tempposey = (posey[i] + offsety + 2);
         endif();
         if(i = 2);
            tempposex = (posex[i] + 107 - offsetx);
            tempposey = (posey[i] + offsety);
         endif();
         if(i = 3);
            tempposex = (posex[i] + 107 - offsetx);
            tempposey = (posey[i] + offsety - 1);
         endif();
         tempposez = (-1);
         tempposer = (poser[i]);
```

```
            PointToPoint(2,1,tempposex,tempposey,tempposez,tempposer,1,100);
            RobotSleep(500);
            tempposez = (70);
            PointToPoint(2,0,tempposex,tempposey,tempposez,tempposer,1,0);
            RobotSleep(100);
            tempposex = (-45.5);
            tempposey = (250);
            tempposer = (54.5);
            PointToPoint(1,1,tempposex,tempposey,tempposez,tempposer,1,0);
            RobotSleep(200);
            tempposez = (10);
            PointToPoint(2,1,tempposex,tempposey,tempposez,tempposer,0,2);
            RobotSleep(200);
            tempposez = (70);
            PointToPoint(2,0,tempposex,tempposey,tempposez,tempposer,0,0);
            RobotSleep(200);
            flagCatchB = (0);
            i = (0);
            PointToPoint(1,0,posex[i],posey[i],posez[i],poser[i],0,0);
            RobotSleep(300);
            break();
        endif();
        if(flagB = 0);
            i = (i+1);
            if(i>3);
                i = (0);
                PointToPoint(1,0,posex[i],posey[i],posez[i],poser[i],0,0);
                RobotSleep(200);
            else();
                PointToPoint(2,0,posex[i],posey[i],posez[i],poser[i],0,0);
                RobotSleep(200);
            endif();
        endif();
    endif();
end();
```

(8)弹簧工件装配:视觉机器人弹簧工件装配流程图如图 15-10 所示。

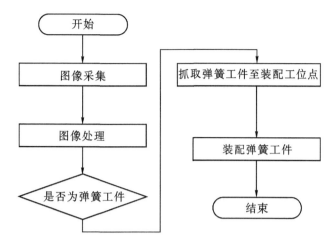

图 15-10 弹簧工件装配流程图

(9)采用 XAVIS 软件编写弹簧工件装配代码如下。

```
* ConnectRobot(3000);
* SetPTPStaticParams(200,200,200,200,1000,1000);
* SetPTPDynamicParams(100,100);
* CameraOpen();
posex[4] = ([70, -15.846, -96.206, -175.448]);
posey[4] = ([-250.5, -253.456, -253.456, -253.456]);
posez[4] = ([70,70,70,70]);
poser[4] = ([-123.275, -117.115, -117.115, -114.785]);
i = (0);
flagCatchC = (0);
flagCam = (0);
PointToPoint(1,0,posex[i],posey[i],posez[i],poser[i],0,0);
RobotSleep(200);
while(1);
  GetFrame(image);
  showimage(image);
  flagCam = (1);
  if(flagCatchC = 0&flagCam = 1);
    flagCam = (0);
    callfile(弹簧工件识别新(调用).xav,image,flagC,Ccenterx,Ccentery);
    if(flagC = 1);
      offsetx = (Ccenterx - 300);
      offsetx = (offsetx * 0.2);
      offsety = (Ccentery - 220);
```

```
offsety = (offsety * 0.2);
if(i = 0);
   tempposex = (posex[i] + 105 - offsetx);
   tempposey = (posey[i] + offsety + 1);
endif();
if(i = 1);
   tempposex = (posex[i] + 106 - offsetx);
   tempposey = (posey[i] + offsety + 3);
endif();
if(i = 2);
   tempposex = (posex[i] + 105 - offsetx);
   tempposey = (posey[i] + offsety - 2);
endif();
if(i = 3);
   tempposex = (posex[i] + 105 - offsetx);
   tempposey = (posey[i] + offsety - 3);
endif();
tempposer = (poser[i]);
tempposez = (-8);
PointToPoint(2,1,tempposex,tempposey,tempposez,tempposer,1,100);
RobotSleep(500);
tempposez = (70);
PointToPoint(2,0,tempposex,tempposey,tempposez,tempposer,1,0);
RobotSleep(100);
tempposex = (-47);
tempposey = (250);
tempposer = (54.5);
PointToPoint(1,0,tempposex,tempposey,tempposez,tempposer,1,0);
RobotSleep(200);
tempposez = (18);
PointToPoint(2,1,tempposex,tempposey,tempposez,tempposer,0,0);
RobotSleep(200);
tempposez = (70);
PointToPoint(2,0,tempposex,tempposey,tempposez,tempposer,0,0);
RobotSleep(200);
flagCatchC = (0);
i = (0);
PointToPoint(1,0,posex[i],posey[i],posez[i],poser[i],0,0);
RobotSleep(300);
```

```
        break();
      endif();
    if(flagC = 0);
      i = (i + 1);
      if(i>3);
        i = (0);
        PointToPoint(1,0,posex[i],posey[i],posez[i],poser[i],0,0);
        RobotSleep(200);
      else();
        PointToPoint(2,0,posex[i],posey[i],posez[i],poser[i],0,0);
        RobotSleep(200);
      endif();
    endif();
  endif();
end();
```

(10) 蓝色工件装配:视觉机器人蓝色工件装配流程图如图 15-11 所示。

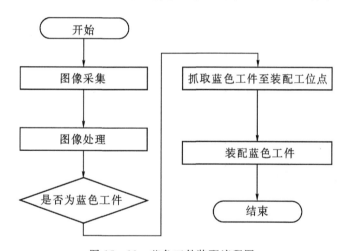

图 15-11 蓝色工件装配流程图

(11) 采用 XAVIS 软件编写蓝色工件装配代码如下。

```
* ConnectRobot(3000);
* SetPTPStaticParams(200,200,200,200,1000,1000);
* SetPTPDynamicParams(100,100);
* CameraOpen();
posex[4] = ([70, -15.846, -96.206, -175.448]);
posey[4] = ([-250.5, -253.456, -253.456, -253.456]);
posez[4] = ([70,70,70,70]);
poser[4] = ([-123.275, -117.115, -117.115, -114.785]);
```

```
i = (0);
flagCatchD = (0);
PointToPoint(1,0,posex[i],posey[i],posez[i],poser[i],0,0);
RobotSleep(200);
while(1);
  GetFrame(image);
  showimage(image);
  if(flagCatchD = 0);
    callfile(蓝色工件识别新(调用).xav,image,flagD,Dcenterx,Dcentery,thetaD);
    if(flagD = 1);
      flagCatchD = (1);
      offsetx = (Dcenterx - 300);
      offsetx = (offsetx * 0.2);
      offsety = (Dcentery - 240);
      offsety = (offsety * 0.2);
      if(i = 0);
        tempposex = (posex[i] + 68 - offsetx);
        tempposey = (posey[i] + offsety + 5);
      endif();
      if(i = 1);
        tempposex = (posex[i] + 68 - offsetx);
        tempposey = (posey[i] + offsety + 4);
      endif();
      if(i = 2);
        tempposex = (posex[i] + 68 - offsetx);
        tempposey = (posey[i] + offsety + 1);
      endif();
      if(i = 3);
        tempposex = (posex[i] + 64 - offsetx);
        tempposey = (posey[i] + offsety);
      endif();
      tempposez = (0);
      tempposer = (poser[i]);
      PointToPoint(2,1,tempposex,tempposey,tempposez,tempposer,1,0);
      RobotSleep(1000);
      tempposez = (70);
      PointToPoint(2,1,tempposex,tempposey,tempposez,tempposer,1,0);
      RobotSleep(300);
      tempposex = (-6.5);
```

```
tempposey = (247);
tempposer = (65.4);
PointToPoint(1,1,tempposex,tempposey,tempposez,tempposer,1,0);
RobotSleep(300);
SetPTPDynamicParams(30,30);
tempposez = (19);
PointToPoint(2,1,tempposex,tempposey,tempposez,tempposer,1,0);
RobotSleep(300);
if(thetaD>100&thetaD<260);
    thetaD = (thetaD - 15);
endif();
if(thetaD>260&thetaD<360);
    thetaD = (thetaD + 20);
endif();
thetaR = (thetaD % 120);
tempposer = (tempposer + 90 - thetaR);
PointToPoint(1,1,tempposex,tempposey,tempposez,tempposer,0,0);
RobotSleep(500);
tempposer = (65.4);
tempposez = (40);
PointToPoint(1,0,tempposex,tempposey,tempposez,tempposer,0,0);
RobotSleep(300);
tempposez = (13);
PointToPoint(2,1,tempposex,tempposey,tempposez,tempposer,1,0);
RobotSleep(300);
tempposer = (tempposer - 100);
PointToPoint(1,1,tempposex,tempposey,tempposez,tempposer,0,0);
RobotSleep(600);
tempposex = (-1.5);
tempposey = (247.5);
tempposez = (70);
tempposer = (65.4);
SetPTPDynamicParams(100,100);
PointToPoint(2,0,tempposex,tempposey,tempposez,tempposer,0,0);
RobotSleep(300);
break();
i = (0);
PointToPoint(1,0,posex[i],posey[i],posez[i],poser[i],0,0);
RobotSleep(300);
```

```
      flagCatchD = (0);
    endif();
    if(flagD = 0);
      i = (i + 1);
      if(i>3);
        i = (0);
        PointToPoint(1,0,posex[i],posey[i],posez[i],poser[i],0,0);
        RobotSleep(200);
      else();
        PointToPoint(2,0,posex[i],posey[i],posez[i],poser[i],0,0);
        RobotSleep(200);
      endif();
    endif();
  endif();
end();
```

(12)工件拆卸:视觉机器人工件拆卸流程图如图 15-12 所示。

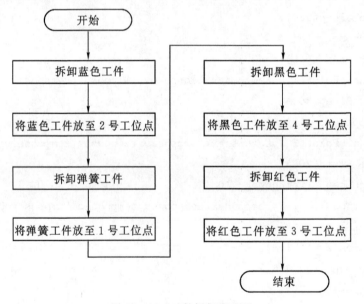

图 15-12 工件拆卸流程图

(13)采用 XAVIS 软件编写工件拆卸代码如下。

```
* ConnectRobot(3000);
* SetPTPStaticParams(200,200,200,200,1000,1000);
* SetPTPDynamicParams(100,100);
* CameraOpen();
posex[4] = ([50,180, -74, -32]);
```

```
posey[4] = ([-258,-249,-250,-258]);
posez[4] = ([70,70,70,70]);
poser[4] = ([-119.115,-123.275,-114.785,-117.115]);
i = (0);
if(i = 0);
  tempposex = (-1.5);
  tempposey = (247.5);
  tempposez = (70);
  tempposer = (65.4);
  PointToPoint(1,0,tempposex,tempposey,tempposez,tempposer,0,0);
  RobotSleep(300);
  tempposez = (16);
  PointToPoint(2,1,tempposex,tempposey,tempposez,tempposer,1,0);
  RobotSleep(800);
  SetPTPDynamicParams(30,30);
  tempposer = (tempposer + 90);
  PointToPoint(1,1,tempposex,tempposey,tempposez,tempposer,1,0);
  RobotSleep(300);
  SetPTPDynamicParams(100,100);
  tempposez = (70);
  PointToPoint(2,1,tempposex,tempposey,tempposez,tempposer,1,0);
  RobotSleep(300);
  tempposex = (posex[i]);
  tempposey = (posey[i]);
  tempposez = (posez[i]);
  tempposer = (poser[i]);
  PointToPoint(1,1,tempposex,tempposey,tempposez,tempposer,1,0);
  RobotSleep(300);
  tempposez = (3);
  PointToPoint(2,1,tempposex,tempposey,tempposez,tempposer,0,0);
  RobotSleep(600);
  tempposez = (70);
  PointToPoint(2,0,tempposex,tempposey,tempposez,tempposer,0,0);
  RobotSleep(300);
  i = (i + 1);
endif();
if(i = 1);
  tempposex = (-46);
  tempposey = (250);
```

```
    tempposez = (70);
    tempposer = (54.5);
    PointToPoint(1,0,tempposex,tempposey,tempposez,tempposer,0,0);
    RobotSleep(400);
     * SetPTPDynamicParams(30,30);
    tempposez = (7);
    PointToPoint(2,1,tempposex,tempposey,tempposez,tempposer,1,0);
    RobotSleep(600);
    tempposez = (70);
    PointToPoint(2,0,tempposex,tempposey,tempposez,tempposer,1,0);
    RobotSleep(200);
    tempposex = (posex[i]);
    tempposey = (posey[i]);
    tempposez = (posez[i]);
    tempposer = (poser[i]);
     * SetPTPDynamicParams(100,100);
    PointToPoint(1,1,tempposex,tempposey,tempposez,tempposer,1,0);
    RobotSleep(300);
    tempposez = (-3);
    PointToPoint(2,1,tempposex,tempposey,tempposez,tempposer,0,0);
    RobotSleep(500);
    tempposez = (70);
    PointToPoint(2,0,tempposex,tempposey,tempposez,tempposer,0,0);
    RobotSleep(300);
    i = (i+1);
  endif();
  if(i = 2);
    tempposex = (-46);
    tempposey = (249);
    tempposez = (70);
    tempposer = (54.5);
    PointToPoint(1,0,tempposex,tempposey,tempposez,tempposer,0,0);
    RobotSleep(400);
     * SetPTPDynamicParams(30,30);
    tempposez = (7);
    PointToPoint(2,1,tempposex,tempposey,tempposez,tempposer,1,0);
    RobotSleep(600);
    tempposez = (70);
    PointToPoint(2,1,tempposex,tempposey,tempposez,tempposer,1,0);
    RobotSleep(200);
```

```
    tempposex = (posex[i]);
    tempposey = (posey[i]);
    tempposez = (posez[i]);
    tempposer = (poser[i]);
     * SetPTPDynamicParams(100,100);
    PointToPoint(1,1,tempposex,tempposey,tempposez,tempposer,1,0);
    RobotSleep(300);
    tempposez = (9);
    PointToPoint(2,1,tempposex,tempposey,tempposez,tempposer,0,0);
    RobotSleep(500);
    tempposez = (70);
    PointToPoint(2,0,tempposex,tempposey,tempposez,tempposer,0,0);
    RobotSleep(300);
    i = (i + 1);
endif();
if(i = 3);
    tempposex = (-3);
    tempposey = (248);
    tempposez = (70);
    tempposer = (65.4);
    PointToPoint(1,0,tempposex,tempposey,tempposez,tempposer,0,0);
    RobotSleep(300);
     * SetPTPDynamicParams(30,30);
    tempposez = (2);
    PointToPoint(2,1,tempposex,tempposey,tempposez,tempposer,1,0);
    RobotSleep(800);
    tempposez = (70);
    PointToPoint(2,1,tempposex,tempposey,tempposez,tempposer,1,0);
    RobotSleep(300);
     * SetPTPDynamicParams(100,100);
    tempposex = (posex[i]);
    tempposey = (posey[i]);
    tempposez = (posez[i]);
    tempposer = (poser[i]);
    PointToPoint(1,1,tempposex,tempposey,tempposez,tempposer,1,0);
    RobotSleep(300);
    tempposez = (5);
    PointToPoint(2,1,tempposex,tempposey,tempposez,tempposer,0,0);
```

```
    RobotSleep(300);
    tempposez = (70);
    PointToPoint(2,0,tempposex,tempposey,tempposez,tempposer,0,0);
    RobotSleep(300);
    i = (0);
endif();
```

注意:上述工程代码是根据实际环境测试通过的,机器人可以成功完成上述作业功能,如果在实际应用中还出现一些问题导致机器人不能顺利完成作业,则需要根据具体问题调整图像处理、图像识别、机器人运动控制等相关参数,从而保证机器人成功完成上述作业功能。

15.3 多工件单工位智能转移实验案例

群机器人智动化系统教学实验平台完成四种工件逆时针转移一个工位,如图 15-13 所示,其中一个机器人需要完成黑色工件上料、红色工件抓取以及红色工件上料,通过 XAVIS 控制机器人完成上述作业。

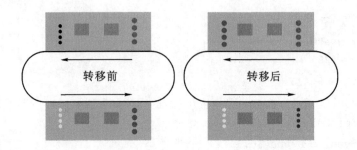

图 15-13 系统多工件单工位转移示意图

编程实现的主要步骤如下。
(1)工件转移
建立工件转移 XAVIS 总工程,仿照 13.1.1 例程,编写的 XAVIS 代码如下。

```
ConnectRobot(5000);
SetPTPStaticParams(200,200,200,200,2000,2000);
SetPTPDynamicParams(80,80);
CameraOpen();
PointToPoint(1,0,229,-2,50,-31,1,0);
state = (0);
while(1);
if(state = 0);
callfile(13.1.2 工件转移--黑色工件上料--3号机械臂.xav);
state = (state+1);
```

```
endif();
if(state = 1);
callfile(13.1.3 工件转移－－红色工件抓取－－3号机械臂.xav);
state = (state+1);
endif();
if(state = 2);
callfile(13.1.4 工件转移－－红色工件上料－－3号机械臂.xav);
break();
state = (0);
endif();
end();
```

(2)黑色工件上料

程序流程图如 15-14 所示。

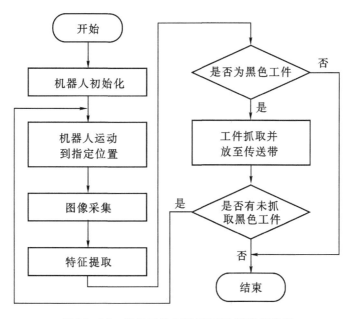

图 15-14　黑色工件上料 XAVIS 程序流程图

黑色工件上料的 XAVIS 代码如下。

```
* ConnectRobot(5000);
* SetPTPStaticParams(200,200,200,200,2000,2000);
* SetPTPDynamicParams(50,50);
* CameraOpen();
PointToPoint(1,0,229,-2,50,-31,1,0);
RobotSleep(200);
Currentx = (-130);
```

```
n = (4);
currentx = (Currentx);
posex = (Currentx);
posey = (-205);
currenty = (-205);
posez = (50);
currentz = (50);
poser = (-119);
currentr = (-119);
PointToPoint(1,0,posex,posey,posez,poser,0,0);
RobotSleep(200);
averageB = (0);
numP = (0);
flagB = (-1);
flagPD = (-1);
flagCam = (0);
while(1);
GetFrame(image);
showimage(image);
if(flagCam = 0);
callfile(13.1.7 半径测量--3号机械臂.xav,image,cx,cy,cr,cnum,centrex,centrey,centrer,average,averageR,averageG,averageB);
if(cnum>0&average>10&average<70&centrer>40&centrer<60);
average = (0);
flagCam = (1);
pulldown_x = (320 - cx[0]);
pulldown_x = (pulldown_x * 0.18);
pulldown_x = (currentx + pulldown_x);
pulldown_x = (pulldown_x + 91);
pulldown_y = (cy[0] - 240);
pulldown_y = (pulldown_y * 0.18);
pulldown_y = (currenty + pulldown_y);
pulldown_y = (pulldown_y);
pulldown_z = (-15);
pulldown_r = (-119);
if(n = 4);
pulldown_y = (pulldown_y);
pulldown_x = (pulldown_x);
endif();
```

```
if(n = 3);
pulldown_y = (pulldown_y + 3);
pulldown_x = (pulldown_x);
endif();
if(n = 2);
pulldown_y = (pulldown_y);
endif();
if(n = 1);
pulldown_y = (pulldown_y);
endif();
PointToPoint(2,0,pulldown_x,pulldown_y,posez,pulldown_r,0,0);
RobotSleep(200);
PointToPoint(2,1,pulldown_x,pulldown_y,pulldown_z,pulldown_r,1,100);
RobotSleep(500);
PointToPoint(2,1,pulldown_x,pulldown_y,40,pulldown_r,1,0);
RobotSleep(200);
PointToPoint(1,1,229,-2,50,-31,1,0);
RobotSleep(200);
endif();
endif();
if(flagCam = 1);
callfile(13.1.8 传送带是否为空--3号机械臂.xav,image,flagPD);
if(flagPD = 0);
numP = (numP + 1);
else();
numP = (0);
endif();
endif();
if(numP>120);
PointToPoint(2,1,231,-40,-5,-31,0,0);
RobotSleep(200);
PointToPoint(2,0,229,-2,50,-31,1,0);
RobotSleep(200);
flagCam = (0);
numP = (0);
flagPD = (-1);
n = (n-1);
if(n>0);
Currentx = (Currentx + 60);
```

```
currentx = (Currentx);
posex = (Currentx);
PointToPoint(1,0,posex,posey,posez,poser,0,0);
RobotSleep(200);
else();
break();
n = (4);
Currentx = ( - 130);
currentx = (Currentx);
posex = (Currentx);
PointToPoint(1,0,posex,posey,posez,poser,0,0);
RobotSleep(200);
endif();
endif();
end();
```

(3)红色工件抓取

红色工件抓取程序流程图如图 15-15 所示。

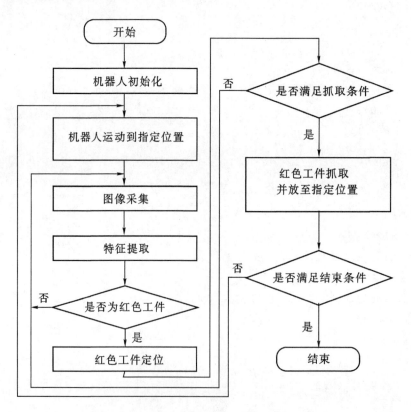

图 15-15 红色工件抓取 XAVIS 程序流程图

红色工件抓取的 XAVIS 代码如下。

```
* ConnectRobot(3000);
* SetPTPStaticParams(200,200,200,200,2000,2000);
* SetPTPDynamicParams(100,100);
* CameraOpen();
PointToPoint(1,0,229,-2,50,-31,1,0);
RobotSleep(200);
posex = (229);
posey = (-2);
posez = (50);
poser = (-31);
currentx = (-100);
n = (4);
flagA = (0);
rstate = (0);
while(1);
GetFrame(image);
showimage(image);
if(rstate = 0);
callfile(13.1.6 工件转移--抓取--红色工件识别--3号机械臂.xav,image,flagA);
endif();
if(flagA = 1);
flagA = (-1);
callfile(13.1.5 工件转移--抓取--红色工件定位--3号机械臂.xav,image,
redx,redy,redr,rednum);
if(redx[0]>240&redx[0]<300&redy[0]>0&rednum>0);
red_x = (186 - redx[0]);
red_x = (0.18 * red_x);
red_y = (252 - redy[0]);
red_y = (0.18 * red_y);
posex = (posex + 6 + red_y);
posey = (posey - 12 + red_x);
PointToPoint(2,1,229,-2,50,-31,0,0);
PointToPoint(2,1,posex,posey,3,poser,1,600);
RobotSleep(300);
posey = (posey - 15);
PointToPoint(2,1,posex,posey,50,poser,1,0);
```

```
RobotSleep(100);
pulldown_x = (currentx);
pulldown_y = (-205);
pulldown_z = (50);
pulldown_r = (-119);
PointToPoint(1,1,pulldown_x,pulldown_y,pulldown_z,pulldown_r,1,0);
RobotSleep(200);
pulldown_z = (0);
PointToPoint(2,1,pulldown_x,pulldown_y,pulldown_z,pulldown_r,0,0);
RobotSleep(200);
pulldown_z = (50);
PointToPoint(2,1,pulldown_x,pulldown_y,pulldown_z,pulldown_r,0,0);
RobotSleep(200);
posex = (229);
posey = (-2);
posez = (50);
poser = (-31);
PointToPoint(1,0,posex,posey,posez,poser,0,0);
RobotSleep(100);
n = (n-1);
if(n>0);
currentx = (currentx + 75);
else();
break();
n = (4);
currentx = (-80);
endif();
endif();
endif();
end();
```

(4)红色工件上料

红色工件上料程序流程图如图 15-16 所示。

红色工件上料的 XAVIS 程序代码如下。

```
* ConnectRobot(5000);
* SetPTPStaticParams(200,200,200,200,2000,2000);
* SetPTPDynamicParams(50,50);
* CameraOpen();
```

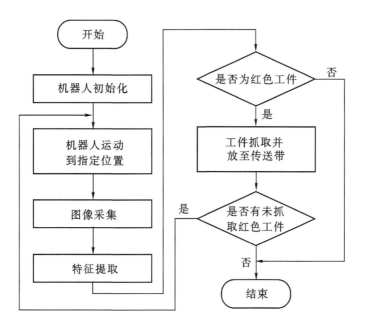

图 15-16 红色工件上料 XAVIS 程序流程图

```
PointToPoint(1,0,229,-2,50,-31,1,0);
RobotSleep(200);
Currentx = (-130);
n = (4);
currentx = (Currentx);
posex = (Currentx);
posey = (-205);
currenty = (-205);
posez = (50);
currentz = (50);
poser = (-119);
currentr = (-119);
PointToPoint(1,0,posex,posey,posez,poser,0,0);
RobotSleep(200);
numP = (0);
flagB = (-1);
flagPD = (-1);
flagCam = (0);
while(1);
GetFrame(image);
```

```
showimage(image);
if(flagCam = 0);
callfile(13.1.7 半径测量--3号机械臂.xav,image,cx,cy,cr,cnum,centrex,cen-
trey,centrer,average,averageR,averageG,averageB);
if(cnum＞0&average＞30&average＜200&averageR＞100&averageR＜200&averageG＞
20&averageG＜130&averageB＞20&averageB＜130&centrer＞100&centrer＜130);
flagCam = (1);
pulldown_x = (320 - cx[0]);
pulldown_x = (pulldown_x * 0.18);
pulldown_x = (currentx + pulldown_x);
pulldown_x = (pulldown_x + 53);
pulldown_y = (cy[0] - 240);
pulldown_y = (pulldown_y * 0.18);
pulldown_y = (currenty + pulldown_y);
pulldown_y = (pulldown_y);
pulldown_z = (-2);
pulldown_r = (-119);
if(n = 4);
pulldown_y = (pulldown_y);
pulldown_x = (pulldown_x);
endif();
if(n = 3);
pulldown_y = (pulldown_y + 3);
pulldown_x = (pulldown_x);
endif();
if(n = 2);
pulldown_y = (pulldown_y);
endif();
if(n = 1);
pulldown_y = (pulldown_y);
endif();
PointToPoint(2,0,pulldown_x,pulldown_y,posez,pulldown_r,0,0);
RobotSleep(200);
PointToPoint(2,1,pulldown_x,pulldown_y,pulldown_z,pulldown_r,1,100);
RobotSleep(500);
PointToPoint(2,1,pulldown_x,pulldown_y,40,pulldown_r,1,0);
RobotSleep(200);
```

```
PointToPoint(1,0,229,-2,50,-31,1,0);
RobotSleep(200);
endif();
endif();
if(flagCam = 1);
callfile(13.1.8 传送带是否为空--3号机械臂.xav,image,flagPD);
if(flagPD = 0);
numP = (numP + 1);
else();
numP = (0);
endif();
endif();
if(numP>120);
PointToPoint(2,1,234,-40,10,-31,0,0);
RobotSleep(200);
PointToPoint(2,0,229,-2,50,-31,1,0);
RobotSleep(200);
flagCam = (0);
numP = (0);
flagPD = (-1);
n = (n-1);
if(n>0);
Currentx = (Currentx + 60);
currentx = (Currentx);
posex = (Currentx);
PointToPoint(1,0,posex,posey,posez,poser,0,0);
RobotSleep(200);
else();
break();
n = (4);
Currentx = (-130);
currentx = (Currentx);
posex = (Currentx);
PointToPoint(1,0,posex,posey,posez,poser,0,0);
RobotSleep(200);
endif();
endif();
end();
```

(5) 系统运行

将第(1)步编写完成的 XAVIS 工程保存并运行,测试机器人是否能够成功完成上述作业,若不能成功完成,根据实际情况分析问题,从而解决问题。

(6) 结束运行

测试完成后,点击 XAVIS 工程复位按钮。

注意:上述工程代码是根据实际环境测试通过的,机器人可以成功完成上述作业功能,如果在实际应用中还出现一些问题导致机器人不能顺利完成作业,则需要根据具体问题调整图像处理、图像识别、机器人运动控制等相关参数,从而保证机器人成功完成各种作业功能。

15.4 机器人自主智能装配实验案例

群机器人智动化系统教学实验平台将四种工件装配为一个整体,其中每个机器人需要完成红色工件、黑色工件、弹簧工件以及蓝色工件的识别、定位、抓取和放置等,通过 XAVIS(6.2)控制机器人完成上述作业,编程实现的主要步骤如下。

(1) 自主智能装配

建立自主智能装配 XAVIS 总工程,XAVIS 程序代码如下。

```
ConnectRobot(5000);
SetPTPStaticParams(200,200,200,200,2000,2000);
SetPTPDynamicParams(100,100);
CameraOpen();
PointToPoint(1,0,229,-2,50,-31,1,0);
state = (0);
while(1);
if(state = 0);
callfile(13.2.2 自主装配--红色工件--3号机械臂.xav);
state = (state + 1);
endif();
if(state = 1);
callfile(13.2.3 自主装配--黑色工件--3号机械臂.xav);
state = (state + 1);
endif();
if(state = 2);
callfile(13.2.4 自主装配--弹簧工件--3号机械臂.xav);
state = (state + 1);
endif();
if(state = 3);
callfile(13.2.5 自主装配--蓝色工件--3号机械臂.xav);
```

```
* break();
state = (0);
endif();
end();
```

(2) 红色工件装配

红色工件装配图像处理部分涉及红色工件识别、红色工件定位以及红色工件角度识别,这些已经封装为 XAVIS 子工程可直接调用,程序流程图如图 15-17 所示。

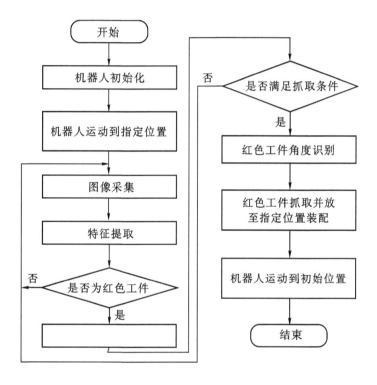

图 15-17 红色工件装配 XAVIS 程序流程图

红色工件装配 XAVIS 代码如下。

```
* ConnectRobot(3000);
* SetPTPStaticParams(200,200,200,200,2000,2000);
* SetPTPDynamicParams(100,100);
* CameraOpen();
PointToPoint(1,0,229,-2,50,-31,1,0);
RobotSleep(200);
posex = (229);
posey = (-2);
posez = (50);
```

```
poser = ( - 31);
rstate = (0);
flagA = (0);
while(1);
GetFrame(image);
showimage(image);
if(rstate = 0);
callfile(13.2.8 自主装配－－红色工件识别－－3 号机械臂.xav,image,flagA);
endif();
if(flagA = 1);
flagA = ( - 1);
callfile(13.2.6 自主装配－－红色工件定位－－3 号机械臂.xav,image,redx,redy,redr,rednum);
if(redx[0]>240&redx[0]<300&redy[0]>0&rednum>0);
callfile(13.2.7 自主装配－－红色工件角度识别－－3 号机械臂.xav,image,redx,redy,theta);
if(theta> - 1);
red_x = (186 - redx[0]);
red_x = (0.18 * red_x);
red_y = (252 - redy[0]);
red_y = (0.18 * red_y);
posex = (posex + 6 + red_y);
posey = (posey - 12 + red_x);
PointToPoint(2,1,229, - 2,50, - 31,0,0);
PointToPoint(2,1,posex,posey,3,poser,1,600);
RobotSleep(300);
posey = (posey - 15);
PointToPoint(2,1,posex,posey,50,poser,1,0);
RobotSleep(100);
pulldown_x = (2.5);
pulldown_y = ( - 268);
pulldown_z = (50);
pulldown_r = ( - 123);
rtheta = (theta);
theta1 = (270 + theta);
theta1 = (theta1 % 120);
if(theta1 = 0);
```

```
theta1 = (120);
endif();
red_theta = (pulldown_r + 90 - theta1);
if(theta1>90&theta1<120|theta1 = 120);
red_theta = (red_theta - 10);
endif();
if(theta1>0&theta1<20|theta1 = 90);
red_theta = (red_theta + 10);
endif();
PointToPoint(1,1,pulldown_x,pulldown_y,pulldown_z,pulldown_r,1,0);
RobotSleep(200);
SetPTPDynamicParams(30,30);
pulldown_z = (6);
PointToPoint(2,1,pulldown_x,pulldown_y,pulldown_z,pulldown_r,1,0);
RobotSleep(100);
PointToPoint(1,1,pulldown_x,pulldown_y,pulldown_z,red_theta,1,0);
RobotSleep(200);
PointToPoint(2,1,pulldown_x,pulldown_y,pulldown_z,red_theta,0,0);
RobotSleep(200);
SetPTPDynamicParams(100,100);
PointToPoint(2,0,pulldown_x,pulldown_y,50,pulldown_r,0,0);
RobotSleep(100);
posex = (229);
posey = (-2);
posez = (50);
poser = (-31);
PointToPoint(1,0,posex,posey,posez,poser,0,0);
RobotSleep(100);
theta = (-1);
rstate = (0);
break();
endif();
endif();
endif();
end();
```

(3) 黑色工件装配

程序流程图如图 15-18 所示。

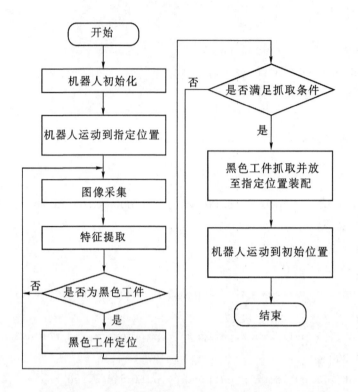

图 15-18 黑色工件装配 XAVIS 程序流程图

黑色工件装配的 XAVIS 程序代码如下。

```
*ConnectRobot(5000);
*SetPTPStaticParams(200,200,200,200,2000,2000);
*SetPTPDynamicParams(100,100);
*CameraOpen();
PointToPoint(1,0,229,-2,50,-31,1,0);
RobotSleep(200);
posex=(229);
posey=(-2);
posez=(50);
poser=(-31);
flagB=(-1);
numB=(0);
while(1);
GetFrame(image);
showimage(image);
callfile(13.1.7 半径测量--3号机械臂.xav,image,cx,cy,cr,cnum,centrex,
```

```
centrey,centrer,average,averageR,averageG,averageB);
    if(average>20&average<80&averageR>20&averageR<80&averageG>20&averageG<
80&averageB>20&averageB<80);
    if(centrer>40&centrer<60&cx[0]>150&cx[0]<200);
    centerxB = (cx[0]);
    centeryB = (cy[0]);
    black_x = (158 - centerxB);
    black_x = (0.18 * black_x);
    black_y = (252 - centeryB);
    black_y = (0.18 * black_y);
    posex = (posex + 6 + black_y);
    posey = (posey + black_x);
    centerxB = (0);
    centeryB = (0);
    PointToPoint(1,1,229,-2,50,-31,0,0);
    PointToPoint(2,1,posex,posey,-10,poser,1,1600);
    RobotSleep(400);
    posey = (posey - 10);
    PointToPoint(2,1,posex,posey,50,poser,1,0);
    RobotSleep(100);
    pulldown_x = (42);
    pulldown_y = (-265);
    pulldown_z = (50);
    pulldown_r = (-119);
    PointToPoint(1,1,pulldown_x,pulldown_y,pulldown_z,pulldown_r,1,0);
    RobotSleep(200);
    pulldown_z = (20);
    PointToPoint(2,1,pulldown_x,pulldown_y,pulldown_z,pulldown_r,0,0);
    RobotSleep(200);
    pulldown_z = (50);
    PointToPoint(2,0,pulldown_x,pulldown_y,pulldown_z,pulldown_r,0,0);
    RobotSleep(200);
    posex = (229);
    posey = (-2);
    posez = (50);
    poser = (-31);
    PointToPoint(1,0,posex,posey,posez,poser,0,0);
```

```
RobotSleep(100);
flagB = (-1);
numB = (0);
break();
endif();
endif();
end();
```

(4)弹簧工件装配

程序流程图如图 15-19 所示。

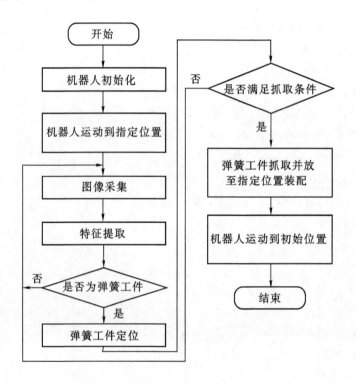

图 15-19　弹簧工件装配 XAVIS 程序流程图

弹簧工件装配的 XAVIS 程序代码如下。

```
* ConnectRobot(5000);
* SetPTPStaticParams(200,200,200,200,2000,2000);
* SetPTPDynamicParams(100,100);
* CameraOpen();
PointToPoint(1,0,229,-2,50,-31,0,0);
RobotSleep(200);
posex = (229);
```

```
posey = (-2);
posez = (50);
poser = (-31);
while(1);
GetFrame(image);
showimage(image);
callfile(13.1.7 半径测量--3号机械臂.xav,image,cx,cy,cr,cnum,centrex,centrey,centrer,average,averageR,averageG,averageB);
if(average>100&average<140&averageR>100&averageR<140&averageG>100&averageG<140&averageB>100&averageB<140);
if(centrer>30&centrer<60&cx[0]>150&cx[0]<200);
centerxC = (cx[0]);
centeryC = (cy[0]);
silver_x = (158-centerxC);
silver_x = (0.18*silver_x);
silver_y = (252-centeryC);
silver_y = (0.18*silver_y);
posex = (posex+6+silver_y);
posey = (posey+silver_x);
PointToPoint(1,1,229,-3,50,-31,0,0);
PointToPoint(2,1,posex,posey,-3,poser,1,1400);
RobotSleep(300);
posey = (posey-10);
PointToPoint(2,1,posex,posey,50,poser,1,0);
RobotSleep(100);
pulldown_x = (41);
pulldown_y = (-265);
pulldown_z = (50);
pulldown_r = (-119);
PointToPoint(1,1,pulldown_x,pulldown_y,pulldown_z,pulldown_r,1,0);
RobotSleep(200);
pulldown_z = (15);
PointToPoint(2,1,pulldown_x,pulldown_y,pulldown_z,pulldown_r,0,0);
RobotSleep(200);
pulldown_z = (50);
PointToPoint(2,0,pulldown_x,pulldown_y,pulldown_z,pulldown_r,0,0);
RobotSleep(200);
```

```
posex = (229);
posey = (-2);
posez = (50);
poser = (-31);
PointToPoint(1,0,posex,posey,posez,poser,0,0);
RobotSleep(100);
break();
endif();
endif();
end();
```

(5) 蓝色工件装配与成品工件放置

蓝色工件装配图像处理部分涉及蓝色工件识别、蓝色工件定位以及蓝色工件角度识别,这些已经封装为 XAVIS 子工程可直接调用。程序流程图如图 15-20 所示。

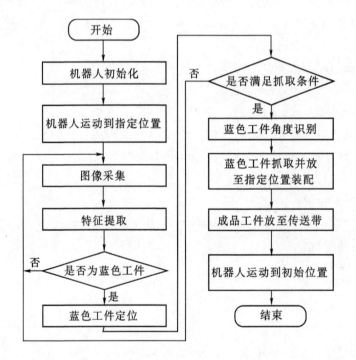

图 15-20 蓝色工件装配及成品工件放置 XAVIS 程序流程图

蓝色工件装配与成品工件放置的 XAVIS 程序代码如下。

```
* ConnectRobot(5000);
* SetPTPStaticParams(200,200,200,200,2000,2000);
* SetPTPDynamicParams(100,100);
* CameraOpen();
```

```
PointToPoint(1,0,229,-2,50,-31,0,0);
RobotSleep(200);
posex=(229);
posey=(-2);
posez=(50);
poser=(-31);
flagCam=(0);
flagD=(0);
flagPD=(-1);
flagCatchD=(0);
flagPushD=(0);
numD=(0);
blue_angle=(0);
Blue_angle=(-1);
while(1);
GetFrame(image);
showimage(image);
if(flagCatchD=0);
if(flagCam=0);
callfile(13.2.11自主装配--蓝色工件识别--3号机械臂.xav,image,blueimage,flagD);
endif();
if(flagD=1);
flagD=(-1);
callfile(13.2.9自主装配--蓝色工件定位--3号机械臂.xav,blueimage,bluex,bluey,bluer,rect);
if(bluex>300&bluex<360&bluer>70&bluer<120);
callfile(13.2.10自主装配--蓝色工件角度识别--3号机械臂.xav,image,bluex,bluey,rect,angle);
Blue_angle=(angle[0]);
if(Blue_angle>0);
flagCatchD=(1);
endif();
endif();
endif();
endif();
if(flagCatchD=1);
```

```
blue_x = (254 - bluex);
blue_x = (0.1785 * blue_x);
blue_y = (252 - bluey);
blue_y = (0.1777 * blue_y);
posex = (posex + 6 + blue_y);
posey = (posey - 15 + blue_x);
PointToPoint(2,1,229,-2,50,-31,0,0);
PointToPoint(2,1,posex,posey,-11,poser,1,300);
RobotSleep(300);
posey = (posey - 25);
PointToPoint(2,1,posex,posey,50,poser,1,0);
RobotSleep(100);
blue_theta = (0);
rotate_bluetheta = (0);
blue_angle = (Blue_angle + 270);
blue_angle = (blue_angle % 120);
blue_theta = (blue_angle - 90);
putdown_x = (2);
putdown_y = (-268);
putdown_z = (50);
putdown_r = (-119);
PointToPoint(1,1,putdown_x,putdown_y,putdown_z,putdown_r,1,0);
flagCatchD = (2);
endif();
if(flagCatchD = 2);
SetPTPDynamicParams(30,30);
RobotSleep(200);
PointToPoint(2,1,putdown_x,putdown_y,9,putdown_r,1,0);
RobotSleep(200);
rotate_bluetheta = (putdown_r - blue_theta);
PointToPoint(1,1,putdown_x,putdown_y,9,rotate_bluetheta,0,0);
RobotSleep(200);
PointToPoint(1,0,putdown_x,putdown_y,25,putdown_r,0,0);
RobotSleep(200);
putdown_x = (putdown_x - 2);
PointToPoint(1,1,putdown_x,putdown_y,1,putdown_r,1,200);
RobotSleep(200);
```

```
putdown_r = (putdown_r - 80);
PointToPoint(1,1,putdown_x,putdown_y,1,putdown_r,1,0);
RobotSleep(200);
PointToPoint(2,1,putdown_x,putdown_y,50,putdown_r,1,0);
RobotSleep(200);
SetPTPDynamicParams(100,100);
RobotSleep(200);
posex = (229);
posey = (-2);
posez = (50);
poser = (-31);
PointToPoint(1,0,posex,posey,posez,poser,1,0);
RobotSleep(200);
flagCatchD = (-1);
flagPushD = (1);
numP = (0);
endif();
if(flagPushD = 1);
callfile(13.1.8 传送带是否为空--3号机械臂.xav,image,flagPD);
if(flagPD = 0);
numP = (numP + 1);
else();
numP = (0);
endif();
if(numP>120);
PointToPoint(2,1,234,-40,15,-31,0,0);
RobotSleep(200);
PointToPoint(2,0,229,-2,50,-31,1,0);
RobotSleep(200);
flagPushD = (0);
flagCatchD = (0);
flagD = (-1);
flagPD = (-1);
numP = (0);
break();
endif();
endif();
end();
```

(6)程序运行

将第(1)步编写完成的 XAVIS 工程保存并运行,测试机器人是否能够成功完成上述作业,若不能成功完成,根据实际情况分析问题,从而解决问题。

(7)结束运行

测试完成后,点击 XAVIS 工程复位按钮。

注意:工件角度定义为:以机器人 y 轴负方向为角度 0°,逆时针为角度正方向。根据图像得到工件的角度后,如果机器人在夹着工件时其底座向左或向右旋转 90°,则工件的实际角度需要在图像得到的角度上进行加减。此外,每个工件的抓取延时、抓取高度、放置位置、放置高度以及图像像素距离与实际距离的比例因子等参数均是根据实验测得的,若出现误差,可根据实际情况进行调整。

15.5 群机器人虚拟制造实验案例

群机器人智能系统教学实验平台对红色工件和黑色工件进行虚拟制造,其中每个机器人需要完成对红色工件和黑色工件的识别、定位、抓取、放置以及与虚拟车床的配合,通过 XAVIS(6.2)控制机器人完成上述作业,编程实现的主要步骤如下。

(1)虚拟制造

建立虚拟制造 XAVIS 总工程,XAVIS 程序代码如下:

```
ConnectRobot(5000);
SetPTPStaticParams(200,200,200,200,2000,2000);
SetPTPDynamicParams(100,100);
CameraOpen();
ServerInit(connectflag);
PointToPoint(1,0,229,-2,50,-31,1,0);
while(1);
GetFrame(image);
showimage(image);
callfile(13.1.7 半径测量--3号机械臂.xav,image,cx,cy,cr,cnum,centrex,centrey,centrer,average,averageR,averageG,averageB);
if(centrer>80&centrer<150);
if ( average > 30&average < 200&averageR > 100&averageR < 200&averageG > 20&averageG<130&averageB>20&averageB<130);
callfile(13.3.2 虚拟制造--红色工件--3号机械臂.xav);
endif();
endif();
if(centrer>40&centrer<70);
if(average>10&average<80&averageR>10&averageR<80&averageG>10&averageG<80&averageB>10&averageB<80);
```

```
callfile(13.3.3 虚拟制造--黑色工件--3号机械臂.xav);
endif();
endif();
end();
```

(2)红色工件虚拟制造

程序流程图如图 15-21 所示。

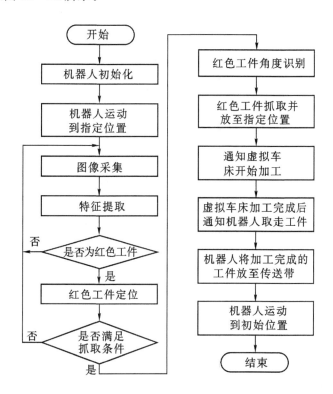

图 15-21 红色工件虚拟制造 XAVIS 程序流程图

红色工件虚拟制造的 XAVIS 程序代码如下。

```
* ConnectRobot(3000);
* SetPTPStaticParams(200,200,200,200,2000,2000);
* SetPTPDynamicParams(100,100);
* CameraOpen();
* ServerInit(connectflag);
PointToPoint(1,0,229,-2,50,-31,1,0);
RobotSleep(200);
posex = (229);
```

```
posey = (-2);
posez = (50);
poser = (-31);
rstate = (0);
flagA = (0);
numP = (0);
flagPD = (-1);
while(1);
GetFrame(image);
showimage(image);
if(rstate = 0);
callfile(13.2.8自主装配--红色工件识别--3号机械臂.xav,image,flagA);
endif();
if(flagA = 1);
flagA = (-1);
callfile(13.2.6自主装配--红色工件定位--3号机械臂.xav,image,redx,redy,
redr,rednum);
if(redx[0]>240&redx[0]<300&redy[0]>0&rednum>0);
callfile(13.2.7自主装配--红色工件角度识别--3号机械臂.xav,image,redx,
redy,theta);
if(theta>-1);
red_x = (186 - redx[0]);
red_x = (0.18 * red_x);
red_y = (252 - redy[0]);
red_y = (0.18 * red_y);
posex = (posex + 6 + red_y);
posey = (posey - 12 + red_x);
PointToPoint(2,1,229,-2,50,-31,0,0);
PointToPoint(2,1,posex,posey,3,poser,1,600);
RobotSleep(300);
posey = (posey - 15);
PointToPoint(2,1,posex,posey,50,poser,1,0);
RobotSleep(100);
pulldown_x = (2.5);
pulldown_y = (-268);
pulldown_z = (50);
pulldown_r = (-123);
```

```
rtheta = (theta);
theta1 = (270 + theta);
theta1 = (theta1 % 120);
if(theta1 = 0);
theta1 = (120);
endif();
red_theta = (pulldown_r + 90 - theta1);
if(theta1>90&theta1<120|theta1 = 120);
red_theta = (red_theta - 10);
endif();
if(theta1>0&theta1<20|theta1 = 90);
red_theta = (red_theta + 10);
endif();
ServerSend(A);
PointToPoint(1,1,pulldown_x,pulldown_y,pulldown_z,pulldown_r,1,0);
RobotSleep(200);
pulldown_z = (6);
SetPTPDynamicParams(30,30);
PointToPoint(2,1,pulldown_x,pulldown_y,pulldown_z,pulldown_r,1,0);
RobotSleep(100);
PointToPoint(1,1,pulldown_x,pulldown_y,pulldown_z,red_theta,1,0);
RobotSleep(200);
PointToPoint(2,1,pulldown_x,pulldown_y,pulldown_z,red_theta,0,0);
RobotSleep(200);
ServerSend(B);
SetPTPDynamicParams(80,80);
PointToPoint(2,0,pulldown_x,pulldown_y,50,pulldown_r,0,0);
RobotSleep(100);
SetPTPDynamicParams(100,100);
posex = (229);
posey = (-2);
posez = (50);
poser = (-31);
PointToPoint(1,0,posex,posey,posez,poser,0,0);
RobotSleep(1000);
pulldown_x = (2);
pulldown_y = (-268);
```

```
pulldown_z = (50);
pulldown_r = (-123);
ServerRecive(str,len);
if(len>0);
SetPTPDynamicParams(50,50);
PointToPoint(1,1,pulldown_x,pulldown_y,pulldown_z,pulldown_r,0,0);
RobotSleep(200);
pulldown_z = (1);
PointToPoint(2,1,pulldown_x,pulldown_y,pulldown_z,pulldown_r,1,0);
RobotSleep(500);
PointToPoint(2,1,pulldown_x,pulldown_y,50,pulldown_r,1,0);
RobotSleep(200);
PointToPoint(1,1,posex,posey,posez,poser,1,0);
RobotSleep(200);
SetPTPDynamicParams(100,100);
theta = (-1);
rstate = (1);
endif();
endif();
endif();
endif();
if(rstate = 1);
callfile(13.1.8 传送带是否为空--3号机械臂.xav,image,flagPD);
if(flagPD = 0);
numP = (numP + 1);
else();
numP = (0);
endif();
if(numP>120);
PointToPoint(2,1,234,-40,10,-31,0,0);
RobotSleep(200);
PointToPoint(2,0,229,-2,50,-31,1,0);
RobotSleep(200);
break();
rstate = (0);
numP = (0);
flagPD = (-1);
```

```
endif();
endif();
end();
```

(3) 黑色工件虚拟制造

程序流程图如图 15-22 所示。

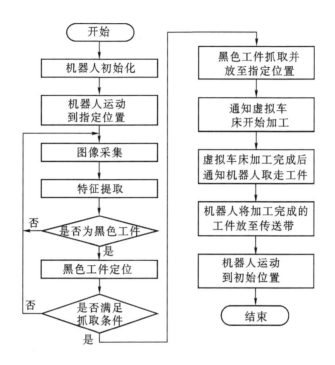

图 15-22　黑色工件虚拟制造 XAVIS 程序流程图

黑色工件虚拟制造的 XAVIS 程序代码如下。

```
* ConnectRobot(3000);
* SetPTPStaticParams(200,200,200,200,2000,2000);
* SetPTPDynamicParams(100,100);
* CameraOpen();
* ServerInit(connectflag);
PointToPoint(1,0,229, -2,50, -31,1,0);
RobotSleep(200);
posex = (229);
posey = ( -2);
posez = (50);
poser = ( -31);
flagB = ( -1);
```

```
numB = (0);
flagPD = ( - 1);
numP = (0);
rstate = (0);
while(1);
GetFrame(image);
showimage(image);
if(rstate = 0);
callfile(13.1.7 半径测量 - - 3 号机械臂.xav,image,cx,cy,cr,cnum,centrex,centrey,centrer,average,averageR,averageG,averageB);
if(average>20&average<80&averageR>20&averageR<80&averageG>20&averageG<80&averageB>20&averageB<80);
if(centrer>40&centrer<60&cx[0]>150&cx[0]<200);
centerxB = (cx[0]);
centeryB = (cy[0]);
black_x = (158 - centerxB);
black_x = (0.18 * black_x);
black_y = (252 - centeryB);
black_y = (0.18 * black_y);
posex = (posex + 6 + black_y);
posey = (posey + black_x);
centerxB = (0);
centeryB = (0);
PointToPoint(1,1,229, - 2,50, - 31,0,0);
PointToPoint(2,1,posex,posey, - 10,poser,1,1600);
RobotSleep(400);
posey = (posey - 10);
PointToPoint(2,1,posex,posey,50,poser,1,0);
RobotSleep(100);
pulldown_x = (42);
pulldown_y = ( - 265);
pulldown_z = (50);
pulldown_r = ( - 119);
ServerSend(D);
SetPTPDynamicParams(70,70);
PointToPoint(1,1,pulldown_x,pulldown_y,pulldown_z,pulldown_r,1,0);
RobotSleep(200);
```

```
pulldown_z = (0);
PointToPoint(2,1,pulldown_x,pulldown_y,pulldown_z,pulldown_r,0,0);
RobotSleep(200);
pulldown_z = (50);
PointToPoint(2,0,pulldown_x,pulldown_y,pulldown_z,pulldown_r,0,0);
RobotSleep(200);
posex = (229);
posey = (-2);
posez = (50);
poser = (-31);
PointToPoint(1,0,posex,posey,posez,poser,0,0);
RobotSleep(1000);
pulldown_x = (41);
pulldown_y = (-265);
pulldown_z = (50);
pulldown_r = (-119);
ServerRecive(str,len);
if(len>0);
SetPTPDynamicParams(50,50);
PointToPoint(1,0,pulldown_x,pulldown_y,pulldown_z,pulldown_r,0,0);
RobotSleep(200);
pulldown_z = (-9);
PointToPoint(2,1,pulldown_x,pulldown_y,pulldown_z,pulldown_r,1,100);
RobotSleep(200);
pulldown_z = (50);
PointToPoint(2,1,pulldown_x,pulldown_y,pulldown_z,pulldown_r,1,0);
RobotSleep(200);
PointToPoint(1,1,posex,posey,posez,poser,1,0);
RobotSleep(200);
SetPTPDynamicParams(100,100);
rstate = (1);
endif();
endif();
endif();
endif();
if(rstate = 1);
callfile(13.1.8 传送带是否为空--3号机械臂.xav,image,flagPD);
```

```
if(flagPD=0);
numP=(numP+1);
else();
numP=(0);
endif();
if(numP>120);
PointToPoint(2,1,231,-40,-5,-31,0,0);
RobotSleep(200);
PointToPoint(2,0,229,-2,50,-31,1,0);
RobotSleep(200);
break();
rstate=(0);
numP=(0);
flagB=(-1);
flagPD=(-1);
numB=(0);
endif();
endif();
end();
```

(4)运行

将第(1)步编写完成的 XAVIS 工程保存并运行,然后运行"SimulationClient.exe"文件,测试机器人是否能够成功完成上述作业,若不能成功完成,根据实际情况分析问题,从而解决问题。

(5)结束运行

测试完成后,关闭"SimulationClient.exe"文件,点击 XAVIS 工程复位按钮。

注意:上述工程代码是根据实际环境测试通过的,机器人可以成功完成上述作业功能,如果在实际应用中还出现一些问题导致机器人不能顺利完成作业,则需要根据具体问题调整图像处理、图像识别、机器人运动控制等相关参数,从而保证机器人成功完成上述作业功能。

15.6 双机器人协同智能装配实验案例

为了提高群机器人智能系统教学实验平台工件装配的效率,采用两个机器人协同装配的方式,其中每个机器人需要完成对四种工件的识别、定位、抓取、放置以及根据两个机器人抓取到的工件情况决定工件放置位置,通过 XAVIS(6.2)控制机器人完成上述作业,编程实现的主要步骤如下:

(1) 1号机器人协同装配

机器人对四种工件均有抓取、放置至装配区、放回传送带三种操作，程序流程图如图15-23所示。

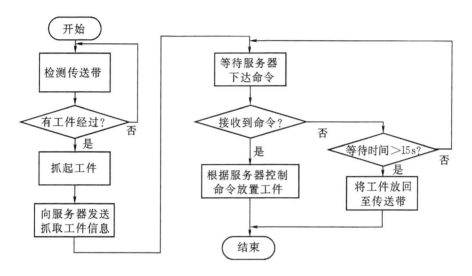

图15-23　1号机器人协同装配XAVIS程序流程图

1号机器人协同装配的XAVIS程序代码如下：

```
ConnectRobot(3000);
SetPTPtaticParams(200,200,200,200,2000,2000);
SetPTPDynamicParams(100,100);
PointToPoint(1,0,224.1936,0,40.1172,-33.8520,0,0);
flagD=(-1);
CameraOpen();
connectToserver(192.168.0.118);
while(1);
GetFrame(image);
showimage(image);
callfile(半径测量--1号机械臂.xav,image,cx,cy,cr,cnum,centrex,centrey,centrer,average,averageR,averageG,averageB);
if(centrer>100&centrer<130&cx[0]>240&cx[0]<300);
if(average>70&average<120&averageR>130&averageR<200&averageG>50&averageG<130&averageB>60&averageB<130);
callfile(协同装配--红色工件角度识别--1号机械臂.xav,image,cx,cy,theta);
if(theta>-1);
callfile(协同装配--红色工件抓取--1号机械臂.xav,cx,cy,cr);
```

```
sendToServer(11);
while(1);
sleep(500);
receive(p);
p = (p - 100);
if(p> -1&&p<10);
break();
endif();
end();
if(p = 1);
callfile(协同装配--红色工件放置--1号机械臂.xav,theta);
sendToServer(OK);
endif();
if(p = 0);
callfile(协同装配--红色工件放回传送带--1号机械臂.xav);
endif();
endif();
endif();
if ( average > 110&average < 165&averageR > 70&averageR < 115&averageG > 100&averageG<150&averageB>150&averageB<210);
callfile(协同装配--蓝色工件识别--1号机械臂.xav,image,blueimage,flagD);
callfile(协同装配--蓝色工件角度识别--1号机械臂.xav,image,cx,cy,centrer,Blue_angle);
if(Blue_angle[0]> -1&flagD = 1);
flagD = (-1);
callfile(协同装配--蓝色工件抓取--1号机械臂.xav,cx,cy,cr);
sendToServer(14);
while(1);
sleep(500);
receive(p);
p = (p - 100);
if(p> -1&&p<10);
break();
endif();
end();
if(p = 1);
callfile(协同装配--蓝色工件放置--1号机械臂.xav,Blue_angle);
```

```
sendToServer(OK);
endif();
if(p = 0);
callfile(协同装配--蓝色工件放回传送带--1号机械臂.xav);
endif();
endif();
endif();
endif();
if(centrer>40&centrer<60&cx[0]>150&cx[0]<200);
if(average>20&average<80&averageR>20&averageR<80&averageG>20&averageG<80&averageB>20&averageB<80);
callfile(协同装配--黑色工件抓取--1号机械臂.xav,cx,cy,cr);
sendToServer(12);
while(1);
sleep(500);
receive(p);
p = (p-100);
if(p>-1&&p<10);
break();
endif();
end();
if(p = 1);
callfile(协同装配--黑色工件放置--1号机械臂.xav);
sendToServer(OK);
endif();
if(p = 0);
callfile(协同装配--黑色工件放回传送带--1号机械臂.xav);
endif();
endif();
if ( average > 100&average < 140&averageR > 100&averageR < 140&averageG > 100&averageG<140&averageB>100&averageB<140);
callfile(协同装配--弹簧工件抓取--1号机械臂.xav,cx,cy,cr);
sendToServer(13);
while(1);
sleep(500);
receive(p);
p = (p-100);
```

```
if(p>-1&&p<10);
break();
endif();
end();
if(p=1);
callfile(协同装配--弹簧工件放置--1号机械臂.xav);
sendToServer(OK);
endif();
if(p=0);
callfile(协同装配--弹簧工件放回传送带--1号机械臂.xav);
endif();
endif();
endif();
end();
ServerClose(2);
CameraClose();
```

(2) 2号机器人协同装配

与1号机器人类似,根据XAVIS软件编写代码如下:

```
ConnectRobot(3000);
SetPTPStaticParams(200,200,200,200,2000,2000);
SetPTPDynamicParams(100,100);
PointToPoint(1,0,240,-3,44.5,-31.4,0,0);
flagD=(-1);
CameraOpen();
connectToserver(192.168.0.118);
while(1);
GetFrame(image);
showimage(image);
callfile(半径测量--2号机械臂.xav,image,cx,cy,cr,cnum,centrex,centrey,centrer,average,averageR,averageG,averageB);
if(centrer>100&centrer<130&cx[0]>240&cx[0]<300);
if (average > 70&average < 120&averageR > 130&averageR < 200&averageG > 50&averageG<110&averageB>60&averageB<110);
callfile(协同装配--红色工件角度识别--2号机械臂.xav,image,cx,cy,theta);
if(theta>-1);
callfile(协同装配--红色工件抓取--2号机械臂.xav,cx,cy,cr);
sendToServer(21);
```

```
while(1);
sleep(500);
receive(p);
p = (p-200);
if(p>-1&&p<10);
break();
endif();
end();
if(p = 2);
callfile(协同装配--红色工件放置2号位置--2号机械臂.xav,theta);
endif();
if(p = 1);
callfile(协同装配--红色工件放置1号位置--2号机械臂.xav,theta);
endif();
if(p = 0);
callfile(协同装配--红色工件放回传送带--2号机械臂.xav);
endif();
endif();
endif();
if ( average > 110&average < 165&averageR > 75&averageR < 115&averageG > 100&averageG<150&averageB>150&averageB<210);
callfile(协同装配--蓝色工件识别--2号机械臂.xav,image,blueimage,flagD);
callfile(协同装配--蓝色工件角度识别--2号机械臂.xav,image,cx,cy,centrer,Blue_angle);
if(Blue_angle[0]>-1&flagD = 1);
callfile(协同装配--蓝色工件抓取--2号机械臂.xav,cx,cy,cr);
flagD = (-1);
sendToServer(24);
while(1);
sleep(500);
receive(p);
p = (p-200);
if(p>-1&&p<10);
break();
endif();
end();
if(p = 2);
```

```
callfile(协同装配--蓝色工件放置2号位置--2号机械臂.xav,Blue_angle);
endif();
if(p=1);
callfile(协同装配--蓝色工件放置1号位置--2号机械臂.xav,Blue_angle);
endif();
if(p=0);
callfile(协同装配--蓝色工件放回传送带--2号机械臂.xav);
endif();
endif();
endif();
endif();
if(centrer>40&centrer<60&cx[0]>150&cx[0]<200);
if(average>35&average<75&averageR>35&averageR<75&averageG>35&averageG<75&averageB>35&averageB<75);
callfile(协同装配--黑色工件抓取--2号机械臂.xav,cx,cy,cr);
sendToServer(22);
while(1);
sleep(500);
receive(p);
p=(p-200);
if(p>-1&&p<10);
break();
endif();
end();
if(p=2);
callfile(协同装配--黑色工件放置2号位置--2号机械臂.xav);
endif();
if(p=1);
callfile(协同装配--黑色工件放置1号位置--2号机械臂.xav);
endif();
if(p=0);
callfile(协同装配--黑色工件放回传送带--2号机械臂.xav);
endif();
endif();
if(average>100&average<140&averageR>100&averageR<140&averageG>100&averageG<140&averageB>100&averageB<140);
callfile(协同装配--弹簧工件抓取--2号机械臂.xav,cx,cy,cr);
```

```
sendToServer(23);
while(1);
sleep(500);
receive(p);
p = (p - 200);
if(p>-1&&p<10);
break();
endif();
end();
if(p = 2);
callfile(协同装配--弹簧工件放置2号位置--2号机械臂.xav);
endif();
if(p = 1);
callfile(协同装配--弹簧工件放置1号位置--2号机械臂.xav);
endif();
if(p = 0);
callfile(协同装配--弹簧工件放回传送带--2号机械臂.xav);
endif();
endif();
endif();
end();
ServerClose(2);
CameraClose();
```

(3)运行

先打开总控机上的服务器,然后分别运行1号和2号机器人协同装配XAVIS工程,测试机器人是否能够成功完成上述作业,若不能成功完成,根据实际情况分析问题,从而解决问题。

(4)结束运行

测试完成后,点击XAVIS工程复位按钮,关闭总控机服务器。

注意:上述工程代码是根据实际环境测试通过的,机器人可以成功完成上述作业功能,如果在实际应用中还出现一些问题导致机器人不能顺利完成作业,则需要根据具体问题调整图像处理、图像识别、机器人运动控制等相关参数,从而保证机器人成功完成上述作业功能。

第 16 章　机器学习

16.1　机器学习简介

1. 机器学习

机器学习是一项多学科交叉的技术,其理论涉及诸多方面,包括概率论、统计学、算法复杂度理论等多门理论学科;它研究计算机是如何模拟人类的学习行为,从而获取新的知识,校正自身的错误,进而不断改善自身的性能。机器学习在人工智能的研究中具有十分重要的地位,一个不具有学习能力的智能系统难以称得上是一个真正的智能系统,但是以往的智能系统都普遍缺少学习的能力。所以说机器学习是人工智能的核心,是让计算机具备智能的根本途径。机器学习的研究是根据生理学、认知科学等对人类学习机理的了解,建立人类学习过程的计算模型或认识模型,发展各种学习理论和学习方法,研究通用的学习算法并进行理论上的分析,建立面向任务的具有特定应用的学习系统。目前,机器学习的应用已经遍及人工智能的各个分支,如自然语言识别、模式识别、计算机视觉等领域。

2. 机器学习算法

机器学习算法包括多个方面:基于监督学习的算法有线性回归、逻辑回归、神经网络、支持向量机等,监督学习即在机器的学习过程中提供对错指示,通过算法让机器自己减少误差,这类算法主要应用于分类和预测;基于无监督学习的算法有 K－means、主成分分析(PCA)等,此类算法的数据没有类别信息,也不会给定目标值,是通过循环和递减计算来减少误差,从而达到分类的目的。

3. 神经网络

神经网络是一种计算能力强大、由多个简单的神经元节点构成的复杂的多层网络模型。每个神经元节点都可以看做是一个多输入单输出的感知器。不同的神经元之间使用不同的权值以及偏置连接起来。作为监督学习,其学习训练的过程就是通过不断修改权值和偏置等参数来不断优化减小误差。当误差缩小到一定范围内或收敛到一定程度,则训练过程结束,得到的参数矩阵就是神经网络的训练结果。利用训练好的参数矩阵便可以对输入数据特征进行求解,得到分类或判断结果。神经网络的分类精度较高,但同时由于需要求解的参数矩阵规模较大、运算复杂度较高、训练时间也相对较长,可以通过修改神经元的层数及每层神经元的个数来修改神经网络模型。还可以通过修改神经元类型以及神经元连接方式等来构建不同的神经网络模型。

16.2 神经元

神经元是对生物神经细胞的模拟,是神经网络中的最小构成单元,神经元的数学本质就是一个多输入单输出的单层感知器,可以实现非线性运算。神经元本身就是最简单的神经网络。其模型结构如图16-1所示。

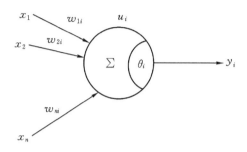

图16-1 神经元

神经元感知器的输入是一组实数向量,输入的每个数据都有对应的连接权重,表示连接强度,其中θ_i表示偏置,y_i表示神经元的输出。神经元的求解公式如下所示:

$$y_i(t) = f(\sum_{i=1}^{n} w_i x_i(t) - \theta) \tag{16-1}$$

其中,$\sum_{i=1}^{n} w_i x_i(t)$表示神经元的内部状态。

通过对人工神经元模型的抽象,可以得到以下具体模型如图16-2所示。

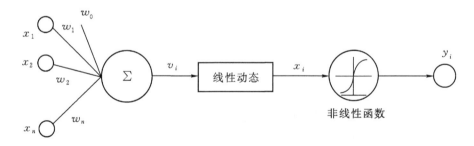

图16-2 人工神经元模型框图

由图16-2可知,一个神经元模型由三部分组成:一个线性动态多输入单输出系统、一个加权加法器以及一个静态非线性函数单元,其中,非线性函数单元用于描述神经元活动的输出函数形式。上式反应了神经元的输入与输出之间的关系,激活函数用于将神经元的特征以函数的形式表现出来。激活函数是神经元的特性,可以将神经元根据激活函数的不同分类。其中常用的神经元激活函数有:线性激活函数、阶跃激活函数和Sigmoid函数等。其中Sigmoid函数最为常用,其函数公式如下所示:

$$f(u_i) = \frac{1}{1+e^{-u_i}} \quad (16-2)$$

根据式(16-2)的描述可知,Sigmoid 函数是非线性单调函数,具有无限次可微的优势。这对于后续神经网络的求解有至关重要的作用。

16.2.1 BP 神经网络模型

根据拓扑结构对神经网络进行分类,主要可以将其分为以下两类:一种是分层神经网络,另一种是相互连接型网络。而 BP 网络是一种具有多层神经网络结构的多层前馈神经网络,属于分层型神经网络。BP 神经网络包括一个输入层和一个输出层及一个或多个隐藏层。神经网络由多个神经元组成,BP 神经网络中的神经元都采用 Sigmoid 激活函数。由于 BP 神经网络可以包含多个隐藏层,所以可以实现很多复杂的非线性运算,模拟很多复杂的映射关系。其结构如图 16-3 所示。

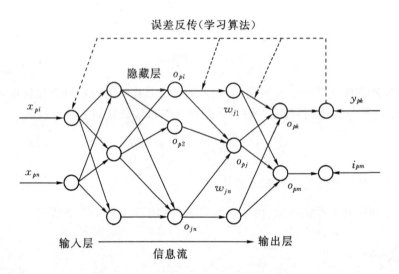

图 16-3 BP 神经网络模型结构

BP 神经网络是各层相互连接的正向传递的全连接网络。通过在向量空间中不断搜索最优化的权值来对神经网络进行训练,即不断减少全局误差以优化连接权值。在整个训练过程中,对于不同的搜索规则,最优权值的搜索方式是不同的。BP 神经网络采用"反向传播算法(Backprograming algorithm)"来搜索最优权值。该算法的本质是梯度下降法,用梯度下降法来求取使输出误差达到最小化的神经网络权值。同时,该算法也是一种监督学习算法,是前馈网络最有效的学习算法。它可以对网络中的各层的权系数进行修正。下面对 BP 神经网络的训练过程进行简单描述。

在此之前先简单描述一个概念:神经网络的代价函数可表示为式(16-3):

$$J(\theta) = -\frac{1}{m}\Big[\sum_{i=1}^{m}\sum_{k=1}^{K} y_k^{(i)} \log h_\theta(x^{(i)})_k + (1-y_k^{(i)})\log(1-h_\theta(x^{(i)})_k)\Big] + \frac{\lambda}{2m}\sum_{l=1}^{L-1}\sum_{i=1}^{s_l}\sum_{j=1}^{s_l+1}(\Theta_j^{(l)})^2$$

$$(16-3)$$

其中，$\frac{1}{m}[\sum_{i=1}^{m}\sum_{k=1}^{K}y_k^{(i)}\log h_\theta(x^{(i)})_k + (1-y_k^{(i)})\log(1-h_\theta(x^{(i)}))]$ 表示所有的误差总和，$\frac{\lambda}{2m}\sum_{l=1}^{L-1}\sum_{i=1}^{s_l}\sum_{j=1}^{s_l+1}(\Theta_j^{(l)})^2$ 表示的是参数项的平方和。目的在于防止过拟合。

上面式子中 m 表示的是样本个数，K 表示输出标签的种类数。代价函数的形式类似逻辑回归的代价函数。

而神经网络的训练过程便是不断减小式(16-3)描述的代价函数，通过输入与设定的参数计算出输出，然后计算输出和标签结果的差值，回退求解每一步对这个差值的贡献(偏导)，最后纠正参数的值，如此不断重复。其中：回退过程被称作反向传播(BackPropagation)，简单地理解，反向传播函数就是复合函数的链式求导法则。

下面将整个过程详细描述如下：

设 BP 神经网络的各层节点数目表示如下：输入层神经元个数为 n，隐含层神经元个数为 s，输出层神经元个数为 m。则输入向量可用 $X_p = (x_{p1}, x_{p2}, \cdots, x_{pm})^T$ 表示，期望输出可表示为 $Y_p = (y_{p1}, y_{p2}, \cdots, y_{pm})^T$。

BP 神经网络主要使用以下两步进行训练：正向传播和反向修正。正向传播顾名思义为根据神经网络本身的参数和系统输入，计算出神经网络的输出。每一层神经元的输出只会影响与它连接的下一层的神经元输出。而反向传播，则是从输出到输入，求取输出层的实际输出和理论期望输出的差值(即误差)，该误差是神经网络权值参数矩阵的函数。将求得的误差反向传回神经网络，以最小化误差为求解目标，对系统的权值参数矩阵进行修正，直至系统收敛到预期范围内。

至此，BP 神经网络算法的求解过程可总结如下。

(1) 初始化权值矩阵，对神经网络的权值矩阵随机初始化，初始值使用 $0\sim 1$ 之间的随机数。并设置终止条件，迭代次数和误差阈值。

(2) 指定输入和输出，从样本集中选择训练集，将其设置为输入，并将其对应的标签设置为输出。

(3) 计算误差，根据上面正向传播的求解误差公式计算每一次迭代的误差，求解最后的误差。

(4) 判断终止条件，若输出误差满足终止条件或者迭代次数达到最大值。则结束算法，保存神经网络参数，否则执行下一步。

(5) 权值更新，根据上面列出的权值修正公式，从输出层开始，反向依次对各层权重进行更新。反向传播其实就是复合函数的链式求导法则，求每一步对这个差值的贡献(偏导)，然后纠正参数的值。转入第二步，继续执行。

16.2.2　支持向量机

支持向量机(SVM)是机器学习领域中一个家喻户晓的算法，其中支持向量指的是对学习起关键作用的一系列数据样本。所以 SVM 本质也是一种用于统计分类的机器学习算法，属于监督学习。该算法可以很好地应用在模式识别等机器学习问题中，并且有良好的表现。

SVM 在解决非线性、高维度、小样本的模式识别问题中有显著的优势和良好的效果。同时,由于 SVM 引入了核函数技术,使得其在空间转换过程中可以有效避免维数灾难。

(1) 支持向量机

随着机器学习理论的不断成熟和统计学理论的迅猛发展,SVM 的应用已经广泛地出现在多个方面。现对其基本原理描述如下:

对于线性可分的分类数据样本。可以将样本完全分开的直线一定不止一条,如图 16-4 所示。

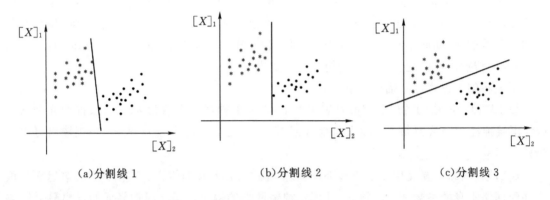

图 16-4 线性样本分类

对于三维空间的情况,划分数据的是一个平面,对于四维空间甚至更高维的空间,分类数据的是一个超平面。而在所有可完全分类样本的超平面中一定存在一个最理想的超平面,使得每一类数据与该平面的最短距离取得最大值,则该超平面称为最优分类超平面。如图 16-5 所示,其中对应的分类器称作最优间隔分离器。

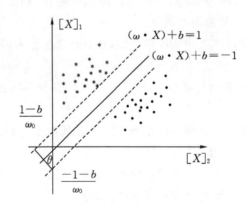

图 16-5 最优分类超平面

前面描述的两种方式主要是针对样本数据是可分或者是近似线性可分的情况。而实际中大部分问题都是非线性的。样本完全线性不可分,如图 16-6 所示中即为完全线性不可分的情况。

面对上面的这种情况,单纯使用上面描述的惩罚因子已经不能找到可以实现良好分类的超平面,而需要使用最优分类超曲面来代替超平面。SVM 在此方面表现优势突出,它通过空

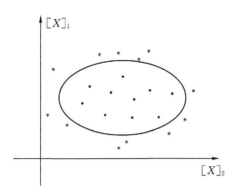

图 16-6　完全线性不可分

间变换的方式,将低维映射到高维,将原本线性不可分的问题转化为线性可分的问题,在高维空间用线性判别的方式解决低维空间中的不可分类问题。这种通过空间变换的方式解决原问题中不可分的情况被称作原问题的广义线性判别。但由于变换后的空间维度较高,也会引入维数灾难。不过导致的维数灾难问题可以通过 SVM 的内积核函数有效解决。

由前面的分析可以知道,SVM 中训练样本的内积运算完全可以决定目标分类判别函数。这就表示只要知道一个特征空间的变换空间内积,就能决定一个特征空间的最优线性分类问题。只要保证原空间中的变量计算可以得到该内积即可,而并不需要知道非线性变换的具体形式。

综合以上,可以将 SVM 的基本思想描述为:对线性不可分的情况,可以首先将低维输入空间转化到高维空间。然后在新的高维空间中求解最优分类超平面,利用高维空间的线性判别函数对原不可分问题进行分类。因为引入了内积函数,导致了最终的判别函数只与 SVM 的内积核有关。有效的降低了算法的复杂度,更重要的是避免了维数灾难。

(2) 核函数

核函数是 SVM 的关键部分,由于低维空间样本集很难划分,可以将低维空间映射到高维空间,但这种空间变换导致的问题求解复杂程度可想而知。然而由于核函数的出现,使得该问题的求解变得不那么困难。核函数的作用就是避免维数灾难,同时降低机器学习对非线性问题的求解难度。核函数的种类有很多,可以根据具体情况选择不同的核函数,选择不同的核函数可以得到不同类型的 SVM。并且不同核函数的参数选择同样对 SVM 的分类效果有很大的影响。目前常见的核函数有以下几种:

①线性核函数:$K(x_i, x_j) = (x_i \cdot x_j)$。

②多项式核函数:$K(x_i, x_j) = [(x_i \cdot x_j) + 1]^q$,其中 q 为参数,由此产生的 SVM 是一个多项式分类器。多项式核函数是最常用的核函数。

③高斯核函数:$K(x_i, x_j) = \exp(-\|x_i - x_j\|^2 / \sigma^2)$,使用该核函数可以产生一个径向基函数分类器。

④Sigmoid 核函数:$K(x_i, x_j) = \tanh(v(x \cdot x_i) + c)$,使用该核函数可以产生一个类似神经网络的分类器。

⑤实多项式核函数:$K(x_i,x_j)=(1-(x\cdot x_i)^q)/(1-(x\cdot x_i))$,$q$为参数,其中$-1<(x\cdot x_i)<1$。

⑥完全多项式核函数:$K(x_i,x_j)=((x\cdot x_i)/a+b)^q$,其中$a,b,q$为参数。

(3) 实现过程

经过以上对SVM原理的分析以及对核函数的介绍,基于核函数的SVM的一般求解方法可以简单的总结为以下步骤:

①选择核函数kernel,构建新的训练样本。

假设给定样本如下:$(x^{(1)},y^{(1)}),(x^{(2)},y^{(2)}),\cdots,(x^{(m)},y^{(m)})$,其中$x$表示样本数据,$y$表示样本对应的标签。

设置$l^{(1)}=x^{(1)},l^{(2)}=x^{(2)},\ldots,l^{(m)}=x^{(m)}$

则可以由原来的输入特征得到新的特征如式(16-4)。

$$f^{(1)} = similarity(x,l^{(1)})$$
$$f^{(2)} = similarity(x,l^{(2)}) \quad (16-4)$$
$$\cdots\cdots$$

②使用新的样本数据对SVM模型进行训练:主要是求令如式(16-5)的代价函数得到最小化时的θ值:

$$C\sum_{i=1}^{m}y^{(i)}\text{cost}_1(\theta^T f^{(i)})+(1-y^{(i)})\text{cost}_0(\theta^T f^{(i)})+\frac{1}{2}\sum_{j=1}^{m}\theta_j^2 \quad (16-5)$$

式(16-5)中C表示的是正则化参数,通过调整C,可以防止系统过拟合。cost_1表示的是标签为1时候模型的误差,类似的cost_0表示的是标签为0时模型的误差。$\frac{1}{2}\sum_{j=1}^{m}\theta_j^2$表示的是参数的控制项。配合$C$的使用,可以防止过拟合。

③最后求解的过程主要是使得代价函数最小化,可以自主求解,但是网上同样提供有经过优化的SVM库函数包,可以直接调用。另外,在参数大小极度不均的情况下,需要对样本的数据进行归一化。

16.3 机器人象棋对决协同实验案例

采用群机器人智动化系统教学实验平台实现对象棋识别、定位和抓取、象棋正面图像的学习与分类、以及象棋对决过程的动态显示。具体实现过程分为象棋识别摆放和象棋对决两部分。

16.3.1 象棋识别摆放

机器人通过摄像头对传送带上的象棋进行检测、定位和抓取。对抓取的棋子通过SVM模型进行分类,得到棋子的分类信息并放置到相应的位置。

1.象棋识别摆放过程的流程如图16-7所示。

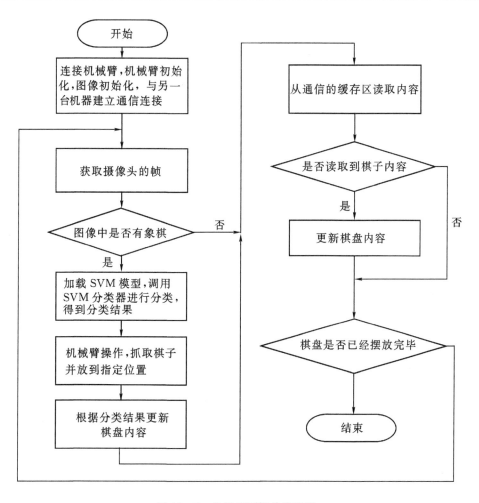

图 16-7 象棋识别摆放流程图

2. 象棋识别摆放的 XAVIS 主程序代码如下。

```
象棋识别摆放.xav
RobotSleep(200);
ConnectToserver(192.168.1.101,0,8266);
posex = (248.4617);
posey = (0);
posez = (4.7743);
poser = (-31.5079);
width = (31);
rshi_count = (0);
rxiang_count = (0);
rma_count = (0);
rche_count = (0);
```

```
rpao_count = (0);
rbing_count = (0);
rshuai_count = (0);
bshi_count = (0);
bxiang_count = (0);
bma_count = (0);
bche_count = (0);
bpao_count = (0);
bzu_count = (0);
bjiang_count = (0);
count = (1);
v = (0);
r = (0);
PointToPoint(1,0,posex,posey,posez,poser,0,0);
svm_load(E:\XAVIS(7.0)\HOG_SVM_CHESS_BLACK_2916_Robot2_8.xml);
readimage(D:\res\background.jpg,background);
readimage(D:\res\bjiang.jpg,image_test);
while(1);
  ClientReceiveStr(1,s1);
  strcmp(s1,stop chess,r);
  if(r=1);
    setoutput(1);
    break();
  endif();
if(bjiang_count>0&bshi_count>1&bxiang_count>1&bma_count>1&bche_count>1&bpao_
count>1&bzu_count>4&rshuai_count>0&rshi_count>1&rxiang_count>1&rma_count>
1&rche_count>1&rpao_count>1&rbing_count>4);
    setoutput(0);
    DisconnectToServer(0);
    break();
  else();
    GetFrame(0,image);
    CreateBoard(0,0,background,image_test,image,D:\res\,2,background);
    showimage(background);
    callfile(象棋检测.xav,image,flag,imageROI,centerx,centery,label);
    if(flag=1&centerx>300&centerx<410&centery>100&centery<500);
      svm_recognize(imageROI,28,28,14,14,7,7,7,7,9,14,14,0,0,result);
      AdSize(imageROI,280,280,imageROI);
```

```
            if(result>0);
                if(result = 8);
                    bjiang_count = (bjiang_count + 1);

CreateBoard(result,bjiang_count,background,imageROI,image,D:\res\,2,background);
                showimage(background);
                    callfile(棋子摆放.xav,72,-162,-26,-121,centerx,centery,result,flag);
                    cstringformat("8",s1);
                    ClientSend(s1,0);
                endif();
                if(result = 9);
                    bshi_count = (bshi_count + 1);

CreateBoard(result,bshi_count,background,imageROI,image,D:\res\,2,background);
                showimage(background);
                    if(bshi_count = 1);
                        callfile(棋子摆放.xav,41,-163,-25,-120,centerx,centery,result,flag);
                    endif();
                    if(bshi_count = 2);
                        callfile(棋子摆放.xav,104,-162,-26,-121,centerx,centery,result,flag);
                    endif();
                    cstringformat("9",s1);
                    ClientSend(s1,0);
                endif();
                if(result = 10);
                    bxiang_count = (bxiang_count + 1);

CreateBoard(result,bxiang_count,background,imageROI,image,D:\res\,2,background);
                showimage(background);
                    if(bxiang_count = 1);
                        callfile(棋子摆放.xav,10,-164,-25,-120,centerx,centery,result,flag);
                    endif();
                    if(bxiang_count = 2);
                        callfile(棋子摆放.xav,134,-160,-27,-118.,centerx,centery,result,
                                flag);
                    endif();
                    cstringformat("10",s1);
                    ClientSend(s1,0);
```

```
                    endif();
                if(result = 11);
                    bma_count = (bma_count + 1);
    CreateBoard(result,bma_count,background,imageROI,image,D:\res\,2,background);
                    showimage(background);
                    if(bma_count = 1);
                        callfile(棋子摆放.xav,-21,-164,-25,-120,centerx,centery,result,
                                flag);
                    endif();
                    if(bma_count = 2);
                        callfile(棋子摆放.xav,163,-160,-27,-120,centerx,centery,result,flag);
                    endif();
                    cstringformat("11",s1);
                    ClientSend(s1,0);
                endif();
                if(result = 12);
                    bche_count = (bche_count + 1);
    CreateBoard(result, bche_count, background, imageROI, image, D:\res\, 2, background);
                    showimage(background);
                    if(bche_count = 1);
                        callfile(棋子摆放.xav,-55,-164,-24,-120,centerx,centery,result,flag);
                    endif();
                    if(bche_count = 2);
                        callfile(棋子摆放.xav,192,-158,-28,-120,centerx,centery,result,flag);
                    endif();
                    cstringformat("12",s1);
                    ClientSend(s1,0);
                endif();
                if(result = 13);
                    bpao_count = (bpao_count + 1);
    CreateBoard(result, bpao_count, background, imageROI, image, D:\res\, 2, background);
```

```
            showimage(background);
            if(bpao_count = 1);
                callfile(棋子摆放.xav,-23,-225,-25,-121,centerx,centery,re-
                        sult,flag);
            endif();
            if(bpao_count = 2);
                callfile(棋子摆放.xav,160,-225,-28,-120,centerx,centery,re-
sult,flag);
            endif();
            cstringformat("13",s1);
            ClientSend(s1,0);
        endif();
        if(result = 14);
           bzu_count = (bzu_count + 1);

    CreateBoard(result,bzu_count,background,imageROI,image,D:\res\,2,background);
            showimage(background);
            if(bzu_count = 1);
                callfile(棋子摆放.xav,-57,-254 + width,-25,-122,centerx,cen-
                        tery,result,flag);
            endif();
            if(bzu_count = 2);
                callfile(棋子摆放.xav,8,-254 + width,-25,-122,centerx,centery,
                        result,flag);
            endif();
            if(bzu_count = 3);
                callfile(棋子摆放.xav,69,-257 + width,-26,-122,centerx,cen-
                        tery,result,flag);
            endif();
            if(bzu_count = 4);
                callfile(棋子摆放.xav,132,-256 + width,-28,-121,centerx,cen-
                        tery,result,flag);
            endif();
            if(bzu_count = 5);
                callfile(棋子摆放.xav,190,-257 + width,-32,-120,centerx,cen-
                        tery,result,flag);
            endif();
```

```
            cstringformat("14",s1);
            ClientSend(s1,0);
          endif();
        endif();
      n = (10);
      while(n);
         GetFrame(0,image);
          * showimage(image);
         n = (n-1);
      end();
      PointToPoint(1,0,posex,posey,posez,poser,1,500);
      result = (0);
      flag = (-1);
    endif();
    count = (count + 1);
    if(count>500);
       count = (0);
    endif();
    v = (count % 5);
    if(v = 0);
       ClientReceiveInt(0,info);
       if(info = 1);
          rshuai_count = (rshuai_count + 1);

   CreateBoard(info,rshuai_count,background,image_test,image,D:\res\,2,background);
         endif();
         if(info = 2);
            rshi_count = (rshi_count + 1);
             CreateBoard(info,rshi_count,background,image_test,image,D:\res\,2,background);
         endif();
         if(info = 3);
            rxiang_count = (rxiang_count + 1);

   CreateBoard(info,rxiang_count,background,image_test,image,D:\res\,2,background);
         endif();
```

```
        if(info = 4);
          rma_count = (rma_count + 1);
           CreateBoard(info,rma_count,background,image_test,image,D:\res\,2,
background);
        endif();
        if(info = 5);
          rche_count = (rche_count + 1);
           CreateBoard(info,rche_count,background,image_test,image,D:\res\,2,
background);
        endif();
        if(info = 6);
          rpao_count = (rpao_count + 1);
           CreateBoard(info,rpao_count,background,image_test,image,D:\res\,2,
background);
        endif();
        if(info = 7);
          rbing_count = (rbing_count + 1);

CreateBoard(info,rbing_count,background,image_test,image,D:\res\,2,back-
ground);
        endif();
        showimage(background);
      endif();
   endif();
end();
```

3. 棋子摆放子程序

```
棋子摆放.xav
setinput(robotx,roboty,robotz,robotr,centerx,centery,result,flag);
if(flag = 1);
  catchx = ((240 - centery) * 0.1);
  catchx = (catchx + 249);
  catchy = ((115 - centerx) * 0.1);
  catchy = (catchy + 15);
  catchz = ( - 86.7743);
  catchr = ( - 31.5079);
  width = (31);
  PointToPoint(1,1,catchx,catchy,catchz - 2,catchr,1,500);
```

```
    RobotSleep(200);
    PointToPoint(1,1,catchx,catchy-10,robotz+30,catchr,1,300);
    RobotSleep(200);
    if(result=14);
        PointToPoint(1,1,robotx,roboty,robotz+20,robotr,1,500);
        RobotSleep(200);
        PointToPoint(1,1,robotx,roboty-width,robotz+20,robotr,1,500);
        RobotSleep(200);
        PointToPoint(1,1,robotx,roboty-width,robotz,robotr,1,500);
        RobotSleep(200);
        PointToPoint(1,0,robotx,roboty-width,robotz,robotr,1,500);
        RobotSleep(200);
        PointToPoint(1,0,robotx,roboty-width,robotz+30,robotr,1,500);
        RobotSleep(200);
        PointToPoint(1,0,robotx,roboty,robotz+30,robotr,1,500);
        RobotSleep(200);
    else();
        PointToPoint(1,1,robotx,roboty,robotz+20,robotr,1,500);
        RobotSleep(200);
        PointToPoint(1,1,robotx,roboty,robotz,robotr,1,500);
        RobotSleep(200);
        PointToPoint(1,0,robotx,roboty,robotz,robotr,1,500);
        RobotSleep(200);
        PointToPoint(1,0,robotx,roboty,robotz+30,robotr,1,500);
        RobotSleep(200);
    endif();
    posex=(248.4617);
    posey=(0);
    posez=(4.7743);
    poser=(-31.5079);
    PointToPoint(1,0,posex,posey,posez,poser,1,500);
endif();
if(flag=2);
    catchx=((230-centery)*0.1);
    catchx=(catchx+245.4084);
    catchy=((95-centerx)*0.1);
    catchy=(catchy+20.2557);
    catchz=(-88.0579);
```

```
catchr = ( -28.9520);
width = (31);
RobotSleep(350);
PointToPoint(1,1,catchx,catchy,catchz,catchr,1,330);
RobotSleep(200);
catchz = (robotz + 30);
PointToPoint(1,1,catchx,catchy,catchz,catchr,1,330);
RobotSleep(200);
if(result = 7);
    PointToPoint(1,1,robotx,roboty,robotz + 20,robotr,1,500);
    RobotSleep(200);
    PointToPoint(1,1,robotx,roboty + width,robotz + 20,robotr,1,500);
    RobotSleep(200);
    PointToPoint(1,1,robotx,roboty + width,robotz,robotr,1,500);
    RobotSleep(200);
    PointToPoint(1,0,robotx,roboty + width,robotz,robotr,1,500);
    RobotSleep(200);
    PointToPoint(1,0,robotx,roboty + width,robotz + 30,robotr,1,500);
    RobotSleep(200);
    PointToPoint(1,0,robotx,roboty,robotz + 30,robotr,1,500);
    RobotSleep(200);
else();
    PointToPoint(1,1,robotx,roboty,robotz + 20,robotr,1,500);
    RobotSleep(200);
    PointToPoint(1,1,robotx,roboty,robotz,robotr,1,500);
    RobotSleep(200);
    PointToPoint(1,0,robotx,roboty,robotz,robotr,1,500);
    RobotSleep(200);
    PointToPoint(1,0,robotx,roboty,robotz + 30,robotr,1,500);
    RobotSleep(200);
endif();
posex = (240.4084);
posey = ( -8.2557);
posez = ( -6.0579);
poser = ( -25.2520);
PointToPoint(1,0,posex,posey,posez,poser,1,500);
endif();
```

4. 象棋检测子程序

(1)象棋检测流程如图 16-8 所示。

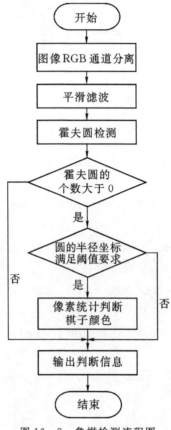

图 16-8 象棋检测流程图

(2)象棋检测 XAVIS 程序代码如下。

```
象棋检测.xav
setinput(image);
i = ( -1);
centerx = ( -1);
centery = ( -1);
centerr = ( -1);
apartrgb(image,R_image,G_image,B_image);
convertdepth24to8(image,imagegray);
smoothfilter(imagegray,0,3,imagegray);
smoothfilter(imagegray,0,3,imagegray);
houghcircle1(imagegray,imagecircle,3,1,10,140,50,20,130,cx,cy,cr,cnum);
for(i = 0,cnum,1);
    if(cr[i]>centerr);
```

```
        centerx = (cx[i]);
        centery = (cy[i]);
        centerr = (cr[i]);
      endif();
    endfor();
    gencircle(centerx,centery,centerr);
    lx = (cx[0] - centerr);
    ly = (cy[0] - centerr);
    rx = (cx[0] + centerr);
    ry = (cy[0] + centerr);
    setrect(lx,ly,rx,ry,rect);
    rectgrayaverage(imagegray,rect,average);
    rectgrayaverage(R_image,rect,averageR);
    rectgrayaverage(G_image,rect,averageG);
    rectgrayaverage(B_image,rect,averageB);
    label = (0);
    if(cnum>1);
      if(centerr>50&centerr<70);
        if((centerx - centerr)>20&(centerx + centerr)<550);
          x1 = (centerx - centerr);
          y1 = (centery - centerr);
          x2 = (x1 + 2 * centerr);
          y2 = (y1 + 2 * centerr);
          setrect(x1,y1,x2,y2,rectroi);
          setroi(image,rectroi,imageROI);
          AdSize(imageROI,56,56,imageROI);
          * showimage(imageROI);
          label = (2 * averageR - averageG - averageB + 100);
        endif();
      endif();
    endif();
    if(label = 0);
      setoutput(0,0);
    else();
      if(label<78);
        setoutput(1,imageROI);
      else();
        if(label<150);
          setoutput(2,imageROI);
```

```
        else();
           setoutput(0,0);
        endif();
     endif();
  endif();
```

16.3.2 象棋对决

在象棋识别摆放完成后,机器人根据棋局场景信息自主进行决策,控制机械臂实现走棋。
1. 象棋对决流程如图16-9所示。

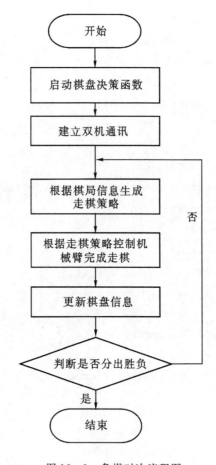

图16-9 象棋对决流程图

2. 象棋对决的XAVIS程序代码如下。

```
象棋对决.xav
XAVIS CODE:
execute(E:\autochess2\Debug\chess.exe);
timedelay(500);
```

```
ConnectToserver(127.0.0.1,0,8260);
basex = (70.4357);
basey = (-161.0664);
setz = (24.1026);
setr = (-119.8178);
cstringformat("",st);
r = (-1);
m = (0);
PointToPoint(1,0,posex,posey,posez,poser,1,500);
RobotSleep(200);
timedelay(500);
while(1);
  ClientReceiveStr(1,s1);
  strcmp(s1,stop chess,m);
  if(m = 1);
    break();
  endif();
  ClientReceiveStr(0,a1);
  strcmp(a1,st,r);
  while(r = 1);
    ClientReceiveStr(0,a1);
    strcmp(a1,st,r);
  end();
  ClientSend(a1,1);
  timedelay(500);
  ClientReceiveInt(0,x1);
  ClientReceiveInt(0,y1);
  ClientReceiveInt(0,z1);
  ClientReceiveInt(0,x2);
  ClientReceiveInt(0,y2);
  ClientReceiveInt(0,z2);
  if(x1 = -1);
  else();
    PointToPoint(1,1,x1,y1,z1+30,setr,1,500);
    RobotSleep(200);
    PointToPoint(1,1,x1,y1,z1,setr,1,500);
    RobotSleep(200);
    PointToPoint(1,1,x1,y1,z1+30,setr,1,500);
    RobotSleep(200);
```

```
            PointToPoint(1,1,x2,y2,z2 + 30,setr,1,500);
            RobotSleep(200);
            PointToPoint(1,1,x2,y2,z2,setr,1,500);
            RobotSleep(200);
            PointToPoint(1,0,x2,y2,z2,setr,1,500);
            RobotSleep(200);
            PointToPoint(1,0,x2,y2,z2 + 30,setr,1,500);
            RobotSleep(200);
            PointToPoint(1,0,basex,basey,setz,setr,1,500);
            RobotSleep(200);
        endif();
    end();
```

16.4 机器人麻将博弈实验案例

采用群机器人智动化系统教学实验平台实现麻将背面识别定位和抓取、麻将正面图像的学习与分类、以及麻将博弈过程显示。通过 XAVIS 智能组态软件编程控制视觉机器人完成上述作业过程,XAVIS 编程实现的主要步骤如下。

1. 麻将博弈

(1)麻将博弈流程如图 16-10 所示。

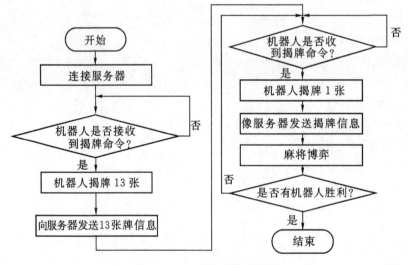

图 16-10 麻将博弈流程图

(2)麻将博弈 XAVIS 程序代码如下。

```
麻将博弈 XAVIS.xav
ConnectToserver(192.168.1.111,1,8260);
```

```
flag_print = (0);
while(1);
   ClientReceiveStr(1,buf0);
   strcmp(buf0,start majiang,flag_start);
   strcmp(buf0,,flag_print);
   if(flag_print = -1);
      print(buf0);
   endif();
   if(flag_start = 1);
      break();
   endif();
end();
CameraOpen(0);
CameraOpen(1);
timedelay(2000);
execute(C:\Users\Administrator\Desktop\exe\program(客户端自动).exe);
timedelay(4000);
ConnectToserver(192.168.1.131,0,8026);
ConnectRobot(3000);
SetPTPStaticParams(200,200,200,200,2000,2000);
SetPTPDynamicParams(100,100);
readimage("E:\XAVIS(7.0)\majiang\majiang.jpg",image);
showimage(image);
posex = (254);
posey = (0);
posez = (10);
poser = (-32);
pos = (1);
flag4 = (0);
id_int = (101);
itoa(id_int,id_string);
PointToPoint(1,0,posex,posey,posez,poser,0,0);
RobotSleep(200);
while(1);
   ClientReceiveStr(0,buf);
   substring(buf,0,12,buf_1);
   substring(buf,0,18,buf_2);
   substring(buf,0,8,buf_3);
   strcmp(buf_1,jixiebimopai,flag1);
```

```
strcmp(buf_2,majianggotojixiebi,flag2);
strcmp(buf_3,gameover,flag3);
if(flag3 = 1);
    cstringformat(majiangend,buf4);
    ClientSend(buf4,0);
    break();
endif();
if(flag1 = 1&pos = 1);
    pos = (-1);
    cstringformat(majiangfapai,buf2);
    cstringformat("%s%s,buf2,id_string",buf2);
    cstringformat("{}wxguvhkompr",res_string);
    cstringformat("%s%s,buf2,res_string",buf2);
    for(i = 1,14,1);
        callfile(2号麻将识别 - 副本.xav,image,res_int,r2);
        if(r2 = 1);
            break();
        endif();
        res_int = (res_int + 100);
        itoa(res_int,res_string);
        cstringformat(majiangonce,buf1);
        cstringformat("%s%s%s,buf1,id_string,res_string",buf1);
        cstringformat("%s%s,buf2,res_string",buf2);
        ClientSend(buf1,0);
    endfor();
    if(r2 = 1);
        cstringformat(majiangend,buf4);
        ClientSend(buf4,0);
        break();
    endif();
    ClientSend(buf2,0);
endif();
if(flag2 = 1);
    substring(buf,18,1,idd);
    strcmp(idd,id_string,flag4);
endif();
if(flag2 = 1&flag4 = 1);
    callfile(2号麻将识别-副本.xav,image,res_int,r2);
    if(r2 = 1);
```

第 16 章 机器学习

```
            cstringformat(majiangend,buf4);
            ClientSend(buf4,0);
            break();
        endif();
        res_int = (res_int + 100);
        itoa(res_int,res_string);
        cstringformat(majiangreturnfromjixiebi,buf3);
        cstringformat(" % s % s % s,buf3,id_string,res_string",buf3);
        ClientSend(buf3,0);
    endif();
end();
```

(3) 麻将识别
① 麻将识别流程

麻将识别包括从传送带上抓取麻将、在台面相机上方进行识别分类,其流程如图 16 - 11 所示。

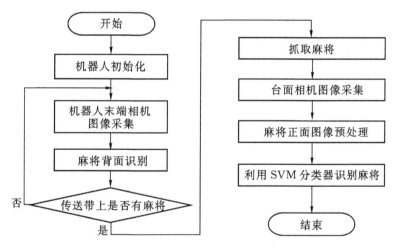

图 16 - 11　麻将识别流程图

② 麻将识别 XAVIS 程序代码如下。

```
麻将识别.xav
setinput(image);
flagCatch = (0);
posex = (254);
posey = (0);
posez = (10);
poser = ( - 32);
res = ( - 1);
```

```
flag_print = (0);
PointToPoint(1,0,posex,posey,posez,poser,0,0);
RobotSleep(200);
svm_load(E:\XAVIS(7.0)\SVM.xml);
for(a = 1,10,1);
  GetFrame(0,image0);
  Majiang_interface(image,image0, − 1,image0,E:\XAVIS(7.0)\majiang\resize\);
  showimage(image);
endfor();
count2 = (0);
r2 = (0);
v2 = (0);
while(1);
  v2 = (count2 % 10);
  if(v2 = 0);
    ClientReceiveStr(0,s2);
    strcmp(s2,gameover,r2);
    if(r2 = 1);
      break();
    endif();
  endif();
  count2 = (count2 + 1);
  GetFrame(0,image0);
  Majiang_interface(image,image0, − 1,image0,E:\XAVIS(7.0)\majiang\resize\);
  showimage(image);
  if(flagCatch = 0);
    callfile(2号传送带麻将识别.xav,image0,center_x,center_y,flag);
    if(flag&center_x>250&center_x<300&center_y>0);
      catch_x = (200 − center_y);
      catch_x = (0.1785 ∗ catch_x);
      catch_y = (252 − center_x);
      catch_y = (0.1777 ∗ catch_y);
      catch_x = (posex + 5 + catch_x);
      catch_y = (posey + 20 + catch_y);
      PointToPoint(2,1,catch_x,catch_y, − 72,poser,1,300);
      RobotSleep(200);
      RobotLightOff();
      PointToPoint(2,1,posex,posey,posez,poser,1,0);
      RobotSleep(200);
```

```
            flagCatch = (1);
         endif();
      endif();
      if(flagCatch = 1);
         PointToPoint(1,1,-10,263,40,57,1,0);
         RobotSleep(1000);
         for(i = 0,5,1);
            GetFrame(1,image1);
         endfor();
         callfile(2号麻将识别预处理 - 副本.xav,image1,image_predict,image_roi);
         svm_recognize(image_predict,32,24,16,16,8,8,8,8,9,10,10,0,0,res);
         Majiang_interface(image,image_predict,res,image_roi,E:\XAVIS(7.0)\majiang
            \resize\);
         showimage(image);
         PointToPoint(1,1,338,0,-30,poser,0,0);
         RobotSleep(200);
         PointToPoint(1,0,posex,posey,posez,poser,0,0);
         RobotSleep(200);
         flagCatch = (0);
         RobotLightOn();
         GetFrame(0,image0);
         break();
      endif();
end();
setoutput(res,r2);
```

(4) 传送带上麻将识别

① 传送带上麻将识别流程如图 16-12 所示。

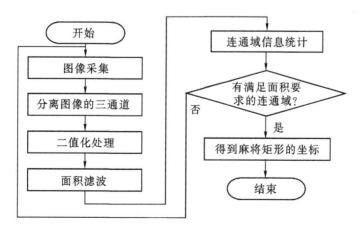

图 16-12 传送带麻将识别流程图

②传送带麻将识别 XAVIS 程序代码如下。

```
传送带麻将识别.xav
setinput(image);
center_x = (-1);
center_y = (-1);
apartrgb(image,R_image,G_image,B_image);
threshdivision(R_image,0,110,0,R_image1);
threshdivision(G_image,0,100,0,G_image1);
threshdivision(B_image,0,110,0,B_image1);
pointinvert(B_image1,B_image1);
andimage(R_image1,G_image1,1,RG_image1);
andimage(RG_image1,B_image1,1,RGB_image1);
cvsub(R_image,B_image,RB_image,20);
cvsub(G_image,B_image,GB_image,20);
andimage(RB_image,GB_image,1,RGB_image2);
andimage(RGB_image1,RGB_image2,1,RGB_image);
dilation(RGB_image,1,3,3,RGB_image);
areafilter(RGB_image,7000,100000,255,RGB_image,flag);
if(flag);
  connection(RGB_image,Mark_image,count);
  regionstatistics(Mark_image,area,lx,ly,rx,ry);
  center_x = ((lx[0] + rx[0])/2);
  center_y = ((ly[0] + ry[0])/2);
endif();
setoutput(center_x,center_y,flag);
```

(5) 麻将识别预处理

① 麻将识别预处理流程图 16-13 所示。

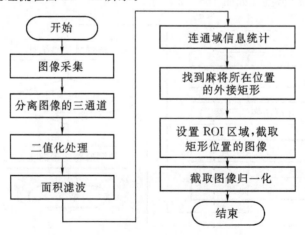

图 16-13 麻将识别预处理程序流程图

②麻将识别预处理 XAVIS 程序代码如下。

```
麻将识别预处理.xav
setinput(image);
AdSize(image,64,48,image_predict);
apartrgb(image,R_image,G_image,B_image);
threshdivision(B_image,0,100,0,B_image1);
threshdivision(R_image,0,100,0,R_image1);
threshdivision(G_image,0,100,0,G_image1);
andimage(B_image1,G_image1,1,BG_image1);
andimage(BG_image1,R_image1,1,RGB_image1);
cvsub(B_image,R_image,BR_image2,3);
cvsub(G_image,R_image,GR_image2,3);
andimage(BR_image2,GR_image2,1,RGB_image2);
andimage(RGB_image1,RGB_image2,1,RGB_image);
areafilter(RGB_image,10000,10000000,255,image1,flagA);
if(flagA);
  connection(image1,m_image,count);
  regionstatistics(m_image,area,lx,ly,rx,ry);
  rect_lx = (lx[0] + 25);
  rect_ly = (ly[0] + 25);
  rect_rx = (rect_lx + 330);
  rect_ry = (rect_ly + 250);
  setrect(rect_lx,rect_ly,rect_rx,rect_ry,rect);
  setroi(image,rect,image_roi);
  AdSize(image_roi,64,48,image_predict);
endif();
setoutput(image_predict,image_roi);
```

第17章 工业机器人及应用

17.1 工业机器人

我国工业机器人发展迅速,据有关资料介绍,2014年我国市场共销售工业机器人达5.7万台,较上年增长55%,2015年我国工业机器人的销量占全球总销量的26.7%,占全球销售总量的1/4以上。但工业智能机器人目前仍处于研究阶段,随着中国智能制造2025的快速推进,工业机器人的自主智能化技术成为机器人技术研究的核心与关键,而工业机器人智能化技术的基础就是机器人视觉化技术,而机器人视觉化技术的关键即为机器视觉智能组态技术。本章基于机器视觉智能组态软件XAVIS对图灵工业机器人TKB030如图17-1所示进行视觉化与装配智能化,其基本步骤和操控方法如下。

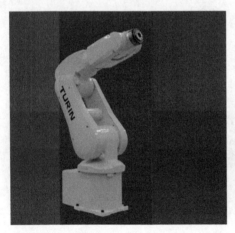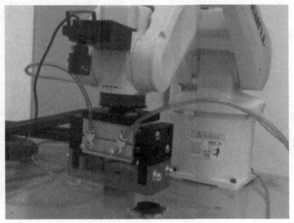

图17-1 末端执行器(夹抓)与CCD加装图

1. 工业机器人硬件连接

①工业机器人本体与其控制柜相连接;
②控制柜输出IO与机器人末端执行器相连接;
③机器人执行器的气路与气压泵相连接;
④工业机器人与PC机的网络连接,需连接至同一局域网。

2. 工业机器人智能化步骤

①针对问题对象配置工业机器人末端执行器(夹抓)、CCD的设计与安装如图17-1所示。

②针对测量识别精度配置所需分辨率的 CCD 和在工业机器人合适位置的安装；

③工业机器人的驱动软件安装；

④机器视觉智能组态软件 XAVIS 安装；

⑤采用 XAVIS 软件和相关实际应用案例进行组态编程，实现工业机器人的图像采集视觉化与模式识别的智能化。

3. 图灵工业机器人与 XAVIS 通信

借助图灵机器人提供的网络命令服务模块，实现 XAVIS 和机器人之间的通信，从而控制图灵工业机器人的运动控制。图灵机器人的网络控制模块还处在开发当中，目前支持的功能如下：

①GetCurPos：获取机器人当前位置信息；命令 Body 标记区为空。操作成功返回一组当前位置坐标信息，格式为"X Y Z A B C"，其中每一个字母为一个 double 变量，每个变量之间使用空格隔开。

②MotionBegin：启动机器人运动，Body 中存放运动脚本信息。每次启动时，只能从第一行开始启动。启动条件：非运动中、再现模式。操作成功后 Body 标记区返回 OK，否则返回一条错误字符串。

③MotionEnd：停止运动，命令 Body 标记区为空。操作成功后，Body 标记区返回 OK。

④GetCrawlStatus：获取运动控制器状态信息。根据需要，可在 Body 区中添加需要的控制指令，然后发送给机器人本体，就可控制机器人完成相应的指令动作。详细内容参考如图 17-2 所示图灵工业机器人智能化控制流程。

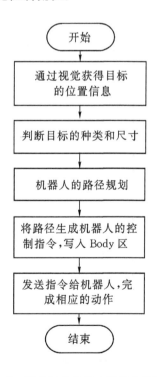

图 17-2 图灵工业机器人智能化控制流程

17.2 工业机器人自主装配实验案例

工业机器人自主装配实验采用图灵工业机器人,通过对工件的识别、定位、抓取,实现工件的自主装配。实验采用 XAVIS(7.0)控制机器人完成上述作业,编程实现的主要步骤如下。

1. 将四种待装配工件放置于实验平台固定工位点如图 17-3 所示。

图 17-3 待装配工件

2. 打开 XAVIS 软件进行工件装配的编程与操作,编写文件名为"工业机器人自主装配"的 XAVIS 程序代码如下。

```
工业机器人自主装配.xav:
Login(192.168.1.2);
SetIO(8,0);
CameraOpen(0);
xhome = (-6);
yhome = (-362);
zhome = (152);
r1home = (1.569);
r2home = (0.713);
r3home = (-1.571);
correct = (0);
MoveL(xhome,yhome,zhome,r1home,r2home,r3home);
while(1);
    skipframe = (10);
```

```
  while(skipframe);
    skipframe = (skipframe - 1);
    GetFrame(0,image);
  end();
  callfile(红色工件识别新(调用).xav,image,flag,redx,redy,redtheta);
  showimage(image);
  if(flag);
    deltax = (320 - redx);
    deltay = (240 - redy);
    offsety = (deltay * 0.15);
    offsetx = (deltax * 0.15);
    absolute(deltax,absdeltax);
    absolute(deltay,absdeltay);
    if(absdeltax>15|absdeltay>15);
      MoveLOffset(offsetx, - offsety,0,0,0,0);
      correct = (0);
    else();
      correct = (correct + 1);
      if(correct>5);
        break();
      endif();
    endif();
  endif();
end();
MoveLOffset(7, - 145,0,0,0,0);
MoveLOffset(0,0, - 8,0,0,0);
SetIO(8,1);
MoveLOffset(0,0,70,0,0,0);
MoveL(xhome,yhome,zhome,r1home,r2home,r3home);
MoveJOffset(0,0,0,0,0,redtheta - 90);
SetIO(8,0);
MoveJOffset(0,0,0,0,0,90 - redtheta);
correct = (0);
while(1);
  skipframe = (10);
  while(skipframe);
    skipframe = (skipframe - 1);
    GetFrame(0,image);
  end();
```

```
callfile(13.2.1黑色工件识别定位(调用).xav,image,flag,blackx,blacky);
  showimage(image);
  if(flag = 1);
    deltax = (320 - blackx[0]);
    deltay = (240 - blacky[0]);
    offsety = (deltay * 0.15);
    offsetx = (deltax * 0.15);
    absolute(deltax,absdeltax);
    absolute(deltay,absdeltay);
    if(absdeltax>15|absdeltay>15);
      MoveLOffset(offsetx, - offsety,0,0,0,0);
      correct = (0);
    else();
      correct = (correct + 1);
      if(correct>3);
        break();
      endif();
    endif();
  endif();
end();
MoveLOffset(7, - 145,0,0,0,0);
MoveLOffset(0,0, - 8,0,0,0);
SetIO(8,1);
MoveLOffset(0,0,70,0,0,0);
zhomeblack = (zhome + 15);
MoveL(xhome,yhome,zhomeblack,r1home,r2home,r3home);
SetIO(8,0);
correct = (0);
MoveL(xhome,yhome,zhome,r1home,r2home,r3home);
while(1);
  skipframe = (10);
  while(skipframe);
    skipframe = (skipframe - 1);
    GetFrame(0,image);
  end();
  callfile(弹簧工件识别新(调用).xav,image,flag,blackx,blacky);
  showimage(image);
  if(flag = 1);
    deltax = (320 - blackx[0]);
```

```
    deltay = (240 - blacky[0]);
    offsety = (deltay * 0.15);
    offsetx = (deltax * 0.15);
    absolute(deltax,absdeltax);
    absolute(deltay,absdeltay);
    if(absdeltax>15|absdeltay>15);
      MoveLOffset(offsetx, - offsety,0,0,0,0);
      correct = (0);
    else();
      correct = (correct + 1);
      if(correct>3);
        break();
      endif();
    endif();
  endif();
end();
MoveLOffset(0,0,20,0,0,0);
MoveLOffset(7, - 167,0,0,0,0);
MoveLOffset(0,0, - 36,0,0,0);
SetIO(8,1);
MoveLOffset(0,0,50,0,0,0);
zhomeblack = (zhome + 20);
yhomeblack = (yhome - 24);
xhomeblack = (xhome - 2);
MoveL(xhomeblack,yhomeblack,zhomeblack,r1home,r2home,r3home);
SetIO(8,0);
correct = (0);
MoveL(xhome,yhome,zhome,r1home,r2home,r3home);
while(1);
  skipframe = (10);
  while(skipframe);
    skipframe = (skipframe - 1);
    GetFrame(0,image);
  end();
  callfile(蓝色工件识别新(调用).xav,image,flag,bluex,bluey,bluetheta);
  showimage(image);
  if(flag);
    deltax = (320 - bluex);
    deltay = (240 - bluey);
```

```
        offsety = (deltay * 0.15);
        offsetx = (deltax * 0.15);
        absolute(deltax,absdeltax);
        absolute(deltay,absdeltay);
        if(absdeltax>15|absdeltay>15);
          MoveLOffset(offsetx,-offsety,0,0,0,0);
          correct = (0);
        else();
          correct = (correct + 1);
          if(correct>5);
            break();
          endif();
        endif();
      endif();
end();
MoveLOffset(0,0,20,0,0,0);
MoveLOffset(10,-145,0,0,0,0);
MoveLOffset(0,0,-26,0,0,0);
SetIO(8,1);
MoveLOffset(0,0,70,0,0,0);
zhomeblue = (zhome + 40);
yhomeblue = (yhome);
xhomeblue = (xhome);
MoveL(xhomeblue,yhomeblue,zhomeblue,r1home,r2home,r3home);
bluetheta = (bluetheta % 120);
MoveJOffset(0,0,0,0,0,bluetheta + 20);
MoveLOffset(0,0,-26,0,0,0);
SetIO(8,0);
MoveJOffset(0,0,0,0,0,-bluetheta - 20);
MoveLOffset(0,0,-12,0,0,0);
SetIO(8,1);
MoveJOffset(0,0,0,0,0,40);
SetIO(8,0);
MoveJOffset(0,0,0,0,0,-40);
```

3. 文件名为"红色工件识别新(调用)"的 XAVIS 程序代码为。

```
红色工件识别新(调用).xav:
setinput(image);
flag = (0);
```

```
centery = ( -1);
centerx = ( -1);
theta = ( -1.0);
apartrgb(image,R_image,G_image,B_image);
cvsub(R_image,G_image,RG_image1,35);
cvsub(R_image,B_image,RB_image1,60);
andimage(RB_image1,RG_image1,0,RBG_image);
connection(RBG_image,mark,num);
regionstatistics(mark,area,lx,ly,rx,ry);
for(j = 0,num,1);
  if(area[j]>30000&area[j]<50000);
    centerx = ((lx[j] + rx[j])/2);
    centery = ((ly[j] + ry[j])/2);
    flag = (1);
  endif();
endfor();
if(flag = 1);
  pointinvert(RBG_image,RBG_image);
  getdomaindirection(RBG_image,centerx,centery,400,1000,angle,theta);
  if(theta> -1);
    flag = (1);
  else();
    flag = (0);
  endif();
endif();
setoutput(flag,centerx,centery,theta);
```

4. 文件名为"黑色工件识别定位(调用)"的 XAVIS 程序代码为。

```
黑色工件识别定位(调用).xav:
setinput(image);
flagB = ( -1);
convertdepth24to8(image,image_gray);
imageenhance(image_gray,image_enhance,pointliner);
houghcircle1(image_enhance,circle_image,3,1,10,300,22,30,80,centerx,centery,
  r,num);
if(num>0);
  if(r[0]>30&r[0]<80);
    showimage(image);
    gencircles(centerx,centery,r);
```

```
        left = (centerx[0] - r[0]);
        if(left<0);
            left = (0);
        endif();
        right = (centerx[0] + r[0]);
        if(right>639);
            right = (639);
        endif();
        top = (centery[0] - r[0]);
        if(top<0);
            top = (0);
        endif();
        bottom = (centery[0] + r[0]);
        if(bottom>479);
            bottom = (479);
            rectgrayaverage(image_gray,rect,gray);
        endif();
        setrect(left,top,right,bottom,rect);
        rectgrayaverage(image_gray,rect,gray);
        if(gray<70);
            flagB = (1);
        endif();
    endif();
endif();
setoutput(flagB,centerx,centery);
```

5. 文件名为"弹簧工件识别新(调用)"的 XAVIS 程序代码为。

```
弹簧工件识别新(调用).xav:
setinput(image);
flag = (0);
centerx = (-1);
centery = (-1);
convertdepth24to8(image,image_gray);
houghcircle1(image_gray,image_circle,3,1,10,138,30,20,50,silverx,silvery,sil-
    verr,numC);
apartrgb(image,R_image,G_image,B_image);
cvsub(B_image,R_image,BR_image,40);
cvsub(B_image,G_image,BG_image,40);
andimage(BR_image,BG_image,1,BGR_image);
```

```
        areafilter(BGR_image,10000,60000,255,BGR_image,flagD);
        showimage(image);
        if(numC>0&flagD=0);
            for(j=0,numC,1);
                if(silverr[j]>30&silverr[j]<60);
                    centerx=(silverx[j]);
                    centery=(silvery[j]);
                    s_lx=(silverx[j]-silverr[j]);
                    s_ly=(silvery[j]-silverr[j]);
                    s_rx=(silverx[j]+silverr[j]);
                    s_ry=(silvery[j]+silverr[j]);
                    gencircle(silverx[j],silvery[j],silverr[j]);
                    setrect(s_lx,s_ly,s_rx,s_ry,rect);
                    rectgrayaverage(image_gray,rect,graydata);
                    if(graydata>50&graydata<150);
                        flag=(1);
                        break();
                    endif();
                endif();
            endfor();
        endif();
        setoutput(flag,centerx,centery);
```

6. 文件名为"蓝色工件识别新(调用)"XAVIS 程序代码为。

```
蓝色工件识别新(调用).xav:
setinput(image);
flag=(0);
centerx=(-1);
centery=(-1);
theta=(-1.0);
apartrgb(image,R_image,G_image,B_image);
cvsub(B_image,R_image,BR_image,60);
cvsub(B_image,G_image,BG_image,40);
andimage(BR_image,BG_image,1,BGR_image);
areafilter(BGR_image,10000,60000,255,BGR_image,flagD);
if(flagD=1);
    connection(BGR_image,Mark_image,count);
    regionstatistics(Mark_image,area,lx,ly,rx,ry);
    if(count>0);
```

```
            blue_lx = (lx[0]);
            blue_ly = (ly[0]);
            blue_rx = (rx[0]);
            blue_ry = (ry[0]);
            blue_circlex = (lx[0] + rx[0]);
            centerx = (blue_circlex/2);
            blue_circley = (ly[0] + ry[0]);
            centery = (blue_circley/2);
            blue_circler = (ry[0] - ly[0]);
            blue_circler = (blue_circler/2);
            areafilter(BGR_image,100,3000,0,BGR_image1,ff);
            pointinvert(BGR_image1,BGR_image2);
            dilation(BGR_image2,0,7,6,BGR_image2);
            getdomaindirection(BGR_image2,centerx,centery,5000,30000,angle,theta);
            theta = (angle[0]);
            if(theta> -1);
              flag = (1);
            endif();
          endif();
       endif();
     setoutput(flag,centerx,centery,theta);
```

7. 将编写完成上述 XAVIS 程序代码与工程代码予以保存。

8. 在 XAVIS 软件操作界面下调用文件名为"工业机器人自主装配.xav"的工程运行,图灵工业机器人开始进行工件识别、定位、抓取和装配,待四个工件装配成一个产品后停止。

9. 点击 XAVIS 工程复位按钮结束工程。

10. 断开图灵工业机器人电源,编程运行结束。

注意:上述工程代码是根据实际环境测试通过的,图灵工业机器人可以成功完成上述作业功能,如果在实际应用中出现某些问题导致图灵机器人不能顺利完成作业,则需要根据具体情况调整图像处理、图像识别、机器人运动控制等相关参数,从而保证图灵工业机器人成功完成上述工件装配功能。

参考文献

[1] Smith R E, Cribbs H B. Is a Learning Classifier System a Type of Neural Network? [J]. Evolutionary Computation, 2014, 2(2): 19 - 36.

[2] Demuth H B, Beale M H, De Jess O, et al. Neural Network Design[C]//Martin Hagan, 2014: 357.

[3] Gao Y, Zhou C H, FenZhen S U. Study on SVM classifications with multifeatures of OLI images[J]. Engineering of Surveying & Mapping, 2014, 47(11): 3084 - 3086.

[4] Li X, Guo X. A HOG Feature and SVM Based Method for Forward Vehicle Detection with Single Camera[C]//International Conference on Intelligent Human-Machine Systems and Cybernetics. IEEE, 2013: 263 - 266.

[5] 史忠植. 智能科学[M]. 北京: 清华大学出版社, 2006.

[6] 范立南、张广渊、韩晓微. 图像处理与模式识别[M]. 北京: 科学出版社, 2007.

[7] 韩九强, 张新曼, 刘瑞玲. 现代测控技术与系统[M]. 北京: 清华大学出版社, 2007.

[8] 韩九强, 胡怀中, 张新曼, 刘瑞玲. 计算机视觉技术及应用[M]. 北京: 高等教育出版社, 2009.